21 世纪高职高专规划教材·机电系列

电机与电气控制

（修订本）

徐建俊　主编

U0234977

清 华 大 学 出 版 社

北京交通大学出版社

·北京·

内 容 简 介

本书系统地介绍了各种电机的工作原理、拖动性能，低压电器及常用的电器控制方法，各种常用机床的电气控制，PLC控制技术及相关的实验实训等内容。本书讲解透彻，理论联系实际，实用性很强。本书既可作为高职高专电机与拖动、电气控制技术、机床电气等课程的教材，也可以供从事现代电气工程的技术人员学习和参考，还适于初学者自学时使用。

图书在版编目(CIP)数据

电机与电气控制／徐建俊主编 . —北京：清华大学出版社；北京交通大学出版社,2004.2
(2021.1重印)

(21世纪高职高专规划教材·机电系列)

ISBN 978-7-81082-232-9

Ⅰ. 电… Ⅱ. 徐… Ⅲ. ①电机学-高等学校：技术学校-教材　②电气控制-高等学校：技术学校-教材　Ⅳ. ①TM3　②TM921.5

中国版本图书馆CIP数据核字(2004)第001238号

责任编辑：韩 乐　　特邀编辑：高振宇
出版发行：清 华 大 学 出 版 社　　邮编：100084　　电话：010-62776969
　　　　　北京交通大学出版社　　邮编：100044　　电话：010-51686414
印 刷 者：艺堂印刷（天津）有限公司
经　　销：全国新华书店
开　　本：185×260　印张：18.25　字数：456千字
版　　次：2004年2月第1版　　2018年1月第1次修订　　2021年1月第13次印刷
书　　号：ISBN 978-7-81082-232-9/TM·5
印　　数：36 401~37 000册　定价：32.00元

本书如有质量问题，请向北京交通大学出版社质监组反映。对您的意见和批评，我们表示欢迎和感谢。
投诉电话：010-51686043，51686008；传真：010-62225406；E-mail：press@ bjtu.edu.cn。

前　　言

本书既可作为高职高专电气及自动化、机电一体化、电子技术应用等专业的一门专业基础教材（参考教学时数为 60 学时），也可作为工程技术人员的参考用书。

本书共分 10 章，本着"理论够用、突出实践；综合应用、发展创新"的原则而编写。它具有较强的综合性，内容包括了电机与拖动、工厂电器控制设备、PLC 三门学科的内容。

本书的理论体系主要包括电气控制的基本知识、直流电机拖动及电气控制、变压器、三相异步电动机及拖动的基本知识、异步电机的电气控制、单相电机、同步电机、控制电机、常用机床的电气控制系统及可编程序控制器等基本内容。本书"以应用为目的"、"以必须够用为度"，加强新技术、新工艺、新方法、新知识的介绍，特别是书中图例均采用了 2000 年 7 月 1 日开始实施的关于《电气简图用图形符号》的国家标准。内容上注意实践与理论、强电与弱电、使用与维修相结合，加强实践教学和现场教学环节，加强现代化教学手段的应用，突出专业技术能力的培养。

本书的实践体系包括基本实验和技能训练、专业技能训练、综合设计及应用等内容。在安排上，根据从基础到专业、从技能到技术、从单一到综合的原则，注重内容和方法手段的层次性、综合性、先进性和创新性。

本书内容较丰富，不同人员可根据自身的要求，合理选用。若作教材使用，因篇幅有限，建议在教学中合理使用现代化的教学手段，如 CAI 及计算机网络，要求学生能应用相关专业软件做有关习题，并利用网络查阅相关技术的发展动向、了解新产品。

本书由徐建俊担任主编，并编写了本书的绪论、第 4 章、第 5 章，彭波编写第 7 章和第 10 章，吴会琴编写第 1 章、第 2 章，居海青编写第 3 章和第 6 章，史宜巧编写第 9 章，刘莉编写第 8 章，本书由李宏担任主审。

由于水平有限，疏漏之处在所难免，欢迎各位读者批评指正。

前　言

21 世纪高职高专规划教材·机电系列
编审委员会成员名单

主 任 委 员 李兰友　　边奠英

副主任委员 周学毛　　崔世钢　　王学彬　　丁桂芝　　赵　伟
　　　　　　　韩瑞功　　汪志达

委　　　员（按姓名笔画排序）

马　辉	万志平	万振凯	王永平	王建明
尤晓晗	丰继林	左文忠	叶　华	叶　伟
付晓光	付慧生	冯平安	江　中	佟立本
刘　炜	刘建民	刘　晶	曲建民	孙培民
邢素萍	华铨平	吕新平	陈小东	陈月波
李长明	李　可	李志奎	李　琳	李源生
李群明	李静东	邱希春	沈才梁	宋维堂
汪　繁	张文明	张权范	张宝忠	张家超
张　琦	金忠伟	林长春	林文信	罗春红
苗长云	竺士蒙	周智仁	孟德欣	柏万里
宫国顺	柳　炜	钮　静	胡敬佩	姚　策
赵英杰	高福成	贾建军	徐建俊	殷兆麟
唐　健	黄　斌	章春军	曹豫羲	程　琪
韩广峰	韩其睿	韩　劼	裘旭光	童爱红
谢　婷	曾瑶辉	管致锦	熊锡义	潘玫玫
薛永三	操静涛	鞠洪尧		

出 版 说 明

高职高专教育是我国高等教育的重要组成部分，它的根本任务是培养生产、建设、管理和服务第一线需要的德、智、体、美全面发展的高等技术应用型专门人才，所培养的学生在掌握必要的基础理论和专业知识的基础上，应重点掌握从事本专业领域实际工作的基本知识和职业技能，因而与其对应的教材也必须有自己的体系和特色。

为了适应我国高职高专教育发展及其对教学改革和教材建设的需要，在教育部的指导下，我们在全国范围内组织并成立了"21 世纪高职高专教育教材研究与编审委员会"（以下简称"教材研究与编审委员会"）。"教材研究与编审委员会"的成员单位皆为教学改革成效较大、办学特色鲜明、办学实力强的高等专科学校、高等职业学校、成人高等学校及高等院校主办的二级职业技术学院，其中一些学校是国家重点建设的示范性职业技术学院。

为了保证规划教材的出版质量，"教材研究与编审委员会"在全国范围内选聘"21 世纪高职高专规划教材编审委员会"（以下简称"教材编审委员会"）成员和征集教材，并要求"教材编审委员会"成员和规划教材的编著者必须是从事高职高专教学第一线的优秀教师或生产第一线的专家。"教材编审委员会"组织各专业的专家、教授对所征集的教材进行评选，对列选教材进行审定。

目前，"教材研究与编审委员会"计划用 2～3 年的时间出版各类高职高专教材 200 种，范围覆盖计算机应用、电子电气、财会与管理、商务英语等专业的主要课程。此次规划教材全部按教育部制定的"高职高专教育基础课程教学基本要求"编写，其中部分教材是教育部《新世纪高职高专教育人才培养模式和教学内容体系改革与建设项目计划》的研究成果。此次规划教材编写按照突出应用性、实践性和针对性的原则编写并重组系列课程教材结构，力求反映高职高专课程和教学内容体系改革方向；反映当前教学的新内容，突出基础理论知识的应用和实践技能的培养；适应"实践的要求和岗位的需要"，不依照"学科"体系，即贴近岗位，淡化学科；在兼顾理论和实践内容的同时，避免"全"而"深"的面面俱到，基础理论以应用为目的，以必要、够用为度；尽量体现新知识、新技术、新工艺、新方法，以利于学生综合素质的形成和科学思维方式与创新能力的培养。

此外，为了使规划教材更具广泛性、科学性、先进性和代表性，我们希望全国从事高职高专教育的院校能够积极加入到"教材研究与编审委员会"中来，推荐"教材编审委员会"成员和有特色、有创新的教材。同时，希望将教学实践中的意见与建议及时反馈给我们，以便对已出版的教材不断修订、完善，不断提高教材质量，完善教材体系，为社会奉献更多更新的与高职高专教育配套的高质量教材。

此次所有规划教材由全国重点大学出版社——清华大学出版社与北京交通大学出版社联合出版，适合于各类高等专科学校、高等职业学校、成人高等学校及高等院校主办的二级职业技术学院使用。

21 世纪高职高专教育教材研究与编审委员会

2016 年 9 月

目　录

绪　　论

1. 电机与电气控制在国民经济中的作用

电能是现代最常用且极为普遍的一种二次能源。电能具有许多优点，表现在：它的生产、传输、控制和使用都比较方便，且效率较高，因而广泛用于工农业生产、交通运输、科学技术、信息传输及日常生活中，极大地推动了技术的进步和生产力的发展。

电机是与电能的生产、传输和使用有着密切关系的电磁机构。例如，将自然界的一次能源如水能、热能、风能和原子能等转换为电能需用发电机，它是电厂的主要电气设备；为了经济地使用和分配电能需用变压器，它是电力系统的主要电气设备；在其他各行各业各部门都大量使用各种电动机作为原动机，用以拖动各种机械设备，这称为电力拖动；在军事、信息和各种自动控制系统中，则应用大量的控制电机，作为检测、执行和计算等元件；在医疗、文教和日常生活中，电机的应用也十分广泛。

随着电机及电力拖动技术的发展，其控制技术也发展迅速。特别是随着数控、电力电子、计算机及网络等技术的发展，电力拖动也正向自动控制系统——无触点控制系统、计算机控制系统迈进。

2. 课程的性质和任务

《电机与电气控制》是电气工程及自动化、机电、应用电子技术等专业的一门专业基础课。它由电机原理、拖动理论和电气控制三部分组成。在专业的整个课程体系中，它起着承上启下的作用。与它密切相关的先行课程是电路基础，它所服务的后续课程是电力电子技术、工厂供电、自动控制与系统等课程。

本课程的任务是培养学生掌握相关的基本理论、学会分析运算的基本方法与维修的技能，能借助计算机及相关软件来进行该课程的学习，最后使其具有较高的专业技术应用能力。

本课程在内容上注重实践与理论、强电与弱电、使用与维修相结合，加强实践教学和现场教学环节，加强现代化教学手段的使用，突出技能的培养，全面提高学生素质，增强适应职业变化的能力。在搜集材料、讨论编写的过程中，注意做到：①综合是有机综合，而不是内容的简单叠加，如将电气控制基本知识放在前面论述，并将交、直流电机的电气控制内容与电机拖动的内容融合到一起，更加便于读者的学习和实验；②简化纯理论性的原理叙述和公式推导，如交流绕组磁势是时间、空间的变化函数，牵涉到分布和短矩系数等，不宜过深介绍；③加强学习方法的训练，培养学生分析问题、解决问题的能力。特别是在教授该课程时，应注意教会学生工程上的近似分析方法，正确处理严密的理论推导和合理的工程近似的关系。每一种具体的工业装置，都受到许多条件的制约，因此必须将问题简化，找出主要矛盾，运用理论加以分析推导。如电机理论中许多公式的简化、T 形等效电路等都做了这样的处理。

课程的实践教学体系包括基本实验和技能训练、专业技能训练、综合设计及应用等内容。在安排上，根据从基础到专业、从技能到技术、从单一到综合的原则，注重内容和方法手段的层次性、综合性、先进性和创新性。本课程实践教学安排建议按如下三部分选用：一是基本实验内容（8～10课时），主要结合教材基本理论内容安排，包括电器元件的认识实验，直流电机的拖动实验，交流电机的正反转、调速控制实验，Y－△起动控制实验，＊单相电机的拖动实验，＊PLC控制实验等。通过训练，形成基本的实践操作能力，并为中级电工的操作考核作好准备；二是安排异步电动机的拆装实习（1周），其目的是学会电机拆装、检查和维修，进一步培养学生的专业技能；三是安排课程的综合设计和应用（1周），其内容是根据拟定的开放性的设计课题，分别拟出设计方案；然后将方案在计算机上进行绘制和模拟，观察设计效果；最后再根据方案选择元器件，并进行制作和调试。通过设计，培养学生计算机应用能力及综合运用所学知识的能力和创新精神。

　　3．学习本课程应掌握的基本电磁理论

　　1）载流导体在磁场中的受力分析

　　带有电流的直导线放在磁场中将受到磁场力的作用。力的方向由左手定则确定，让磁力线穿过掌心，若四指的指向为导体中电流方向，则拇指的指向即为导体的受力方向。

　　2）电磁感应定律

　　导体切割磁力线时，导体中会产生感应电动势。感应电动势的方向由右手定则判断，让磁力线穿过掌心，若拇指所指方向为导体在磁场中的运动方向，则四指所指方向即为导体中感应电动势的方向。

　　4．课时安排

　　本课程的总课时为60课时左右，应根据不同专业的不同要求来选择所需内容。建议课时分配如表1所示。

表1　课时分配表

内　容		方　案　一	方　案　二	方　案　三
电气控制的基本知识		6	4	6
直流电机		6	10	4
变压器		4	8	4
三相异步电动机结构及工作运行原理		4	6	2
三相异步电动机的拖动特性		4	6	4
三相异步电动机的电气控制		6	6	8
其他种类的电机	单相异步电动机	2	4	2
	同步电机	2	2	
	控制电机	4	4	4
常用机床的电气控制		4		8
PLC控制		8	另开课	8
实验		10	10	10
总计		60	60	60
			侧重电机与拖动	侧重电气控制

第1章　电气控制的基本知识

- **知识目标**　了解低压电器的分类、电磁机构、触头系统和灭弧方式；掌握常用开关电器、主令电器、接触器、继电器和熔断器的用途、基本结构、工作原理及图形符号；了解电器元件的故障诊断与维修；了解电气控制图的基本知识、电气原理图的绘制规则和读图方法，掌握电气控制的基本规律。
- **能力目标**　能正确地选用低压电器，能进行常见故障的维修，能看懂电气控制原理图，能熟练运用电气控制的基本规律。
- **学习方法**　结合实物演示、拆装及观看声像资料等进行学习。

1.1　常用低压电器

凡是能自动或手动接通和断开电路，以及对电路或非电路现象能进行切换、控制、保护、检测、变换和调节的元件统称为电器。按工作电压高低，电器可分为高压电器和低压电器两大类。高压电器是指额定电压为 3 kV 及以上的电器。低压电器是指交流电压为 1 000 V 或直流电压为 1 200 V 以下的电器，它是电力拖动自动控制系统的基本组成元件。

1.1.1　低压电器概述

1. 低压电器的分类

低压电器种类繁多、构造各异、功能多样，其分类的方法也有多种。

1）按控制作用分类

执行电器　用来完成某种动作或传递功率。例如：电磁铁。

控制电器　用来控制电路的通断。例如：开关、继电器。

主令电器　用来控制其他自动电器的动作，发出控制"指令"。例如：按钮、转换开关等。

保护电器　用来保护电源、电路及用电设备，使它们不在短路、过载状态下运行，免遭损坏。例如：熔断器、热继电器等。

2）按动作方式分类

自动切换电器　它是按照信号或某个物理量的变化而自动动作的电器。例如：接触器、继电器等。

非自动电器　它是通过人力操作而动作的电器。例如：开关、按钮等。

3）按动作原理分类

电磁式电器　它是根据电磁铁的原理工作的。例如：接触器、继电器等。

非电磁式电器　它是依靠外力(人力或机械力)或某种非电量的变化而动作的电器。例如：行程开关、按钮、速度继电器、热继电器等。

2. 低压电器的基本结构

低压电器一般由两个基本部分组成：感受部件和执行部件。感受部件能感受外界的信号，做出有规律的反应。在自动切换电器中，感受部件大多由电磁机构组成；在手控电器中，感受部件通常为操作手柄等。执行部件是根据指令，执行电路的接通、切断等任务，如触点和灭弧系统。对于自动开关类的低压电器，还具有中间(传递)部分，它的任务是把感受部件和执行部件两部分联系起来，使它们协调一致，按一定的规律动作。

1) 电磁机构

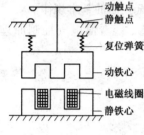

图 1－1　电磁机构示意图

电磁机构是电器元件的感受部件，它的作用是将电磁能转换成为机械能并带动触点闭合或断开。它通常采用电磁铁的形式，由电磁线圈、静铁心(铁心)、动铁心(衔铁)等组成，其中动铁心与动触点支架相连。电磁线圈通电时产生磁场，使得动、静铁心磁化并互相吸引，当动铁心被吸引向静铁心时，与动铁心相连的动触点也被拉向静触点，令其闭合，接通电路。电磁线圈断电后，磁场消失，动铁心在复位弹簧作用下，回到原位，并牵动动、静触点，分断电路。如图 1－1 所示。

电磁铁有各种结构形式。铁心有 E 形、U 形。动作方式有直动式、转动式。它们各有不同的机电性能，适用于不同的场合。图 1－2 列出了几种常见电磁铁心的结构形式。

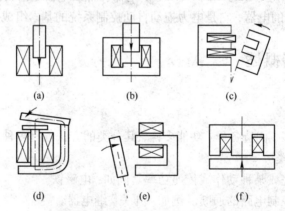

图 1－2　电磁铁心的结构形式

电磁铁按励磁电流不同可分为直流电磁铁和交流电磁铁。在稳定状态下直流电磁铁中磁通恒定，铁心中没有磁滞损耗和涡流损耗，只有线圈产生热量。因此，直流电磁铁的铁心是用整块钢材或工程纯铁制成的，电磁线圈没有骨架，且做成细长形，以增加它和铁心直接接触的面积，利于线圈热量从铁心散发出去。交流电磁铁中磁通交变，铁心中有磁滞损耗和涡流损耗，铁心和线圈都产生热量。因此，交流电磁铁的铁心一般用硅钢片叠成，以减小铁损，并且将线圈制成粗短形，由线圈骨架把它和铁心隔开，以免铁心的热量传给线圈致使其过热而烧坏。

由于交流电磁铁的磁通是交变的，线圈磁场对衔铁的吸引力也是交变的。当交流电流过零时，线圈磁通为零，对衔铁的吸引力也为零，衔铁在复位弹簧作用下将产生释放趋势，这就使动、静铁心之间的吸引力随着交流电的变化而变化，从而产生振动和噪声，加速动、静铁心接触面积的磨损,引起结合不良,严重时还会使触点烧蚀。为了消除这一弊端,在铁心柱面的一部分,嵌入一只铜环,名为短路环,如图 1-3 所示。该短路环相当于变压器副边绕组,在线圈通入交流电时,不仅线圈产生磁通,短路环中的感应电流也将产生磁通。短路环相当于纯电感电路,从纯电感电路的相位关系可知,线圈电流磁通与短路环感应电流磁通不同时为零,即电源输入的交流电流通过零值时,短路环感应电流不为零,此时,它的磁场对衔铁起着吸引作用,从而克服了衔铁被释放的趋势,使衔铁在通电过程总是处于吸合状态,明显减小

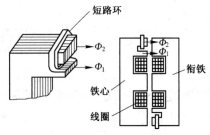

图 1-3　铁心上的短路环

了振动和噪声。所以短路环又叫减振环,它通常由铜、康铜或镍铬合金制成。

电磁铁的线圈按接入电路的方式不同可以分为电压线圈和电流线圈。电压线圈并联在电源两端,获得额定电压时线圈吸合,其电流值由电路电压和线圈本身的电阻或阻抗决定。由于线圈匝数多、导线细、电流较小而匝间电压高,所以一般用绝缘性能好的漆包线绕制。电流线圈串联在主电路中,当主电路的电流超过其动作值时吸合,其电流值不取决于线圈的电阻或阻抗,而取决于电路负载的大小。由于主电路的电流一般比较大,所以线圈导线比较粗,匝数较少,通常用紫铜条或粗的紫铜线绕制。

2) 触头系统

触头系统属于执行部件,按功能不同可分为主触头和辅助触头两类。主触头用于接通和分断主电路;辅助触头用于接通和分断二次电路,还能起互锁和联锁作用。小型触头一般用银合金制成,大型触头用铜材制成。

触头系统按形状不同分为桥式触头和指形触头。桥式触头如图 1-4(a)、(b)所示,分为点接触桥式触头和面接触桥式触头。其中点接触桥式触头适用于工作电流不大,接触电压较小的场合,如辅助触头。面接触桥式触头的载流容量较大,多用于小型交流接触器主触头。图 1-4(c)所示为指形触头,其接触区为一直线,触头闭合时产生滚动接触,适用于动作频繁、负荷电流大的场合。

触头按位置不同可分为静触头和动触头。静触头固定不动,动触头能由联杆带着移动,如图 1-5 所示。触头通常以其初始位置,即"常态"位置来命名。对电磁式电器来说,是指电磁铁线圈未通电时的位置;对非电量电器来说,是指没有受外力作用时的位置。常闭触头(又称动断触头)——常态时动、静触头是相互闭合的。常开触头(又称动合触头)——常态时动、静触头是分开的。

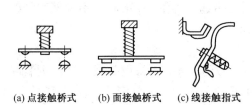

(a) 点接触桥式　　(b) 面接触桥式　　(c) 线接触指式

图 1-4　触头的结构形式

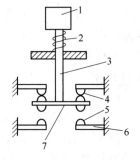

图 1-5　触头的分类

1—推动机构;2—复位弹簧;3—连杆;4—常闭触头;5—常开触头;6—静触头;7—动触头

3）灭弧装置

各种有触点电器都是通过触点的开、闭来通、断电路的，其触头在闭合和断开(包括熔体在熔断时)的瞬间，都会在触头间隙中由电子流产生弧状的火花，这种由电气原因造成的火花，称为电弧。触头间的电压越高，电弧就越大；负载的电感越大，断开时的火花也越大。在开断电路时产生电弧，一方面使电路仍然保持导通状态，延迟了电路的开断，另一方面会烧损触点，缩短电器的使用寿命。因此，要采取一些必要的措施来灭弧，常见的灭弧措施如图1-6所示。

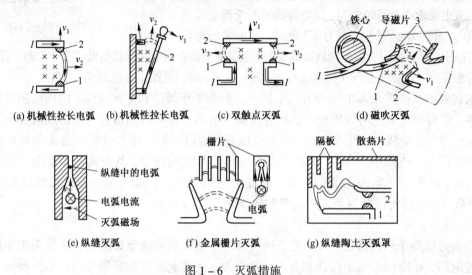

(a) 机械性拉长电弧　(b) 机械性拉长电弧　(c) 双触点灭弧　　　(d) 磁吹灭弧

(e) 纵缝灭弧　　　　　(f) 金属栅片灭弧　　　　(g) 纵缝陶土灭弧罩

图1-6　灭弧措施

1—静触点；2—动触点；3—引弧角；

v_1—动触点移动速度；v_2—电弧在磁场力作用下移动速度

1.1.2　开关电器及主令电器

1. 开关类电器

低压开关主要用做隔离、转换及接通和分断电路。常作为机床电路的电源开关，或用于局部照明电路的控制及小容量电动机的起动、停止和正反转控制等。

常用的低压开关类电器包括刀开关、转换开关和自动开关等。

1）刀开关

普通刀开关是一种结构最简单且应用最广泛的手控低压电器，主要类型有负荷开关(如：胶盖闸刀开关和铁壳开关)、板形刀开关。这里主要对胶盖闸刀开关(简称闸刀开关)进行介绍。闸刀开关又称开启式负荷开关，广泛用在照明电路和小容量(5.5kW)、不频繁起动的动力电路的控制电路中。

闸刀开关的主要结构如图1-7所示。

安装刀开关时，瓷底应与地面垂直，手柄向上，易于灭弧，不得倒装或平装。倒装时手柄可能因自重落下而引起误合闸，危及人身和设备安全。

刀开关的型号含义如图1-8所示。

刀开关的图形符号及文字符号如图1-9所示。

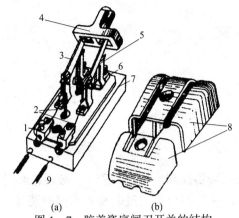

图 1 - 7　胶盖瓷底闸刀开关的结构

1—出线盒；2—熔丝；3—动触头；4—手柄；5—静触头；
6—电源进线座；7—瓷座；8—胶盖；9—接用电器

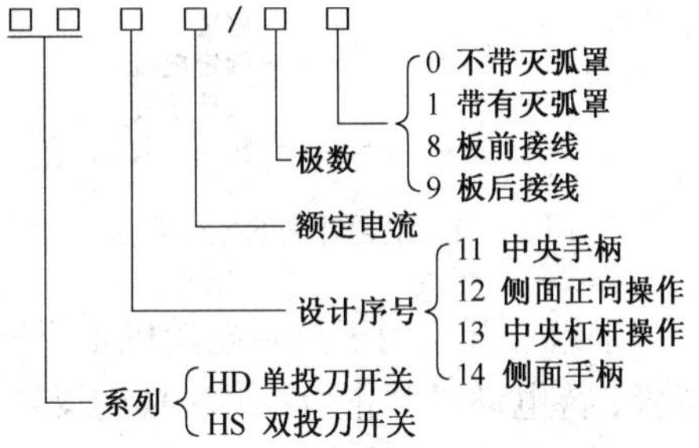

图 1 - 8　刀开关的型号含义

刀开关的主要技术参数有额定电流、额定电压、极数、控制容量等。

2）组合开关

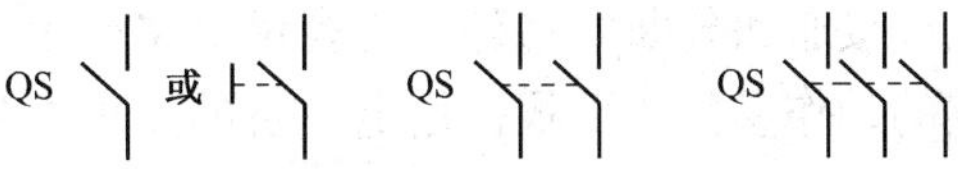

组合开关又称转换开关，它实质上也是一种特殊的刀开关，只不过一般刀开关的操作手柄是在垂直安装面的平面内向上或向下转动，而组合开关的操作手柄则是在平行于安装面的平面内向左或向右转动而已。组合开关多用在机床电气控制线路中，作为电源的引入开关，也可以用做不频繁地接通和断开电路、换接电源和负载及控制 5 kW 以下的小容量电动机的正反转和星三角起动等。

图 1 - 9　刀开关的图形符号

(a) 单极　(b) 双极　(c) 三极

组合开关的结构如图 1 - 10 所示。其内部有三对静触点，分别用三层绝缘板相隔，各自附有联接线路的接线柱。三个动触点互相绝缘，与各自的静触点对应，套在共同的绝缘杆上。绝缘杆的一端装有操作手柄，转动手柄，即可完成三组触点之间的开、合或切换。开关内装有速断弹簧，用以加速开关的分断速度。

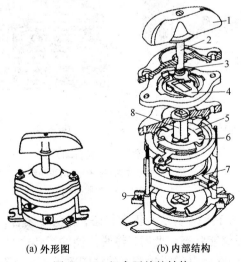

(a) 外形图　　(b) 内部结构

图 1 - 10　组合开关的结构

1—手柄；2—转轴；3—弹簧；4—凸轮；5—绝缘垫板；6—动触点；7—静触点；8—绝缘方轴；9—接线柱

组合开关的型号含义如图1-11所示。

组合开关的图形符号及文字符号如图1-12所示。

图1-11 组合开关的型号含义   图1-12 组合开关的图形符号

如果组合开关用于控制电动机正反转，则在从正转切换到反转的过程中，必须先经过停止位置，待电动机停止后，再切换到反转位置。组合开关本身不带过载和短路保护装置，所以在它所控制的电路中，必须另外加装保护设备。

3）自动开关

自动开关又叫自动空气开关或自动空气断路器。它集控制和多种保护功能于一身，除能完成接通和分断电路外，还能对电路或电气设备发生的短路、过载、失压等故障进行保护。它的动作参数可以根据用电设备的要求人为调整，所以自动开关使用方便可靠。通常自动开关根据其结构不同，可分为装置式和万能式两类。这里以装置式为例进行介绍。

（1）自动开关的结构及原理

装置式自动开关又称塑料外壳式（简称塑壳式）自动开关或塑壳式低压断路器。一般用做配电线路的保护开关，电动机及照明电路的控制开关等。其结构如图1-13所示。其主要部分由触点系统、灭弧装置、自动与手动操作机构、脱扣器、外壳等组成。

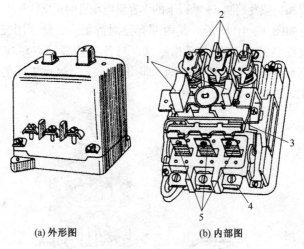

(a) 外形图   (b) 内部图

图1-13 常用装置式自动开关

1—按钮；2—电磁脱扣器；3—自由脱扣器；

4—接线柱；5—热脱扣器

自动开关工作原理如图1-14所示。正常状态，触头2闭合，与转轴相连的锁键扣住搭钩4，使弹簧1受力而处于储能状态。此时，热脱扣器的发热元件12温升不高，不会使双金属片弯曲到顶住连杆7的程度。电磁脱扣器6的线圈磁力不大，不能吸住衔铁8去拨动连杆7，开关处于正常吸合供电状态。若主电路发生过载或短路，电流超过热脱扣器或电磁脱扣器动作电流时，双金属片 12 或衔铁 8 将拨动连杆 7，使搭钩 4 顶离锁键 3，弹簧 1 的拉力使触头 2 分离并切断主电路。当电压出现失压或低于动作值时，线圈 11 的磁力减弱，衔铁 10 受弹簧 9 拉力而向上移动，顶起连杆 7，使搭钩 4 与锁键 3 分开并切断回路，起到失压保护作用。

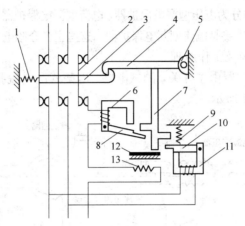

图 1 - 14　自动开关的原理图

1, 9—弹簧；2—触点；3—锁键；4—搭钩；5—轴；6—过电流脱扣器；7—杠杆；8, 10—衔铁；11—欠(失)电压脱扣器；12—双金属片；13—电阻丝

脱扣器是自动开关的主要保护装置，包括电磁脱扣器(用做短路保护)、热脱扣器(用做过载保护)、失压脱扣器及由电磁和热脱扣器组合而成的复式脱扣器等种类。电磁脱扣器的线圈串联在主电路中，若电路或设备短路，主电路电流增大，线圈磁场增强，吸动衔铁，使操作机构动作，断开主触点，分断主电路而起到短路保护作用。电磁脱扣器有调节螺钉，可以根据用电设备容量和使用条件来手动调节脱扣器动作电流的大小。

热脱扣器是一个双金属片热继电器。它的发热元件串联在主电路中。当电路过载时，过载电流使发热元件温度升高，双金属片受热弯曲，顶动自动操作机构动作，断开主触点，切断主电路而起到过载保护作用。热脱扣器也有调节螺钉，可以根据需要调节脱扣电流的大小。

(2) 自动开关的技术参数和型号

自动开关的主要技术参数有额定电压、额定电流、极数、脱扣器类型及额定电流、脱扣器整定电流、主触点与辅助触点的分断能力和动作时间等。

自动开关的型号含义如图 1 - 15 所示。

自动开关的图形符号及文字符号如图 1 - 16 所示。

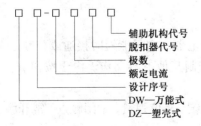

图 1 - 15　自动开关的型号含义

图 1 - 16　自动开关的图形符号

4）漏电保护器

漏电保护器又称漏电保护自动开关或漏电保安器。主要用途是：当发生人身触电或漏电时，能迅速切断电源，保障人身安全，防止触电事故发生。有的漏电保护器还兼有过载、短路保护，用于不频繁起、停的电动机。

漏电保护器按工作原理分为电压型漏电保护器、电流型漏电保护器（包括电磁式、电子式）、电流型漏电继电器等，常用的主要是电流型漏电保护器。这里主要介绍电磁式电流型漏电保护器。

（1）漏电保护器的结构及工作原理

电磁式电流型漏电保护器由主开关、测试电路、电磁式漏电脱扣器和零序电流互感器组成，其工作原理如图 1 - 17 所示。

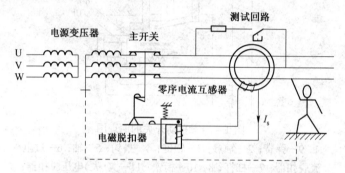

图 1 - 17　电磁式电流型漏电保护器工作原理图

当正常工作时，不论三相负载是否平衡，通过零序电流互感器主电路的三相电流相量之和等于零，故其二次绕组中无感应电动势产生，漏电保护器工作处于闭合状态。如果发生漏电或触电事故，三相电流之和便不再等于零，而等于某一电流值 I_s。I_s 会通过人体、大地、变压器中性点形成回路，这样零序电流互感器二次侧产生与 I_s 对应的感应电动势，加到脱扣器上，当 I_s 达到一定值时，脱扣器动作，推动主开关的锁扣，分断主电路。

（2）漏电保护器的型号

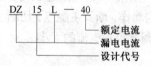

图 1 - 18　漏电保护器的型号含义

常用漏电保护器有 DZ15L - 40、DZ5 - 20L 系列，其型号含义如图 1 - 18 所示。

2．主令电器

主令电器是指在电气自动控制系统中用来发出信号指令的电器。它的信号指令将通过继电器、接触器和其他电器的动作，接通和分断被控制电路，以实现对电动机和其他生产机械的远距离控制。常用的主令电器有按钮、行程开关、接近开关、万能转换开关、主令控制器等。

1）按钮

按钮又称控制按钮或按钮开关，是一种手动控制电器。它只能短时接通或分断 5 A 以下的小电流电路，向其他电器发出指令性的电信号，控制其他电器动作。由于按钮载流量小，不能直接用于控制主电路的通断。

按钮的外形及结构如图 1 - 19 所示，主要由按钮帽、复位弹簧、常闭触点、常开触点、接线柱及外壳等组成。

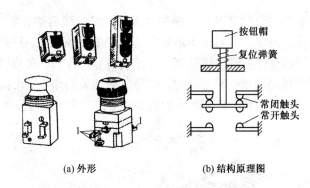

(a) 外形　　　　　　　(b) 结构原理图

图 1 – 19　LA 19 – 11 型按钮结构图

根据按钮的触点结构、数量和用途的不同，它又分为停止按钮(动断按钮)、起动按钮(动合按钮)和复合按钮(既有动断触点，又有动合触点)。图 1 – 19 所示即为复合按钮，在按下按钮帽令其动作时，首先断开动断触点，再通过一定行程后才接通动合触点；松开按钮帽时，复位弹簧先将动合触点分断，通过一定行程后动断触点才闭合。

常用的按钮种类有 LA2，LA18，LA19 和 LA20 等系列。其型号含义如图 1 – 20 所示。

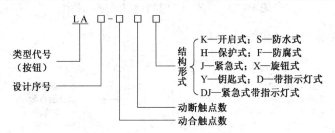

图 1 – 20　常用按钮的型号含义

按钮的图形符号及文字符号如图 1 – 21 所示。

控制按钮的主要技术参数有规格、结构形式、触点对数和按钮颜色等。选择使用时，应从使用场合、所需触点数及按钮帽的颜色等因素考虑。一般红色表示停止，绿色表示起动，黄色表示干预。

(a) 常开触点　(b) 常闭触点　(c) 复合触点

图 1 – 21　按钮的图形符号

2) 行程开关

行程开关又称限位开关或位置开关，它利用生产机械运动部件的碰撞，使其内部触点动作，分断或切换电路，从而控制生产机械行程、位置或改变其运动状态。

为了适应生产机械对行程开关的碰撞，行程开关有不同的结构形式，常用碰撞部分有直动式(按钮式)和滚动式(旋转式)。其中滚动式又有单滚轮式和双滚轮式两种，如图 1 – 22 所示。

行程开关的结构和动作原理如图 1 – 23 所示，当生产机械撞块碰触行程开关滚轮时，使传动杠杆

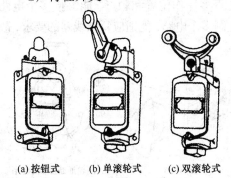

(a) 按钮式　(b) 单滚轮式　(c) 双滚轮式

图 1 – 22　常用行程开关的外形

和转轴一起转动，转轴上的凸轮推动推杆使微动开关动作，接通动合触点，分断动断触点，指令生产机械停车、反转或变速。对于单滚轮自动复位的行程开关，只要生产机械撞块离开滚轮后，复位弹簧能将已动作的部分恢复到动作前的位置，为下一次动作做好准备。有双滚轮的行程开关在生产机械碰撞第一只滚轮时，内部微动开关动作，发出信号指令；但生产机械撞块离开滚轮后不能自动复位，必须在生产机械碰撞第二个滚轮时方能复位。

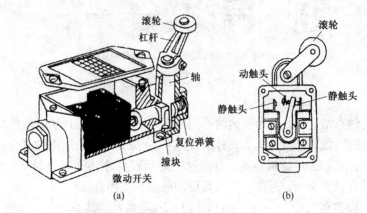

图 1 – 23　JLXK – 11 型行程开关的结构图

常用行程开关型号含义如图 1 – 24 所示。

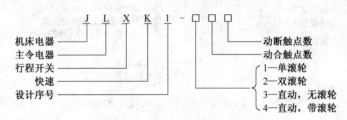

图 1 – 24　常用行程开关的型号含义

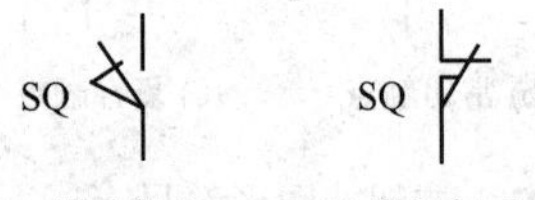

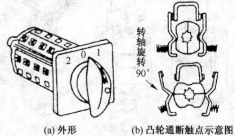

(a) 常开触点　　(b) 常闭触点

图 1 – 25　行程开关的图形符号

行程开关的图形符号及文字符号如图 1 – 25 所示。

行程开关的主要技术参数有额定电压、额定电流、触点换接时间、动作角度或工作行程、触点数量、结构形式和操作频率等。

3）万能转换开关

万能转换开关是具有更多操作位置和触点、能够接多个电路的一种手动控制电器。由于它的挡位多、触点多，可控制多个电路，能适应复杂线路的要求，故有"万能"之称。

万能转换开关的结构是由多层凸轮及与之对应的触点底座叠装而成。每层触点底座内将有与凸轮配合的一对或三对触点。操作时，手柄带动转轴与凸轮同步转动，凸轮的转动即可驱动触点系统的分断与闭合，如图 1 – 26 所示，从而实现被控制电路的分断与接通。须注意的是：由于凸轮形状的不同，手柄位于同一位置时，有的触点闭合，有的则处于分断。

(a) 外形　　(b) 凸轮通断触点示意图

图 1 – 26　LW5 系列万能转换开关

万能转换开关型号含义如图 1 – 27 所示。

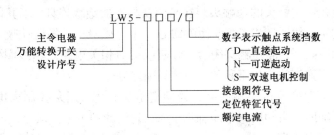

图 1 – 27　万能转换开关的型号含义

表征万能转换开关特性的参数有额定电压、额定电流、手柄形式、触点座数、触点对数、触点座排列形式、定位特征代号、手柄定位角度等。如型号为 LW5 – 12D0321/ 2，其含义为：设计序号为 5 的万能转换开关；额定电流为 12 A；定位特征 D 表示定位式；手柄位置为 45°，0°，反向 45°；触点挡数为 2。

万能转换开关在电路图中的图形符号如图 1 – 28 所示，它有 8 对触点，2 个操作位置。各层触点在不同位置时的开、合情况如图 1 – 28(a)所列。图 1 – 28 (a)中" —○○— "代表一路触点，每一竖点线则表示手柄位置，在某一位置该电路接通，即用下方的黑点表示。在图 1 – 28(b)的触点通断表中，在 I 或 II 位置，凡打有" × "的表示两个触点接通。

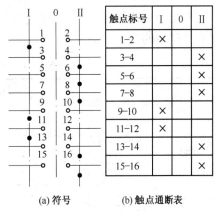

触点标号	I	0	II
1–2	×		
3–4			×
5–6	×		
7–8			×
9–10	×		
11–12	×		
13–14			×
15–16			×

(a) 符号　　　(b) 触点通断表

图 1 – 28　万能转换开关符号及触点通断表

1.1.3　接触器

接触器是一种用来频繁接通和断开交、直流主电路及大容量控制电路的自动切换电器。它具有低压释放保护功能，可进行频繁操作，实现远距离控制，是电力拖动自动控制线路中使用最广泛的电器元件。因它不具备短路保护作用，常和熔断器、热继电器等保护电器配合使用。接触器按电流种类不同可分为交流接触器和直流接触器两类。

1. 接触器的工作原理

交流接触器的主要部分是电磁系统、触点系统和灭弧装置，其外形和结构如图 1 – 29 所示。

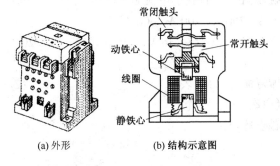

(a) 外形　　　(b) 结构示意图

图 1 – 29　交流接触器的结构

交流接触器有两种工作状态，即：得电状态(动作状态)和失电状态(释放状态)。如图 1-29(b)所示，接触器主触头的动触头装在与衔铁相连的绝缘连杆上，其静触头则固定在壳体上。当线圈得电后，线圈产生磁场，使静铁心产生电磁吸力，将衔铁吸合。衔铁带动动触头动作，使常闭触头断开，常开触头闭合，分断或接通相关电路。当线圈失电时，电磁吸力消失，衔铁在反作用弹簧的作用下释放，各触头随之复位。

交流接触器有三对常开的主触头，它的额定电流较大，用来控制大电流的主电路的通断，还有两对常开辅助触头和两对常闭辅助触头，它们的额定电流较小，一般为 5 A，用来接通或分断小电流的控制电路。

直流接触器的结构和工作原理基本上与交流接触器相同，不同的是电磁铁系统(具体内容见 1.1.1)。触头系统中，直流接触器主触头常采用滚动接触的指形触头，通常为一对或两对。对于灭弧装置，由于直流电弧比交流电弧难以熄灭，直流接触器常采用磁吹灭弧。

2. 接触器的主要技术参数

常用的交流接触器有 CJ10，CJ12 系列。常用的直流接触器有 CZ0 系列。表 1-1 列出了交流接触器的技术数据。

表 1-1　CJ10 系列交流接触器的技术数据

型　号	额定电压值 U_N/ V	额定电流值 I_N/ A	可控电动机最大功率值 P_{max}/ kW			线圈消耗功率值 S/ VA		最大操作频率 次/ h
			220 V	380 V	500 V	起动	吸持	
CJ10-5	380 500	5	1.2	2.2	2.2	35/ —	6/ 2	600
CJ10-10		10	2.2	4	4	65/ —	11/ 5	
CJ10-20		20	5.5	10	10	140/ —	22/ 9	
CJ10-40		40	11	20	20	230/ —	32/ 12	
CJ10-60		60	17	30	30	485/ —	95/ 26	
CJ10-100		100	30	50	50	760/ —	105/ 27	
CJ10-150		150	43	75	75	950/ —	110/ 28	

接触器的主要技术参数如下：

① 额定电压　接触器铭牌上的额定电压是指主触头的额定电压。交流有 127 V，220 V，380 V，500 V；直流有 110 V，220 V，440 V。

② 额定电流　接触器铭牌上的额定电流是指主触头的额定电流。有 5 A，10 A，20 A，40 A，60 A，100 A，150 A，250 A，400 A，600 A。

③ 吸引线圈的额定电压　交流有 36 V，110 V，127 V，220 V，380 V；直流有 24 V，48 V，220 V，440 V。

④ 电气寿命和机械寿命(以万次表示)。

⑤ 额定操作频率(以次/ h 表示)。

⑥ 主触点和辅助触点数目。

3．接触器的表示

常用接触器的型号含义如图 1 - 30 所示。

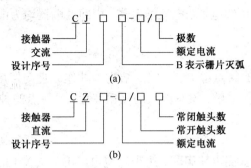

图 1 - 30　常用接触器的型号含义

接触器的图形符号及文字符号如图 1 - 31 所示。

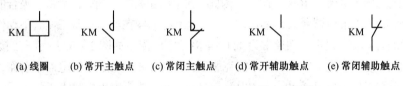

图 1 - 31　接触器的图形符号

4．接触器的选择

① 根据接触器所控制的负载性质来选择接触器的类型。

② 接触器的额定电压不得低于被控制电路的最高电压。

③ 接触器的额定电流应大于被控制电路的最大电流。对于电动机负载有下列经验公式：

$$I_C \geqslant \frac{P_N \times 10^3}{K U_N}。$$

式中，I_C 为接触器的额定电流；P_N 为电动机的额定功率；U_N 为电动机的额定电压；K 为经验系数，一般取 1 ~ 1.4。

接触器在频繁起动、制动和正反转的场合时，一般将其额定电流降一个等级来选用。

④ 电磁线圈的额定电压应与所接控制电路的电压相一致。

⑤ 接触器的触头数量和种类应满足主电路和控制线路的要求。

1.1.4　继电器

继电器是一种根据电量(电流、电压)或非电量(时间、速度、温度、压力等)的变化自动接通和断开控制电路，以完成控制或保护任务的电器。

虽然继电器和接触器都是用来自动接通或断开电路，但是它们仍有很多不同之处。继电器可以对各种电量或非电量的变化作出反应，而接触器只有在一定的电压信号下动作；继电器用于切换小电流的控制电路，而接触器则用来控制大电流电路，因此继电器触头容量较小

（不大于 5 A），且无灭弧装置。

继电器用途广泛，种类繁多。按反应的参数不同可分为电压继电器、电流继电器、中间继电器、热继电器、时间继电器和速度继电器等；按动作原理不同可分为电磁式、电动式、电子式和机械式等。其中电压继电器、电流继电器、中间继电器均为电磁式。

1. 电磁式继电器

电磁式继电器，也叫有触点继电器，它的结构和动作原理与接触器大致相同。但电磁式继电器结构体积较小，动作灵敏，没有庞大的灭弧装置，且触点的种类和数量也较多。

1）电磁式继电器的原理

（1）电流继电器

电流继电器的线圈与被测电路串联，用来反应电路电流的变化。为不影响电路工作，其线圈匝数少，导线粗，线圈阻抗小。

电流继电器又有欠电流和过电流继电器之分。欠电流继电器的吸引电流为额定电流的 30% ~ 65%，释放电流为额定电流的 10% ~ 20%。因此，在电路正常工作时，其衔铁是吸合的；只有当电流降低到某一程度时，继电器释放，输出信号。过电流继电器在电路正常工作时不动作，当电流超过某一整定值时才动作，整定范围通常为 1.1 ~ 4 倍额定电流。如图 1 - 32 所示，当接于主电路的线圈为额定值时，它所产生的电磁引力不能克服反作用弹簧的作用力，继电器不动作，常闭触点闭合，维持电路正常工作。一旦通过线圈的电流超过整定值，线圈电磁力将大于弹簧反作用力，静铁心吸引衔铁，使其动作，分断常闭触点，切断控制回路，保护了电路和负载。

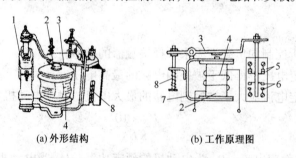

(a) 外形结构　　　　　　(b) 工作原理图

图 1 - 32　JT4 系列过电流继电器

1—触头；2—静铁心；3—衔铁；4—电流线圈；5—常闭触头；6—常开触头；7—磁轭；8—反力弹簧

（2）电压继电器

电压继电器的结构与电流继电器相似，不同的是：电压继电器的线圈为并联的电压线圈，匝数多，导线细，阻抗大。

根据动作电压值的不同，电压继电器有过电压、欠电压和零电压继电器之分。过电压继电器在电压为额定值的 115% 以上时动作，欠电压继电器在电压为额定值的 40% ~ 70% 时动作，而零电压继电器当电压降至额定值的 5% ~ 25% 时动作。

（3）中间继电器

中间继电器实质上为电压继电器，但它的触点对数多，触头容量较大，动作灵敏。其主要用途为：当其他继电器的触头对数或触头容量不够时，可借助中间继电器来扩大它们的触头数和触头容量，起到中间转换作用。图 1 - 33 为中间继电器的外形结构。

2）电磁式继电器的表示

表征电流、电压和中间继电器的主要技术参数与接触器类似。所不同的是动作电压或动作电流、返回系数、动作时间和释放时间等。常用的电磁式继电器有 JT 9，JT 10，JL 12，JL 14，JZ 7 等系列。其中，JL 14 为交直流电流继电器，JZ 7 系列为交流中间继电器。

常用的电磁式继电器型号含义如图 1-34 所示。

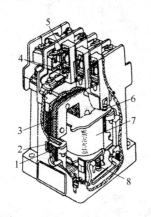

图 1-33　JZ7 系列中间继电器

1—静触头；2—短路环；3—动铁心；4—常开触头；
5—常闭触头；6—恢复弹簧；7—线圈；8—缓冲弹簧

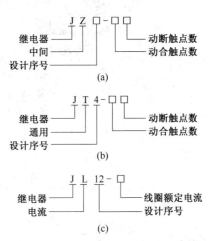

图 1-34　常用电磁式继电器的型号含义

电磁式继电器的图形符号如图 1-35 所示。文字符号：电流继电器的为 KI，电压继电器的为 KV，中间继电器的为 KA。

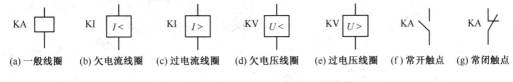

图 1-35　电磁式继电器的图形符号

2. 时间继电器

时间继电器是利用电磁原理或机械原理实现触点延时闭合或延时断开的自动控制电器。常用的时间继电器有电磁式、空气阻尼式、电动式和晶体管式 4 类。这里以应用广泛、结构简单、价格低廉且延时范围大的空气阻尼式时间继电器为主进行介绍。

空气式时间继电器又叫气囊式时间继电器，是利用空气阻尼的原理获得延时。它由电磁系统、延时机构和触头三部分组成。电磁机构为直动式双 E 形，触头系统借用 LX5 型微动开关，延时机构采用气囊式阻尼器，外形及结构见图 1-36。

电磁机构可以是交流的也可以是直流的。触点包括瞬时触点和延时触点两种。空气式时间继电器可以做成通电延时，也可以做成断电延时。

常用的时间继电器有 JS 7 和 JS 23 系列。主要技术参数有瞬时触点数量、延时触点数量、触点额定电压、触点额定电流、线圈电压及延时范围等。

时间继电器型号含义如图 1-37 所示。

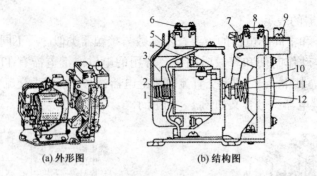

(a) 外形图　　　　　　　　(b) 结构图

图 1-36　JST 系列时间继电器

1—线圈；2—反力弹簧；3—衔铁；4—静铁心；5—弹簧片；6，8—微动开关；
7—杠杆；9—调节螺钉；10—推杆；11—活塞杆；12—宝塔弹簧

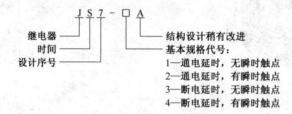

图 1-37　时间继电器的型号含义

时间继电器的文字符号为 KT，图形符号如图 1-38 所示：

图 1-38　时间继电器的图形符号

3. 热继电器

热继电器是利用电流的热效应原理工作的保护电器，在电路中用做电动机的过载保护。因电动机在实际运行中，常遇到过载情况，若过载不大，时间较短，绕组温升不超过允许范围；但过载时间较长，绕组温升超过了允许值，这将会加剧绕组老化，缩短电动机的使用寿命，严重时会烧毁电动机的绕组；因此，凡是长期运行的电动机必须设置过载保护。

热继电器种类很多，应用最广泛的是基于双金属片的热继电器，其外形及结构如图 1-39 所示，它主要由热元件、双金属片和触头三部分组成。热继电器的常闭触点串联在被保护的二次回路中，它的热元件由电阻值不高的电热丝或电阻片绕成，串联在电动机或其他用电设备的主电路中。靠近热元件的双金属片，是用两种不同膨胀系数的金属经机械辗压而成，为热继电器的感测元件。

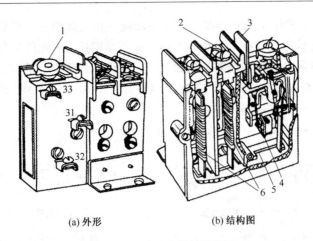

(a) 外形　　　　　(b) 结构图

图 1-39　热继电器的结构图

1—电流整定装置；2—主电路接线柱；3—复位按钮；4—常闭触头；5—动作机构；6—热元件；

31—常闭触头接线柱；32—公共动触头接线柱；33—常开触头接线柱

　　热继电器的工作原理如图 1-40 所示。主双金属片 2 与加热元件 3 串接在接触器负载端(电动机电源端)的主回路中。当电动机正常运行时，热元件产生的热量虽能使双金属片弯曲，但还不足以使继电器动作。当电动机过载时，流过热元件的电流增大，热元件产生的热量增加，使双金属片产生的弯曲位移增大，主双金属片 2 推动导板 4，并通过补偿双金属片 5 与推杆将触点 9 和 6(即串接在接触器线圈回路的热继电器常闭触点)分开，以切断电路保护电动机。

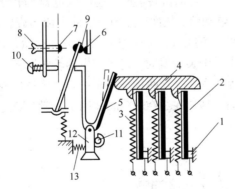

图 1-40　热继电器的工作原理图

1—主触头；2—主双金属片；3—热元件；4—推动导板；5—补偿双金属片；

6—常闭触头；7—常开触头；8—复位调节螺钉；9—动触头；10—复位按钮；

11—偏心轮；12—支撑件；13—弹簧

　　调节旋钮 11 是一个偏心轮，它与支撑件 12 构成一个杠杆。转动偏心轮，改变它的半径即可改变补偿双金属片 5 与导板 4 的接触距离，从而达到调节整定动作电流的目的。此外，靠调节复位螺钉 8 来改变常开静触头 7 的位置，能使热继电器工作在自动复位或手动复位两种工作状态。调成手动复位时，在故障排除后要按下按钮 10，才能使动触头 9 恢复到与静触头 6 接触的位置。

　　热继电器在保护形式上分为二相保护和三相保护两类。二相保护式的热继电器内装有两个发热元件，分别串入三相电路中的两相，常用于三相电压和三相负载平衡的电路中。三相保护式热继电器内装有三个发热元件，分别串入三相电路中的每一相，其中任意一相过载，都会使热继电器动作，常用于三相电源严重不平衡或三相负载严重不平衡的场合。

热继电器的主要技术参数有额定电压、额定电流、相数、热元件编号、整定电流及整定电流调节范围等。整定电流是指能够长期通过热元件而不致于引起热继电器动作的电流值。

常用的热继电器有 JR 20，JRS 1 及 JR 0，JR 10，JR 15，JR 16 等系列，其型号含义如图 1 – 41 所示。

热继电器的图形符号及文字符号如图 1 – 42 所示。

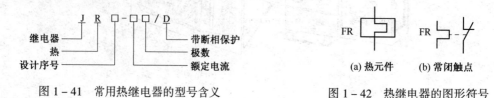

图 1 – 41　常用热继电器的型号含义　　　　图 1 – 42　热继电器的图形符号

4．速度继电器

速度继电器又叫反接制动继电器，主要用于鼠笼式异步电动机的反接制动控制。它主要由转子、定子和触头三部分组成，转子是一个圆柱形永久磁铁，定子是一个鼠笼式空心圆环，由硅钢片叠成，并装有鼠笼式绕组。

图 1 – 43 为 JY1 型速度继电器的外形和结构示意图。其转子的轴与被控制电动机的轴联接，而定子空套在转子上。当电动机转动时，速度继电器的转子随之转动，定子内的短路导体便切割磁场，产生感应电动势，从而产生电流；此电流与旋转的转子磁场作用产生转矩，使定子开始转动；当转到一定角度时，装在轴上的摆锤推动簧片动作，使常闭触头分断，常开触头闭合。当电动机转速低于某一值时，定子产生的转矩减小，触头在弹簧作用下复位。

常用的速度继电器有 JY 1 和 JFZ 0 两种类型。一般速度继电器的动作转速为 120 r/ min，触头的复位转速在 100 r/ min，转速在 3000 r/ min 以下时，速度继电器能可靠工作。

速度继电器的符号如图 1 – 44 所示。

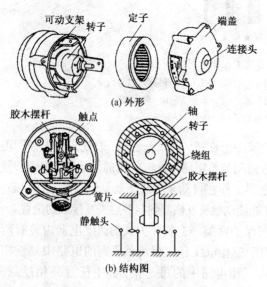

图 1 – 43　JY1 系列速度继电器

图 1 – 44　速度继电器的图形符号

1.1.5 熔断器

熔断器是一种最简单有效的保护电器。在使用时,熔断器串接在所保护的电路中,作为电路及用电设备的短路和严重过载保护,主要用做短路保护。

熔断器主要由熔体(俗称保险丝)和安装熔体的熔管(或熔座)两部分组成。熔体由易熔金属材料(铅、锡、锌、银、铜)及其合金制成,通常做成丝状或片状。熔管是装熔体的外壳,由陶瓷、绝缘钢纸或玻璃纤维制成,在熔体熔断时兼有灭弧作用。

熔断器的熔体与被保护的电路串联。当电路正常工作时,熔体允许通过一定大小的电流而不熔断。当电路发生短路或严重过载时,熔体中流过很大的故障电流,当电流产生的热量达到熔体的熔点时,熔体熔断而切断电路,从而达到保护目的。

电流通过熔体产生的热量与电流的平方和电流通过的时间成正比。因此,电流越大,则熔体熔断的时间越短,这称为熔断器的反时限保护特性。

熔断器主要包括插入式、螺旋式、管式等几种形式,使用时应根据线路要求、使用场合和安装条件来选择。

熔断器主要技术参数有额定电压、额定电流、熔体额定电流、额定分断能力等。型号含义如图 1-45 所示。

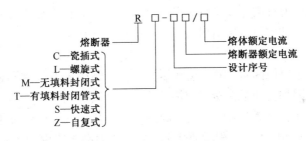

图 1-45 熔断器的型号含义

熔断器的文字符号用 FU 表示,图形符号如图 1-46 所示。

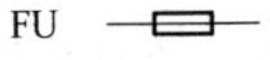

图 1-46 熔断器的图形符号

1.1.6 常用起动器

起动器是用于电动机起动的控制电器。常用的起动器有磁力起动器和星三角起动器。

1. 磁力起动器

磁力起动器是一种全压起动器,又叫电磁开关。主要由交流接触器、热继电器和按钮组成,封装在铁皮壳体内。装在壳上的按钮控制交流接触器线圈回路的通断,并通过交流接触器控制电动机的起动和停止。

磁力起动器分为不可逆和可逆两种。将控制电动机单向运行的电器元件(一个接触器、一个热继电器、两个按钮)封装在一起,即为不可逆起动器;将控制电动机正反转的相关电器(两个接触器、两个热继电器、三个按钮)封装一起,即组成可逆起动器。

磁力起动器的选用与交流接触器基本相同。

2．Y－△起动器

Y－△起动器是电动机降压起动设备之一，适用于定子绕组作三角形联接的鼠笼式电动机的降压起动。它在电动机起动时将绕组联接成星形，使每相绕组从 380 V 线电压降低到 220 V 相电压，从而减小起动电流。当电动机转速升高并接近额定值时，通过手动或自动将其绕组切换成三角形联接，使电动机每相绕组在 380 V 线电压下正常运行。

＊1.1.7　主要电器元件故障诊断与维修

各种低压电器元件，在正常状态下使用或运行，都存在自然磨损现象，有一定的机械寿命和电气寿命。操作不当、过载运行、日常失修等，均会加速电器元件的老化，缩短其使用寿命。

1．电磁式电器共性故障诊断与维修

一般电磁式电器，通常由触头系统、电磁系统和灭弧装置等组成，而触头系统和电磁系统是电磁式低压电器的共性元件。这部分元件经过长期使用或使用不当，可能会发生故障而影响电器的正常工作。

1）触头的故障及维修

触头是有触点低压元件的主要部件，它担负着接通和分断电路的作用，也是电器中比较容易损坏的部件。触头的常见故障有触头过热、磨损和熔焊等。

（1）触头过热

造成触头发热的主要原因有：触头接触压力不足；触头表面接触不良；触头表面被电弧灼伤烧毛等。这些原因都会使触头接触电阻增大，使触头过热。

解决方法：对于由于弹簧失去弹性而引起的触头压力不足，可通过重新调整弹簧或更新弹簧解决；对于触头表面的油污、积垢或烧毛，可用小刀刮去或用锉锉去。

（2）触头磨损

触头磨损有两种：一种是电气磨损，由触头间电弧或电火花的高温使触头金属气化和蒸发造成；另一种是机械磨损，由触头闭合时的撞击、触头表面的相对滑动摩擦等造成。

解决方法：当触头磨损至原有厚度的 2／3（指铜触头）或 3／4（指银或银合金）时，应更换新触头。另外，超行程（指从动、静触头刚接触的位置算起，假想此时移去静触头，动触头所能继续向前移动的距离）不符合规定时，也应更换新触头。若发现磨损过快，应查明原因。

（3）触头熔焊

动、静触头接触面在熔化后被焊在一起而断不开的现象，称为触头的熔焊。当触头闭合时，由于撞击和产生振动，在动、静触头间的小间隙中产生短电弧，电弧的高温使触头表面被灼伤甚至被烧熔，熔化的金属液便将动、静触头焊在一起。

发生触头熔焊的常见原因：触头选用不当，容量太小；负载电流太大；操作频率过高；触头弹簧损坏，初压力减小。

解决方法：更换新触头。

2）电磁系统的故障及维修

（1）衔铁振动和噪声

产生振动和噪声的主要原因有：短路环损坏或脱落；衔铁歪斜或铁心端面有锈蚀、尘垢，使动、静铁心接触不良；反作用弹簧压力太大；活动部分机械卡阻而使衔铁不能完全吸合等。

（2）线圈过热或烧毁

线圈中流过的电流过大时，就会使线圈过热甚至烧毁。发生线圈电流过大的原因有以下几个方面：线圈匝间短路；衔铁与铁心闭合后有间隙；操作频繁，超过了允许操作频率；外加电压高于线圈额定电压等。

（3）衔铁不释放

当线圈断电后，衔铁不释放，应立即断开电源开关，以免发生意外事故。

衔铁不释放的原因主要有：触头熔焊在一起；铁心剩磁太大；反作用弹簧弹力不足；活动部分机械卡阻；铁心端面有油污等。上述原因都可能导致线圈断电后衔铁不能释放，触头不能复位。

（4）衔铁不能吸合

当交流线圈接通电源后，衔铁不能吸合时，应立即切断电源，以免线圈被烧毁。

衔铁不能吸合的原因有：线圈引出线脱落、断开或烧毁；电源电压过低；活动部分卡阻。

2．常用电器故障诊断与维修

1）刀开关的运行维修

刀开关的常见故障及维修见表 1－2。

表 1－2　刀开关常见故障

序　号	故障现象	故障原因	维修方法
1	开关触头过热或熔焊	①刀片、刀座烧毛 ②速断弹簧压力不当 ③刀片、刀座表面氧化 ④刀片动、静触头插入深度不够 ⑤带负荷起动大容量设备，大电流冲击 ⑥有短路电流	①修磨动、静触头 ②调整防松螺母 ③清除表面氧化层 ④调整操作机构 ⑤避免违章操作 ⑥排除短路点，更换大容量开关
2	开关与导线接触部位过热	①联接螺丝松动，弹簧垫圈失效 ②螺栓过小 ③过渡接线因金属不同而发生电化学锈蚀	①紧固螺丝，更换垫圈 ②更换螺栓 ③采用铜铝过渡线
3	开关合闸后缺相	①静触头弹性消失或开口过大，闸刀与夹座未接触 ②熔丝熔断或虚接触 ③触头表面氧化或有尘污 ④进出线氧化，造成接线柱接触不良	①修整静触头 ②更换熔丝，拧紧联接熔丝的螺丝 ③清除触头表面氧化物 ④清除氧化层
4	铁壳开关操作手柄带电	①电源进出线绝缘不良 ②碰壳和开关地线接触不良	①更换导线 ②紧固接地线

2）按钮的常见故障与维修

按钮的常见故障见表 1－3。

表 1-3 按钮的常见故障

序　号	故障现象	故障原因	维修方法
1	按起动按钮时有麻电感觉	①按钮帽的缝隙钻进了金属粉末或铁屑等 ②按钮防护金属外壳接触了带电导线	①清扫按钮，给按钮罩一层塑料薄膜 ②检查按钮内部接线，消除碰壳
2	按停止按钮时不能断开电路	按钮非正常短路所致 ①铁屑、金属末或油污短接了动断触头 ②按钮盒胶木烧焦炭化	①清扫触头 ②更换按钮
3	按停止按钮后，再按起动按钮，被控制电器不动作	①停止按钮的复位弹簧损坏 ②起动按钮动合触头氧化、接触不良	①调换复位弹簧 ②清扫、打磨动静触头

3）接触器的故障诊断与维修

接触器使用寿命的长短，不仅取决于产品本身的技术性能，而且与使用维护是否符合要求有很大关系。运行部门应制定有关制度，对运行中的接触器进行定期保养，以延长其使用寿命和确保其安全。

接触器检查与维修项目如下。

① 外观检查。看接触器外观是否完整无损，各连接部分是否松动。

② 灭弧罩检查。取下灭弧罩，仔细查看有无破裂或严重烧损；灭弧罩内的栅片有无变形或松脱，栅孔或缝隙是否堵塞；清除灭弧室内的金属飞溅物和颗粒。

③ 触头检查。清除触头表面上烧毛的颗粒；检查触头磨损的程度，严重时应更换。

④ 铁心的检查。对铁心端面要定期擦拭，清除油垢，保持清洁；检查铁心有无变形。

⑤ 线圈的检查。观察线圈外表是否因过热而变色；接线是否松脱；线圈骨架是否破碎。

⑥ 活动部件的检查。检查可动部件是否卡阻；坚固体是否松脱；缓冲件是否完整等。

交流接触器的触头、电磁系统的故障及维修与前述的情况基本相同，除此之外，常见故障如表 1-4 所列。

表 1-4 交流接触器的常见故障

序　号	故障现象	故障原因	维修方法
1	触头熔焊	① 操作频率过高或选用不当 ② 负载侧短路 ③ 触头弹簧压力过小 ④ 触头表面有金属颗粒突起或异物 ⑤ 吸合过程中触头停滞在似接触非接触的位置上	① 降低操作频率或更换合适型号 ② 排除短路故障、更换触头 ③ 调整触头弹簧压力 ④ 清理触头表面 ⑤ 消除停滞因素
2	触头断相	① 触头烧缺 ② 压力弹簧失效 ③ 联接螺丝松脱	① 更换触头 ② 更换压力弹簧片 ③ 拧紧松脱螺丝

续表

序　号	故障现象	故障原因	维修方法
3	相间短路	① 可逆转换接触器联锁失灵或误动作致使两台接触器投入运行而造成相间短路 ② 接触器正反转换时间短而燃弧时间长，换接过程中发生弧光短路 ③ 尘埃堆积、潮湿、过热，使绝缘损坏 ④ 绝缘件或灭弧室损坏或破碎	① 检查联锁保护 ② 在控制电器中加中间环节或更换动作时间长的接触器 ③ 缩短维护周期 ④ 更换损坏件
4	线圈损坏	① 空气潮湿，含有腐蚀性气体 ② 机械方面碰坏 ③ 严重振动	① 换用特种绝缘漆线圈 ② 对碰坏处进行修复 ③ 消除或减小振动
5	起动动作缓慢	① 极面间间隙过大 ② 电器的底板不平 ③ 机械可动部分稍有卡阻	① 减小间隙 ② 将电器装直 ③ 检查机械可动部分
6	短路环断裂	由于电压过高，线圈用错，弹簧断裂，以致磁铁作用时撞击过猛	检查并调换零件

4）热继电器的故障诊断及维修

热继电器的检查与维修内容如下：

① 检查负荷电流是否和热元件的额定值相配合。

② 检查热继电器与外部联接点有无过热现象。

③ 检查与热继电器联接的导线截面是否满足要求，有无因发热而影响热元件正常工作的现象。

④ 检查继电器的运行环境温度有无变化，温度有无超过允许范围（-30 ℃~40 ℃）。

⑤ 检查热继电器动作情况是否正确。

⑥ 检查热继电器周围环境温度与被保护设备周围环境温度差值，若超出 + 25 ℃（或 - 25 ℃）时，应调换大一号等级热元件（或小一号等级的热元件）。

热继电器的常见故障有热元件烧坏、误动作和不动作。具体原因及维修见表 1 - 5。

表 1 - 5　热继电器常见故障

序　号	故障现象	故障原因	维修方法
1	误动作	① 整定值偏小 ② 电动机起动时间过长 ③ 反复短时工作，操作次数过高 ④ 强烈的冲击振动 ⑤ 联接导线太细	① 合理调定整定值 ② 从线路上采取措施，起动过程中使热继电器短接 ③ 调换合适的热继电器 ④ 调换导线
2	不动作	① 整定值偏大 ② 触点接触不良 ③ 热元件烧断或脱掉 ④ 运动部分卡阻 ⑤ 导板脱出 ⑥ 联接导线太粗	① 调整整定值 ② 清理触点表面 ③ 更换热元件或补焊 ④ 排除卡阻，但不随意调整 ⑤ 检查导板 ⑥ 调换导线
3	热元件烧坏	① 负载侧短路，电流过大 ② 反复短时工作，操作次数过高 ③ 机械故障	① 排除短路故障及更换热元件 ② 调换热继电器 ③ 排除机械故障及更换热元件

5）熔断器的故障诊断与维修

熔断器一般熔体在小截面处熔断，且熔断部位较短，这是由过负荷引起；而大截面部位被熔化无遗、熔丝爆熔或熔断部位很长，一般由短路引起。

熔断器的常见故障及维修如表1-6所示。

表1-6　熔断器的常见故障

序　号	故障现象	故障原因	维修方法
1	误熔断	① 动、静触头（RC1型），触片与插座（RM1型），熔体与底座（RL1型）接触不良，使接触部位过热 ② 熔体氧化腐蚀或安装时有机械损伤，使熔体截面变小，电阻增加 ③ 熔断器周围介质温度与被保护对象介质温度相差太大	① 整修动、静接触部位 ② 更换熔体 ③ 加强通风
2	管体（瓷插座）烧损、爆裂	熔管里的填料洒落或瓷插座的隔热物（石棉垫）丢掉	安装时要认真细心，更换熔管
3	熔体未熔但电路不通	熔体两端接触不良	加固接触面

1.2　电气控制图的基本知识

电气图是以各种图形、符号和图线等形式来表示电气系统中各电气设备、装置、元器件的相互联接关系。电气图是联系电气设计、生产、维修人员的工程语言，能正确、熟练地识读电气图是从业人员必备的基本技能。

1.2.1　电气图的符号

为了表达电气控制系统的设计意图，便于分析系统工作原理、安装、调试和检修控制系统，必须采用统一的图形符号和文字符号。国家标准局参照国际电工委员会（IEC）的相关标准，颁布一系列有关文件，如 GB 4728—1985《电气图常用图形符号》、GB 5226—1985《机床电气设备通用技术条件》、GB 7159—1987《电气技术中的文字符号制定通则》和 GB 6988—1987《电气制图》等。

1987年3月17日，国家标准局发出了《在全国电气领域全面推行电气制图和图形符号国家标准的通知》，国家规定从1990年1月1日起，所有电气技术文件和图纸一律使用国家新标准，不准再使用国家旧的标准。为了便于查阅以前的技术资料，在附录1中给出了电气图常用图形符号和文字符号的新旧对照表。

1.2.2　电气控制图的分类

由于电气控制图描述的对象复杂，应用领域广泛，表达形式多种多样，因此表示一项电气工程或一种电器装置的电气图有多种。它们以不同的表达方式反映工程问题的不同侧面，但又有一定的对应关系，有时需要对照起来阅读。按用途和表达方式的不同，电气图可以分为以下几种。

1．电气系统图和框图

电气系统图和框图是用符号或带注释的框，概略地表示系统的组成、各组成部分相互关系及其主要特征的图样，它比较集中地反映了所描述工程对象的规模。

2．电气原理图

电气原理图是为了便于阅读与分析控制线路，根据简单、清晰的原则，以电器元件展开的形式绘制而成的图样。它包括所有电器元件的导电部件和接线端点，但并不按照电器元件的实际布置位置来绘制，也不反映电器元件的大小。其作用是便于详细了解工作原理，指导系统或设备的安装、调试与维修。电气原理图是电气控制图中最重要的一类，也是识图的难点和重点。

3．电器布置图

电器布置图主要是用来表明电气设备上所有电器元件的实际位置，为生产机械电气控制设备的制造、安装提供必要的资料。通常电器布置图与电器安装接线图组合在一起，既起到电器安装接线图的作用，又能清晰地表示出电器的布置情况。

4．电器安装接线图

电器安装接线图是为电气设备和电器元件的安装配线或电器故障的检修服务的。它是用规定的图形符号，按各电器元件的相对位置绘制的实际接线图，它清楚地表示了各电器元件的相对位置和它们之间的电路连接；所以安装接线图不仅要把同一电器的各个部件画在一起，而且各个部件的布置要尽可能符合这个电器的实际情况，但对比例和尺寸没有严格要求。在安装接线图上不但要画出控制柜内部之间的电器联接，还要画出电器柜外部电器的联接。电器安装接线图中的回路标号是电器设备之间、电器元件之间、导线与导线之间的联接标记，它的文字符号和数字符号应与原理图中的标号一致。

5．功能图

功能图是绘制电气原理图或其他有关图样的依据，它是表示理论的或理想的电路关系而不涉及实现方法的一种图。

6．电器元件明细表

电器元件明细表是把成套装置、设备中各组成元件(包括电动机)的名称、型号、规格、数量列成表格，供材料准备及维修使用。

1.2.3　电气原理图的绘制规则

系统图和框图，对于从整体上理解系统或装置的组成和主要特征无疑是十分重要的。然而要详细理解电气作用原理，进行电气接线，分析和计算电路特征，还必须有另外一种图，这就是电气原理图。下面以图1-47所示的电气原理图为例，介绍电气原理图的绘制规则。

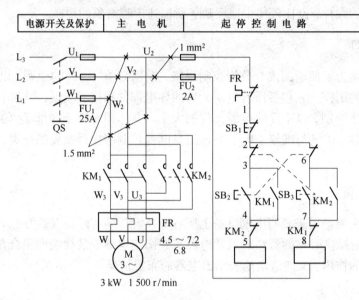

图1-47　三相鼠笼式异步电动机可逆运行电气原理图

电气原理图的绘制规则如下。

① 原理图一般分主电路和辅助电路两部分。主电路就是从电源到电动机大电流通过的路径。辅助电路包括控制电路、照明电路、信号电路及保护电路等，由继电器和接触器的线圈、继电器的触点、接触器的辅助触点、按钮、照明灯、信号灯、控制变压器等电器元件组成。

② 控制系统内的全部电机、电器和其他器械的带电部件，都应在原理图中表示出来。

③ 在原理图中不画各电器元件的实际的外形图，而采用国家规定的统一标准图形符号。文字符号也要符合国家规定的标准。

④ 在原理图中，各个电气元件和部件在控制线路中的位置，应根据便于阅读的原则安排。可以将同一元器件的各个部件不画在一起。例如，可以将接触器、继电器的线圈和触点不画在一起。

⑤ 原理图中元件、器件和设备的可动部分，都按没有通电和没有外力作用时的开闭状态画出。例如，继电器、接触器的触点，按吸引线圈不通电状态画；主令控制器、万能转换开关，按手柄处于零位时的状态画；按钮、行程开关的触点，按不受外力作用时的状态画等。

⑥ 原理图的绘制应布局合理、排列均匀，为了便于识图，可以水平布置，也可以垂直布置。

⑦ 电气元件应按功能布置，并尽可能按水平顺序排列，其布局顺序应该是从上到下，从左到右。电路垂直布置时，类似项目应横向对齐；水平布置时，类似项目应纵向对齐。例如，图1-47中，线圈属于类似项目，由于线路采用垂直布置，所以接触器线圈应横向对齐。

⑧ 电气原理图中，有直接联系的交叉导线联接点，要用黑圆点表示；无直接联系的交叉导线联接点不画黑圆点。

1.2.4　电气图阅读的基本方法

电气控制系统图是由许多电器元件按一定要求联接而成的，可表达机床及生产机械电气控制系统的结构、原理等设计意图，因此为便于电器元件和设备的安装、调整、使用和维修，必须能看懂其电气图，特别是电气原理图。下面主要介绍电气原理图的阅读方法。

在阅读电气原理图以前，必须对控制对象有所了解，尤其对机、电、液(或气)配合得比较密切的生产机械，要搞清其全部传动过程。并按照"从左到右、至上而下"的顺序进行分析。

1. 电气图阅读的基本方法

任何一台设备的电气控制线路，总是由主电路和控制电路两大部分组成，而控制电路又可分为若干个基本控制线路或环节(如点动、正反转、降压起动、制动、调速等)。分析电路时，通常首先从主电路入手。

1) 主电路分析

分析主电路时，首先应了解设备各运动部件和机构采用了几台电动机拖动。然后按照顺序，从每台电动机的主电路中使用接触器的主触头的联接方式，可分析判断出主电路的工作方式，如电动机是否有正反转控制，是否采用了降压起动，是否有制动控制，是否有调速控制等。

2) 控制电路分析

分析完主电路后，再从主电路中寻找接触器主触头的文字符号，在控制电路中找到相对应的控制环节，根据设备对控制线路的要求和前面所学的各种基本线路的知识，按照顺序逐步地深入了解各个具体的电路由哪些电器组成，它们互相间的联系及动作的过程等。如果控制电路比较复杂，可将其分成几个部分来分析。

3) 辅助电路分析

辅助电路分析主要包括电源显示、工作状态显示、照明和故障报警等部分。它们大多由控制电路中的元件控制，所以在分析时，要对照控制电路进行分析。

4) 联锁和保护环节分析

任何机械生产设备对安全性和可靠性都提出了很高的要求，因此控制线路设置有一系列电气保护和必要的电气联锁。分析联锁和保护环节可结合机械设备生产过程的实际需求及主电路各电动机的互相配合过程进行。

5) 总体检查

经过"化整为零"的局部分析，理解每一个电路的工作原理及各部分之间的控制关系后，再采用"集零为整"的方法，检查各个控制线路，看是否有遗漏。特别要从整体角度去进一步检查和理解各控制环节之间的联系，以理解电路中每个电气元件的名称和作用。

2. 电气图阅读

图 1 – 48 是农村常用的抽水机电气原理图，它由主电路和控制电路两部分组成。

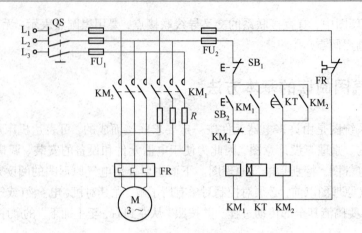

图 1 – 48 　 抽水机的电气原理图

1）主电路阅读

主电路有一台鼠笼式异步电动机，它是带动水泵的电动机，由接触器 KM_1，KM_2 的主触头控制。当 KM_1 的主触头闭合时，通过电阻 R 把电动机与电源接通；当 KM_2 主触头闭合时，电动机直接与电源接通。至于 KM_1 和 KM_2 究竟在什么条件下动作，则应看控制电路如何动作。电动机的短路保护由熔断器 FU_1 控制，过载保护由热继电器 FR 控制。

2）阅读控制电路

控制电路有接触器 KM_1，KM_2 和时间继电器 KT 三条回路。接触器 KM_1 和时间继电器 KT 由按钮 SB_2 控制，接触器 KM_2 则由时间继电器 KT 的延时闭合常开触头控制。

当合上电源开关 QS，按下起动按钮 SB_2 时，接触器 KM_1 线圈得电，其主触头闭合，电流经电阻 R 流向电动机，使电动机起动，KM_1 的辅助触头闭合，同时时间继电器 KT 线圈得电，经一定延时后，其常开触头 KT 闭合，使接触器 KM_2 线圈得电，KM_2 的辅助触头闭合，同时 KM_2 主触头闭合，使电阻 R 短接，并使电动机直接接入电源；同时 KM_2 的常闭触头切断 KM_1 的线圈回路，使 KM_1 的主触头和辅助触头断开，于是时间继电器 KT 也失电。

通过以上对电路的分析，可知水泵的工作情况：先是 KM_1 通电，电动机串入电阻 R 并起动，这时 R 有一定电压降，使加到定子绕组端的电压降低，从而限制起动电流，并使之在允许范围之内。经过一定时间后，KM_2 通电，再将电动机直接与电源接通，使电动机在额定电压下正常运转。电动机进入正常运转后，KM_1 和 KT 都不起作用了，故让它们断电释放，以利节约用电。这是一种简单的降压起动方法，缺点是起动时电阻 R 要消耗一定电能，所以常用于不经常起动停止的场合。

1.3　电气控制的基本规律

电气控制又称为继电接触器控制。它是由各种触点电器，如接触器、继电器、按钮、行程开关等组成的控制系统。它能实现电力拖动系统的起动、反向、制动、调速和保护，实现生产过程自动化。由于它具有结构简单、维护调整方便、价格低廉等优点，因此是目前应用最广泛、最基本的一种控制方式。

实际的控制线路是千差万别的，但它们都遵循一定的原则和规律，只要通过对典型控制线路的分析研究，掌握其规律，就能够阅读和设计控制线路。

1.3.1　自锁控制

图 1-49 为最典型的交流电动机单向运行的控制线路。起动按钮 SB_2、停止按钮 SB_1、接触器 KM 的线圈及其常开辅助触头构成控制回路。

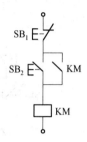

按下 SB_2，交流接触器 KM 线圈得电，与 SB_2 并联的 KM 常开辅助触头闭合，使接触器线圈有两条路通电。这样即使手松开 SB_2，接触器 KM 的线圈仍可通过自己的辅助触头继续通电。这种依靠接触器自身辅助触头而使线圈保持通电的现象称为自锁（或自保）。这种起自锁作用的辅助触头称为自锁触头。

图 1-49　自锁控制电路

停车时，按下停止按钮 SB_1，将控制电路断开即可。此时，KM 线圈失电，KM 常开辅助触头释放。松开 SB_1 后，SB_1 虽能复位，但接触器线圈已不能再依靠自锁触头通电。

自锁控制的另一个作用是实现欠压和失压保护。在图 1-48 中，当电网电压消失（如停电）后又重新恢复供电时，不重新按起动按钮，电动机就不能起动，这就构成了失压保护。它可防止在电源电压恢复时，电动机突然起动而造成设备和人身事故。另外，当电网电压较低时，达到接触器的释放电压，接触器的衔铁释放，主触点和辅助触点都断开。它可防止电动机在低压下运行，实现欠压保护。

实际上，上述所说的自锁控制并不局限在接触器上，在控制线路中电磁式中间继电器也常用自锁控制。

1.3.2　互锁控制

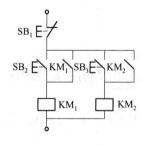

图 1-50　正反转控制电路

在生产加工过程中，往往要求电动机能够实现可逆运行。如机床工作台的前进与后退、主轴的正转与反转、起重机吊钩的上升与下降等，这就要求正反转控制，电路如图 1-50 所示。

图 1-50 所示的控制线路虽然可以完成正反转的控制任务，但这个线路仍有缺点。在按下正转按钮 SB_2 时，KM_1 线圈得电并自锁，接通正转电源，电动机正转。若发生误操作，在按下 SB_2 的同时又按下反转按钮 SB_3，KM_2 线圈得电并自锁，接通反转电源，此时在主电路中将发生电源短路事故。

为了避免上述事故的发生，就要求保证两个接触器不能同时工作。这种在同一时间里两个接触器只允许一个工作的控制作用称为互锁或联锁。图 1-51 为带接触器联锁保护的正反转控制线路。在正、反两个接触器中互串一个对方的常闭触点，这对常闭触点称为互锁触点或联锁触点。这样，当按下正转起动按钮 SB_2 时，正转接触器 KM_1 线圈得电，主触头闭合，电动机正转，与此同时，由于 KM_1 的常闭辅助触头断开而切断了反转接触器 KM_2 的线圈电路。因此，即使误按下反转起动按钮 SB_3，也不会使反转接触器的线圈得电。同理，在反转

接触器 KM_2 动作后,也保证了正转接触器 KM_1 的线圈电路断开。

但是,图 1 – 51 所示的电路也有个缺点,即在正转过程中要求反转时,必须先按下停止按钮 SB_1,让 KM_1 线圈失电,互锁触点 KM_1 闭合,这样才能按反转按钮使电动机反转,这给操作带来了不方便。为了解决这个问题,在生产中常采用复合按钮和接触器双重互锁的控制电路,如图 1 – 52 所示。

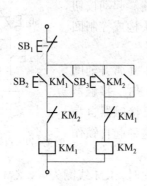

图 1 – 51 接触器互锁的控制电路

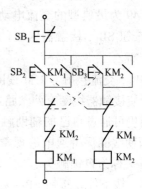

图 1 – 52 双重互锁的控制电路

图 1 – 52 中,保留了由接触器常开触点组成的互锁——电气互锁,又添加了由按钮 SB_2 和 SB_3 的常闭触点组成的互锁——机械互锁。这样,当电动机由正转换为反转时,只须按下反转按钮 SB_3,便会通过 SB_3 的常闭触点使 KM_1 的线圈失电,KM_1 的互锁触头闭合,使得 KM_2 线圈得电,实现电动机的反转。

这里须注意一点,机械互锁不能代替电气互锁。例如,当正转接触器 KM_1 的主触点发生熔焊现象时,由于相同的机械联接,KM_1 的触点在线圈断电时不复位,KM_1 的互锁触头处于断开状态,可以防止反转接触器 KM_2 通电使主触头闭合而造成电源短路故障,机械互锁起不到这种保护作用。

小结

- 低压电器的分类及基本组成(电磁机构、触头系统和灭弧装置)。
- 常用低压电器:常用开关电器、主令电器、接触器、继电器和熔断器的用途、基本结构、工作原理及其主要参数、型号与图形符号。
- 电器元件的故障诊断与维修:电磁式电器的共性故障和常用电器(刀开关、按钮、接触器、继电器和熔断器)的故障诊断与维护。
- 电气控制图的基本知识:图形符号和文字符号;电气控制图的分类和作用;电气图的绘图规则和方法;电气原理图的阅读方法。
- 电气控制的基本规律:自锁、互锁的作用。

思考与练习

1 – 1　什么是电器?什么是低压电器?

1-2　什么是电弧？电弧有哪些危害？

1-3　电压线圈和电流线圈在结构上有哪些区别？能否互相替代？为什么？

1-4　简述短路环的作用及工作原理。

1-5　组合开关、行程开关、按钮的用途是什么？

1-6　自动开关的工作原理及选用原则是什么？

1-7　交流接触器的用途是什么？直流接触器与交流接触器在结构上有哪些主要区别？

1-8　如何选用接触器？

1-9　简述热继电器的主要结构和工作原理。二相保护式和三相保护式各在什么情况下使用？为什么热继电器不能对电路进行短路保护？

1-10　中间继电器的主要用途是什么？与交流接触器相比有何异同之处？在什么情况下可用中间继电器代替接触器起动电动机？

1-11　空气式时间继电器主要由哪些部分组成？试述其延时原理。

1-12　熔断器的主要作用是什么？

1-13　电动机的起动电流很大，当电动机起动时，热继电器是否会动作？为什么？

1-14　接触器的常见故障有哪些？如何检修？

1-15　电动机过载后，热继电器仍不动作的故障原因是什么？

1-16　什么是欠压、失压保护？利用什么电器可以实现欠压、失压保护？

1-17　电动机正反转控制电路中，为什么要采用互锁？当互锁触头接错后，会出现什么现象？

第2章 直流电机

- **知识目标** 了解直流电机的结构、分类、铭牌数据、磁场和换向问题；掌握直流电动机的工作原理、基本方程、机械特性、拖动方法及其特点；掌握直流电动机的电气控制。
- **能力目标** 学会改善直流电机换向的方法；学会直流电动机拖动的方法及其一般故障的检修；能计算直流电机的电枢电流、电磁转矩等；学会分析直流电动机的电气控制过程。
- **学习方法** 结合实物和实验进行学习。

电机是电动机和发电机的统称，是一种实现机电能量转换的电磁装置。拖动生产机械，将电能转换为机械能的电机称为电动机；作为电源，将机械能转换为电能的电机称为发电机。由于电流有交流、直流之分，所以电机也就分为交流电机和直流电机两大类。

直流电动机具有良好的起动和调速性能，被广泛地应用于对起动和调速有较高要求的拖动系统，例如电力牵引、轧钢机、起重设备等。小容量的直流电动机在自动控制系统中的应用也很广泛。

直流发电机主要用做各种直流电源，例如直流电动机电源、化工中电解电镀所需的低电压大电流的直流电源等。随着电子技术的发展，晶闸管整流装置有取代直流发电机的趋势。

本章主要分析直流电动机的基本理论。

2.1 直流电机的基本知识

2.1.1 直流电机的工作原理

1. 直流电动机的基本工作原理

图 2-1 是一台最简单的直流电动机的原理图。图 2-1 中 N 和 S 是一对固定的磁极，它可以是电磁铁，也可以是永久磁铁。磁极之间有一个可以转动的铁质圆柱体，称为电枢铁心。铁心表面固定一个由绝缘导体构成的电枢线圈 *abcd*，线圈的两端分别接到相互绝缘的两个弧形铜片 1 和 2 上，铜片称为换向片，它们的组合体称为换向器。换向器固定在转轴上且与转轴绝缘。在换向器上放置固定不动而与换向片滑动接触的电刷 A 和 B，线圈 *abcd* 通过换向器和电刷与外电路连接。

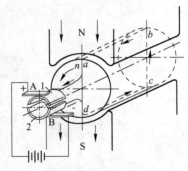

图 2-1 直流电动机原理图

直流电动机工作时，如 A 刷接电源正极，则 B 刷接电源负极。电流从 A 刷流入，经线圈

$abcd$，由 B 刷流出。图 2 - 1 所示之瞬间，在 N 极下的导体 ab 中电流是由 a 到 b；在 S 极下的导体 cd 中电流方向由 c 到 d。根据电磁力定律知道，载流导体在磁场中要受力，其方向可由左手定则判定。导体 ab 受力的方向向左，导体 cd 受力的方向向右。两个电磁力对转轴所形成的电磁转矩为逆时针方向，电磁转矩使电枢逆时针方向旋转。

当线圈转过 180°，换向片 2 转至与 A 刷接触，换向片 1 转至与 B 刷接触。电流由正极经换向片 2 流入，导体 dc 中电流由 d 流向 c，导体 ba 中电流由 b 流向 a，由换向片 1 经 B 刷流回负极。用左手定则判定，电磁转矩仍为逆时针方向，这样可使电动机沿一个方向连续旋转下去。

由此可知，加在直流电动机上的直流电源，通过换向器和电刷，在电枢线圈中流过的电流方向是交变的，而每一极性下的导体中的电流方向始终不变，因而产生单方向的电磁转矩，使电枢向一个方向旋转，这就是直流电动机的基本工作原理。

2. 直流发电机的基本工作原理

直流发电机的原理图与直流电动机相同，不同的是在电刷上不加直流电源，而是用原动机拖动电枢朝一个方向（例如逆时针方向）旋转，如图 2 - 2 所示。这时导体 ab 和 cd 分别切割 N 极和 S 极下的磁力线，根据电磁感应定律可知，必在其中产生感应电势，其方向可由右手定则判定。在图 2 - 2 中，导体 ab 中感应电势方向由 b 指向 a；而导体 cd 中感应电势的方向由 d 指向 c。因电势是从低电位指向高电位，此时 A 刷为正电位，B 刷为负电位。外电路中的电流，由 A 刷经负载流向 B 刷。

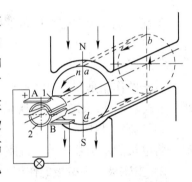

图 2 - 2　直流发电机原理图

当电枢旋转 180°，导体 ab 转至 S 极中心下，导体 cd 转到 N 极中心下，它们的感应电势方向改变了。导体 ab 的感应电势方向变为由 a 指向 b，导体 cd 中的感应电势方向变为由 c 指向 d。a 所接的换向片 1 转至与 B 刷相接触，d 所接的换向片 2 转到与 A 刷相接触。这时，A 刷仍具有正电位，B 刷仍具有负电位。外电路中的电流，仍是由 A 刷经负载流向 B 刷。

可见，电枢旋转时，电枢线圈中产生的感应电动势是交变的，由于换向片和电刷的作用，电刷 A 和 B 的极性始终不变，这就是直流发电机的基本工作原理。

由以上分析看出：一台直流电机原则上既可作为发电机运行，也可以作为电动机运行，只是外界条件不同而已。若在直流电机的电刷上加直流电源，可以将电能转换成机械能，作为电动机运行；若用原动机拖动直流电机的电枢旋转，将机械能变换成电能，从电刷引出直流电动势，则作为发电机运行。同一台电机，既可作电动机运行又可作发电机运行的原理，在电机理论中称为可逆原理。但在实际应用中，一般只在一个方面使用。

2.1.2　直流电机的结构与分类

从电机的基本工作原理知道，电机的磁极和电枢之间必须有相对运动，因此任何电机都由固定不动的定子和旋转的转子两部分组成，这两部分之间的间隙称为气隙。直流电机的结构如图 2 - 3 和图 2 - 4 所示。图 2 - 3 是直流电机的轴向剖面图，图 2 - 4 是直流电机的径向剖面图。

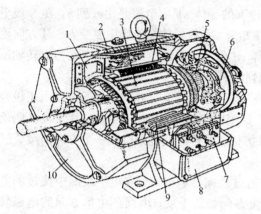

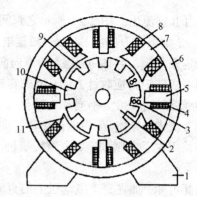

1—风扇；2—机座；3—电枢；4—主磁极；5—刷架；6—换
向器；7—接线板；8—出线盒；9—换向磁极；10—端盖

图 2-3　直流电机的轴向剖面图

1—底脚；2—电枢铁心；3—电枢绕组；4—换向极绕组；
5—换向极铁心；6—机座；7—主极铁心；8—励磁绕组；
9—电枢槽；10—电枢齿；11—极靴

图 2-4　直流电机的径向剖面图

下面分别介绍直流电机各部分的构成。

1. 定子

定子的作用是产生磁场和作为电机的机械支撑，它包括主磁极、换向极、机座、端盖、轴承、电刷装置等，如图 2-5 所示。

1）机座　机座一般用铸钢或厚钢板焊接而成。它用来固定主磁极、换向极和端盖，借助底脚将电机固定于基础上。机座还是磁路的一部分，用以通过磁通的部分称为磁轭。

2）主磁极　主磁极的作用是产生主磁通。它由主磁极铁心和励磁绕组组成。主磁极铁心一般由 1~1.5 mm 厚的钢板冲片叠压紧固而成。为了改善气隙磁通量密度的分布，主磁极靠近电枢表面的极靴较极身宽。励磁绕组由绝缘铜线绕制而成。直流电机的主磁极，如图 2-6 所示。直流电机中的主磁极总是成对的，相邻主磁极的极性按 N 极和 S 极交替排列。改变励磁电流的方向，就可改变主磁极的极性，也就改变了磁场方向。

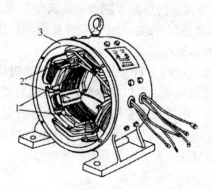

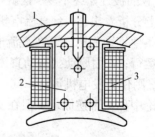

1—主磁极；2—换向极；3—机座

图 2-5　直流电机的定子

1—机座；2—主极铁心；3—励磁绕组

图 2-6　直流电机的主磁极

3）换向极　在两个相邻的主磁极之间的中性面内有一个小磁极，这就是换向极。它的构造与主磁极相似，由铁心和绕组构成。中小容量直流电机的换向极铁心是用整块钢制成的，大容量直流电机和换向要求高的电机，换向极铁心用薄钢片叠成。换向极绕组要与电枢绕组串联，因通过的电流大，导线截面较大，匝数较少。换向极的作用是产生附加磁场，改善电机的换向，减少电刷与换向与换向器之间的火花。

4）电刷装置　电刷装置由电刷、刷握、压紧弹簧和刷杆座等组成，如图 2 - 7 所示。电刷是用碳 - 石墨等制成的导电块，电刷装在刷握的刷盒内，用压紧弹簧把它压紧在换向器表面上。压紧弹簧的压力可以调整，保证电刷与换向器表面有良好的滑动接触。刷握固定在刷杆上，刷杆装在刷杆座上，彼此之间都绝缘。刷杆座装在端盖或轴承盖上，位置可以移动，用以调整电刷位置。电刷数一般等于主磁极数，各同极性的电刷经软线汇合在一起，再引到接线盒内的接线板上。电刷的作用是使外电路与电枢绕组接通。

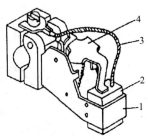

1—刷盒；2—电刷；
3—铜丝辫；4—压紧弹簧
图 2 - 7　电刷装置

2．转子

转子又称电枢，是用来产生感应电动势而实现能量转换的关键部分。它包括电枢铁心、电枢绕组、换向器、转轴、风扇等，结构如图 2 - 8 所示。

1）电枢铁心　电枢铁心一般用 0.5 mm 厚的涂有绝缘层的硅钢片叠装而成，这样铁心在主磁场中运动时可以减少磁滞和涡流损耗。铁心表面有均匀分布的齿和槽，槽中嵌放电枢绕组。电枢铁心又是磁的通路。电枢铁心固定在转子支架或转轴上。

2）电枢绕组　电枢绕组是用绝缘铜线绕制的线圈（也称元件）按一定规律嵌放到电枢铁心槽中，并与换向器作相应的联接。电枢绕组是电机的核心部件，电机工作时在其中产生感应电势和电磁转矩，实现能量的转换。

3）换向器　它是由许多带有燕尾的楔形铜片组成的一个圆筒，铜片之间用云母片绝缘，用套筒、V 形环和螺帽紧固成一个整体。电枢绕组中不同线圈上的两个端头接在一个换向片上。金属套筒式换向器如图 2 - 9 所示。换向器的作用是与电刷一起，起转换电势和电流的作用。

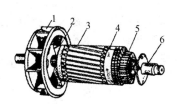

1—风扇；2—绕组；3—电枢铁心；
4—绑带；5—换向器；6—轴
图 2 - 8　直流电机的电枢

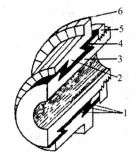

1—云母绝缘；2—换向片；3—套筒；
4—V 形环；5—螺母；6—片间云母
图 2 - 9　金属套筒式换向器剖面图

3．直流电机的分类

根据直流电机结构的特点，以直流电动机为例，按励磁绕组在电路中联接方式（即励磁方式）

不同可分为他励、并励、串励和复励4种。直流电动机按励磁分类的接线如图2-10所示。

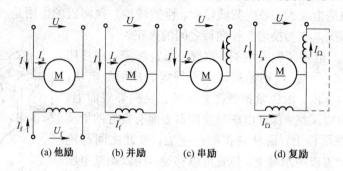

(a) 他励   (b) 并励   (c) 串励   (d) 复励

图2-10 直流电动机按励磁分类的接线图

他励电动机——励磁绕组和电枢绕组分别由不同的直流电源供电,如图2-10(a)所示。

并励电动机——励磁绕组和电枢绕组并联,由同一直流电源供电,如图2-10(b)所示。由图2-10(b)可知,并励电动机从电源输入的电流I等于电枢电流I_a与励磁电流I_f之和,即$I = I_a + I_f$。

串励电动机——励磁绕组和电枢绕组串联后接于直流电源,如图2-10(c)所示。由图2-10(c)可知,串励电动机从电源输入的电流、电枢电流和励磁电流是同一电流,即$I = I_a = I_f$。

复励电动机——有并励和串励两个绕组,它们分别与电枢绕组并联和串联,如图2-10(d)所示。

直流电动机励磁方式不同,使得它们的特性有很大差异,这也使它们能满足不同生产机械的要求。

直流发电机的分类与此类同,只是在示意图中要注意各项参数的方向,读者可自行分析。

2.1.3 直流电机铭牌数据

凡表征电机额定运行情况的各种数据,称为额定值。额定值一般都标注在电机的铭牌上,所以也称为铭牌数据,它是正确合理使用电机的依据。

直流电机的额定数据主要有以下几种。

(1) 额定电压 U_N(V) 在额定情况下,电刷两端输出(发电机)或输入(电动机)的电压。

(2) 额定电流 I_N(A) 在额定情况下,允许电机长期流出或流入的电流。

(3) 额定功率(额定容量)P_N(kW) 电机在额定情况下允许输出的功率。对于发电机,是指向负载输出的电功率,即

$$P_N = U_N I_N; \qquad (2-1)$$

对于电动机,是指电动机轴上输出的机械功率,即

$$P_N = U_N I_N \eta_N。 \qquad (2-2)$$

(4) 额定转速 n_N(r/min) 在额定功率、额定电压、额定电流时电机的转速。

(5) 额定效率 η_N 输出功率与输入功率之比,称为电机的额定效率,即

$$\eta_N = \frac{输出功率}{输入功率} \times 100\% = \frac{P_2}{P_1} \times 100\%。 \qquad (2-3)$$

电机在实际运行时，由于负载的变化，往往不是总在额定状态下运行。电机在接近额定的状态下运行，才是经济的。

例 2 - 1　一台直流电动机，其额定功率 $P_N = 160\ kW$，额定电压 $U_N = 220\ V$，额定效率 $\eta_N = 90\%$，额定转速 $n_N = 1500\ r\ /\ min$，求该电动机在额定运行状态时的输入功率和额定电流。

解　额定输入功率为

$$P_1 = \frac{P_N}{\eta_N} = \frac{160}{0.9} = 177.8(kW);$$

额定电流为

$$I_N = \frac{P_N}{U_N \eta_N} = \frac{160 \times 10^3}{220 \times 0.9} = 808.1(A)。$$

2.1.4　直流电机的电枢电势和电磁转矩

1. 感应电势

导体在磁场中运动要产生感应电势。无论是直流发电机还是直流电动机，电机运行时绕组中都要产生感应电动势。这里所讨论的电势是指两电刷间的电势，即电枢绕组每一条支路的感应电势。

图 2 - 11 表示直流电机空载(即电枢绕组中无电流)时，气隙磁通量密度 B 沿电枢圆周的分布曲线。图 2 - 11 中只画出每个元件的上层边，没有画出换向器。电刷实际上通过换向片与处在两极之间的元件相连。在图 2 - 11 中电刷直接与处在两极之间的元件相连接。

当电枢旋转时，分布在电枢上的导体将产生感应电势。距两极中间的中性点$(B = 0)$为 x 的导体的感应电势，根据电磁感应定律，为

$$e_x = B_x L v , \qquad (2 - 4)$$

式中，e_x——距中性点为 x 的导体的电势(V)；

　　B_x——距中性点为 x 的气隙磁密(T)；

　　L——导体的有效长度(m)；

　　v——电枢旋转的线速度(m/s)。

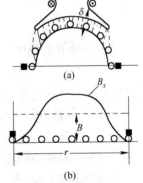

图 2 - 11　空载时气隙磁
通量密度的分布

电刷间的电枢电势是由并联的每一条支路的电势决定的，因此须把构成一条支路的所有导体的感应电势相加。设 N 为电枢绕组的总导体数，$2a$ 为并联支路数，则每一条支路所包含的导体数为 $N/2a$。

由于气隙磁通量密度沿电枢圆周按近似梯形曲线分布，每个导体中感应电势因所在位置磁通量密度的不同而不同。为了简化计算，引入平均磁通量密度 B_{av}，其计算公式为

$$B_{av} = \frac{1}{\tau} \int_0^\tau B_x dx , \qquad (2 - 5)$$

式中，τ 为极距，即沿电枢圆周表面相邻两磁极的距离。

这样，每个导体的平均感应电势为

$$e_{av} = B_{av}Lv,$$

电枢绕组的感应电势为

$$E_a = \frac{N}{2a}B_{av}Lv。 \qquad (2-6)$$

若以 D_a 表示电枢外径；以 n 表示电枢每分钟的转速，则速度 v 为

$$v = \frac{\pi D_a \cdot n}{60} = \frac{2p\tau n}{60}。 \qquad (2-7)$$

将式(2-7)代入式(2-6)，可得

$$E_a = \frac{N}{2a}B_{av}L\frac{2p\tau n}{60} = \frac{pN}{60a}B_{av}L\tau n = C_e\Phi n \qquad (2-8)$$

式中，E_a——电枢感应电动势(V)；

Φ——$\Phi = B_{av}L\tau$，每极磁通量(Wb)；

n——电枢转速(r / min)；

C——电势常数，$C_e = \frac{pN}{60a}$。

分析式(2-8)，可以得出如下结论：

① 当每极磁通量 Φ 为常值时，感应电势与转速成正比；

② 当转速恒定时，感应电势与磁通量成正比，而与磁通量密度的分布无关；

③ 电刷在磁极的中心线上，即与位于两极中间处的元件相连，得到的感应电势最大。

2.电磁转矩

载流导体在磁场中要受到电磁力的作用。根据电磁力定律，任一导体所受到电磁力为

$$f_x = B_xLi, \qquad (2-9)$$

式中，f_x——任一导体受到的电磁力(N)；

B_x——导体所在处的磁通量密度(T)；

L——导体的有效长度(m)；

i——导体中的电流(A)。

像研究感应电势一样，磁通量密度也取平均值 B_{av}，则每个导体所受到的电磁力的平均值为

$$f_{av} = B_{av}Li, \qquad (2-10)$$

式中，f_{av}——导体所受到的平均力；

B_{av}——磁通量密度的平均值。

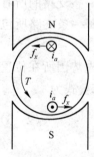

电枢绕组中的电流以电刷为界，一个极下导体的电流方向为⊙，则另一极下导体的电流方向为⊗。电磁力的方向由左手定则判定，如图 2-12 所示。电磁力对电枢的轴心形成转矩，每个导体形成的平均转矩 T_{av} 为

$$T_{av} = f_{av}\frac{D_a}{2} = B_{av}Li\frac{D_a}{2}, \qquad (2-11)$$

式中，T_{av}——导体的平均转矩(N·m)。

电枢上所有导体形成的转矩为

图 2-12 电磁转矩

$$T = NT_{av} = NB_{av}Li\frac{D_a}{2}。 \qquad (2-12)$$

将 $\dfrac{D_a}{2} = \dfrac{2p\tau}{2\pi}$ 和 $i = \dfrac{I_a}{2a}$ 代入式(2 - 12)，得

$$T = NB_{av}L\frac{I_a}{2a}\cdot\frac{2p\tau}{2\pi} = \frac{pN}{2\pi a}B_{av}L\tau I_a = C_T\Phi I_a, \tag{2 - 13}$$

式中，T——电磁转矩(N·m)；

$\qquad\Phi$——每极磁通量(Wb)；

$\qquad I_a$——电枢电流；

$\qquad C_T$——转矩常数，$C_T = \dfrac{pN}{2\pi a}$。

电枢电动势 $E_a = C_e\Phi n$ 和电磁转矩 $T = C_T\Phi I_a$ 是直流电机中的两个重要公式。对于同一台直流电机，电势常数 C_e 和转矩常数 C_T 有一定的关系。由 $C_e = \dfrac{pN}{60a}$ 和 $C_T = \dfrac{pN}{2\pi a}$，可得

$$C_e = \frac{2\pi a}{60a}C_T = 0.105\,C_T; \tag{2 - 14}$$

或

$$C_T = 9.55\,C_{e\circ} \tag{2 - 15}$$

例 2 - 2 一台直流发电机 $2p = 4$，$2a = 2$，31 槽，每槽元件数为 12，感应电动势 $E = 115$ V，额定转速 $n_N = 1\,450$ r/ min。求：(1)每极磁通；(2)此发电机作为电动机使用，当电枢电流为 800 A 时，能产生多大的电磁转矩。

解 （1）
$$C_e = \frac{pN}{60a} = \frac{2\times 31\times 12}{60\times 1} = 12.4,$$

$$\Phi = \frac{E}{C_e n} = \frac{115}{12.4\times 1450} = 6.4\times 10^{-3}(\text{Wb})。$$

（2）
$$C_T = 9.55\,C_e = 118.42,$$

$$T = C_T\Phi I_a = 118.42\times 6.4\times 10^{-3}\times 800 = 606.3\,(\text{N·m})。$$

2.1.5 直流电机的磁场和换向问题

1. 直流电机的磁场

直流电机运行时除了主磁极外，若电枢绕组中有电流流过，还将产生电枢磁场。这两个磁场在气隙中相互影响，相互叠加，合成了气隙磁场。它将直接影响电机的电枢电势和电磁转矩。

1) 直流电机的空载磁场

电机空载是指发电机不输出电功率，电动机不输出机械功率。这时电枢电流等于零或很小，电枢磁势也很小，所以空载时的气隙磁场可以看做是定子的主磁场。

当定子的励磁绕组通入电流，将产生定子磁势，在其作用下，主磁极磁场就依次呈现为 N 极和 S 极，如图 2 - 13 所示。其中从 N 极出来的磁通，绝大部分经气隙到电枢，而后再进入 S 极，经定子磁轭闭合。这部分与励磁绕组和电枢绕组相链的磁通称为主磁通 Φ。主磁通参与产生感应电势和电磁转矩。还有一小部分磁通，从磁极出来，经极间气隙就闭合了，不经过电枢，称为漏磁通 Φ_σ。它只与励磁绕组相链，而不与电枢绕组相链，不参与产生感应电势和电磁转矩。因漏磁路的磁阻很大，故漏磁通仅为主磁通的 15% ~ 20%。

磁通所走的路径称为磁路。由图 2 - 13 可以看出，直流电机的磁路包括气隙、电枢的齿、电枢铁心、主磁极和定子磁轭 5 个部分。

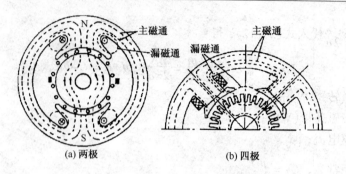

(a) 两极　　　　　　　(b) 四极

图 2 - 13　直流电机的磁路

主磁场的磁通密度 B 在极靴下分布情况如图 2 - 14 所示。由图 2 - 14 可知，在极靴下气隙小，气隙中各点磁通密度自极尖处开始显著减小，至两极间的几何中性线处磁通密度为零。磁通密度 B 按梯形波分布。

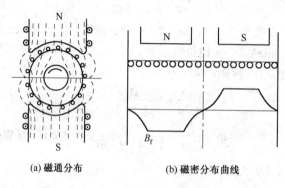

(a) 磁通分布　　　　　　(b) 磁密分布曲线

图 2 - 14　直流电机空载时主极磁场

2）直流电机负载时的磁场及电枢反应

电机负载运行时，电枢绕组中有电流流过，它将产生一个电枢磁势。电机的气隙磁场是由主极磁势和电枢磁势共同建立的。通常把负载时电枢磁势对主磁场的影响称为电枢反应。

前面讨论了没有电枢磁势只有励磁磁势时所产生的主极磁场的分布情况，这里再来研究一下没有励磁磁势只有电枢磁势时所产生的电枢磁场的情况。

不论什么形式的电枢绕组，各支路电流均是通过电刷引入引出的。电刷是电枢表面电流的分界线。若一个极下的电流方向为⊙，则另一个极下的电流方向为⊗。电枢电流产生的磁场可由右手螺旋定则判断出它的方向。电刷在几何中性线处，电枢电流及其产生的磁场如图 2 - 15 所示。由图 2 - 15 可知，此时电枢磁势的轴线恰在几何中性线上。电枢磁场的轴线与电刷轴线重合，并与主极轴线垂直，此时的电枢磁势称为交轴磁势，它对主磁场的影响称为交轴电枢反应。

值得注意的是，不管电枢是否转动，电枢绕组中的电流始终以电刷为分界线。也就是说，尽管电枢在旋转，但电枢磁场在空间上是不变的。

负载时的合成磁场，可以由图 2 - 14 主磁场和图 2 - 15 电枢磁场相叠加得到，如图 2 - 16 所示。由图 2 - 16 可以看出，交轴电枢反应的性质有以下两点。

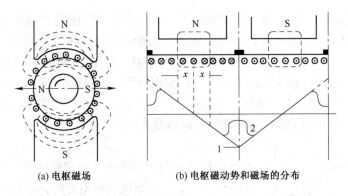

(a) 电枢磁场　　　　　　　(b) 电枢磁动势和磁场的分布

图 2-15　电刷在几何中性线上的电枢磁动势和磁场

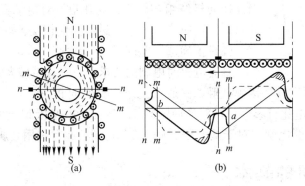

图 2-16　直流电机负载时的合成磁场

① 气隙磁场发生畸变。在每一磁极下，主磁场的一半被削弱，另一半被加强。此时物理中性线与几何中性线发生偏离。

② 对主磁场有去磁效应。在磁路不饱和时，主磁场被削弱的数量恰好等于被加强的数量，因此负载时每极下的合成磁通量与空载时相同。但实际上电机一般工作在磁化曲线的膝部，主极的增磁部分因磁饱和的影响，比不饱和时增加得要少，从而使合成磁通量比空载时略为减小。

若电刷不在几何中性线处，此时的电枢磁势可分解为交轴和直轴磁势两部分，产生的电枢反应除交轴电枢反应外，还存在直轴电枢反应。由于直轴电枢磁势与主极轴线重合，将对主磁场起到增磁或去磁效应。可见电刷的位置对于直流电机的运行性能影响极大，通常为了电机的换向，不允许利用移动电刷来达到增磁的目的。

2. 直流电机的换向及其改善方法

在介绍直流电机的结构时，曾提到换向器和电刷配合构成机械整流装置，它的作用是将电机内部的交流电流(或电动势)变成外部的直流电流(或电动势)。这套装置的工作过程有一个"换向"过程。换向是指电机旋转时，电枢绕组元件从一条支路，经过电刷短路，进入另一条支路，其电流方向改变的过程。换向过程如图 2-17 所示。

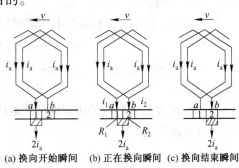

(a) 换向开始瞬间　(b) 正在换向瞬间　(c) 换向结束瞬间

图 2-17　直流电机电枢绕组的换向过程

换向的外观表现是在电刷和换向器间常出现火花。若火花在电刷下的范围很小，亮度很弱，呈现蓝色，对电机并无危害。若电刷下火花范围较大、比较强烈，对电机会有危害。在后一种情况下，时间一长换向器上将出现灼痕，电刷可能被烧焦。直流电机运行的可靠性，在很大程度上取决于电机的换向状况。此外，电刷下的火花将产生电磁波，对附近无线电的接收和通信电路会产生干扰。

改善换向的目的在于消除电刷下的火花，而产生火花的原因是多方面的，如电磁的、机械的、化学的等。从电磁方面来看，常用的改善换向的方法有如下两种。

（1）安装换向极

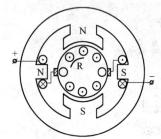

将换向极装在两主磁极的几何中性线处，使它在几何中性线处产生一个磁场，从而既抵消电枢磁场，又使换向元件切割换向极磁场产生切割电势，抵消自感电势，以达到改善换向的目的。因此换向极绕组与电枢绕组串联，对电动机而言，顺电枢转向，换向极极性应与下一个主磁极极性相反，如图 2 – 18 所示。

（2）正确选用电刷

直流电机对电刷的要求，是应有足够大的载流量和足够大的

图 2 – 18　换向极的电路与极性　接触电阻。一般情况下，对换向正常、电压在 80 ~ 120 V 的电机，选用石墨电刷或电化石墨电刷。对换向困难、电压在 220 V 及以上的电机，通常选用接触电阻较大的电化石墨电刷。对于低电压、大电流的电机，通常选用金属石墨电刷。

2.2　直流电机的基本方程

图 2 – 19 为一台他励直流电动机的示意图。接通直流电源时，励磁绕组中流过励磁电流 I_f，建立主磁场。电枢绕组中流过电枢电流 I_a，与主磁场相互作用产生电磁转矩 T，使电枢沿电磁转矩 T 的方向以转速 n 旋转。电枢旋转时，电枢导体又切割气隙合成磁场，以产生电枢电动势 E_a。在电动机中，此电动势的方向与电枢电流 I_a 的方向相反，故称为反电动势。当电动机稳定运行时，有几个平衡关系，现分别说明如下。

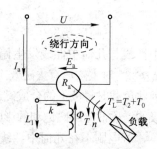

图 2 – 19　他励直流电动机原理图

2.2.1　电压平衡方程式

根据图 2 – 19，用基尔霍夫电压定律可以列出电压平衡方程式

$$U = E_a + I_a R + 2\Delta U_b, \tag{2 – 16}$$

式中，R—— 电枢总电阻，包括电枢绕组电阻 R_a 和与电枢串联的附加电阻 R_{pa}，即 $R = R_a + R_{pa}$；$2\Delta U_b$——一对电刷的接触压降，其值一般为 0.6 ~ 1.2 V。

在一般定性的分析讨论中，也可把电刷接触压降归并到电枢回路的压降中。电动势的平衡方程式可改写为

$$U = E_a + I_a \sum R_a, \tag{2 – 17}$$

式中，$\sum R_a$ 为电枢回路总电阻，其中包括电刷和换向器之间的接触电阻。

式（2 – 17）表明：直流电动机在电动运行状态下的电枢电动势 E_a 总小于端电压 U。

2.2.2 转矩平衡方程式

稳态运行时，作用在电动机轴上的转矩有 3 个。一个是电磁转矩 T，方向与转速 n 方向相同，为驱动转矩；一个是电动机空载损耗转矩 T_0，是电动机空载运行时的制动转矩，方向总与转速 n 相反；还有一个是轴上所带生产机械的负载转矩 T_L（即电动机轴上的输出转矩 T_2），一般为制动转矩。稳定运行时的转矩平衡关系为拖动转矩等于总的制动转矩，即

$$T = T_0 + T_2。 \tag{2-18}$$

在拖动系统中，因空载损耗转矩 T_0 较小，可忽略不计。于是式(2-18)可写成

$$T \approx T_2 = T_L。 \tag{2-19}$$

由式(2-19)可知，直流电动机稳定运行时，电磁转矩等于负载转矩。电磁转矩与电动机转向相同，而负载转矩与转向相反。

2.2.3 功率平衡方程式

将式(2-17)两边乘以电枢电流 I_a，可得

$$UI_a = E_a I_a + I_a^2 R_a, \tag{2-20}$$

可以写成

$$P_1 = P_M + P_{Cu2}, \tag{2-21}$$

式中，$P_1 = UI_a$——电源输入电动机的电功率(kW)；

$P_M = E_a I_a$——电磁功率(kW)；

$P_{CU2} = I_a^2 R_a$——电枢回路的铜耗。

在功率平衡关系中，电磁功率 P_M 是电机能量转换的关键。其公式可写为

$$P_M = E_a I_a = \frac{pN}{2\pi a}\Phi I_a \frac{2\pi n}{60} = T\Omega, \tag{2-22}$$

式中，Ω——电动机的机械角速度(rad/ s)，$\Omega = \frac{2\pi n}{60}$。

从式(2-22)中 $P_M = E_a I_a$ 可知，电磁功率具有电功率性质；从 $P_M = T\Omega$ 可知，电磁功率又具有机械功率性质。实质上电磁功率是电动机由电能转换为机械能的那一部分功率。

将式(2-18)两边乘以机械角速度 Ω，可得

$$T\Omega = T_2\Omega + T_0\Omega, \tag{2-23}$$

可写成

$$P_M = P_2 + P_0 = P_2 + P_{mec} + P_{Fe}, \tag{2-24}$$

式中，P_M—— 电磁功率(kW)，$P_M = T\Omega$；

P_2—— 轴上输出的机械功率(kW)，$P_2 = T_2\Omega$；

P_0—— 空载损耗，包括机械损耗 P_{mec} 和铁损耗 P_{Fe}，$P_0 = T_0\Omega$。

由式(2-21)和式(2-24)可得出他励直流电动机的功率平衡方程式

$$P_1 = P_2 + P_{Cu2} + P_{Fe} + P_{mec} = P_2 + \sum P, \tag{2-25}$$

式中，$\sum P = P_{\text{Cu2}} + P_{\text{Fe}} + P_{\text{mec}}$——他励直流电动机的总损耗。

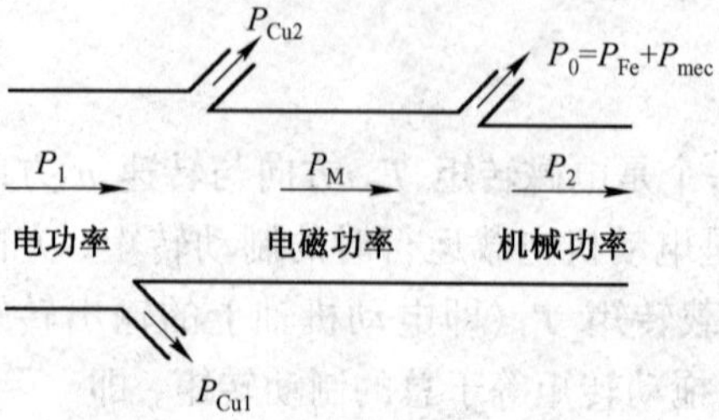

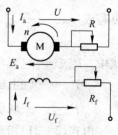

图 2 - 20　他励直流电动机的功率流程图

由式(2 - 25)可以作出他励直流电动机的功率流程图，如图 2 - 20 所示。

例 2 - 3　一台并励电动机，其额定值为 $P_{\text{N}} = 22\,\text{kW}$，$U_{\text{N}} = 110\,\text{V}$，$n_{\text{N}} = 1000\,\text{r/min}$，$\eta = 0.84$，$R_{\text{a}} = 0.04\Omega$，$R_{\text{f}} = 27.5\Omega$。试求：(1)额定电流、额定电枢电流及额定励磁电流；(2)铜耗和空载损耗；(3)反电动势。

解：(1)额定功率 P_{N} 就是指输出的机械功率 P_2，则额定的输入功率为

$$P_1 = \frac{P_2}{\eta} = \frac{22}{0.84} = 26.19\,(\text{kW});$$

额定电流为

$$I_{\text{N}} = \frac{P_1}{U_{\text{N}}} = \frac{26.19 \times 10^3}{110} = 238\,(\text{A});$$

额定励磁电流为

$$I_{\text{f}} = \frac{U_N}{R_f} = \frac{110}{27.5} = 4\,(\text{A});$$

额定电枢电流为

$$I_{\text{a}} = I_{\text{N}} - I_{\text{f}} = 238 - 4 = 234(\text{A})。$$

(2)电枢电路铜耗为　　$P_{\text{Cu2}} = I_{\text{a}}^2 R_{\text{a}} = 234^2 \times 0.04 = 2\,190(\text{W})，$

励磁电路铜耗为　　　$P_{\text{Cu1}} = I_{\text{f}}^2 R_{\text{f}} = 4^2 \times 27.5 = 440\,(\text{W})，$

总损耗功率为　　$\sum P = P_1 - P_2 = 26\,190 - 22\,000 = 4\,190\,(\text{W})，$

空载耗功率为　　$P_0 = \sum P - P_{\text{Cu2}} = 4\,190 - 2\,190 = 2\,000\,(\text{W})。$

(3)反电动势　　$E_{\text{a}} = U_{\text{N}} - I_{\text{a}} R_{\text{a}} = 110 - 234 \times 0.04 = 100.6\,(\text{V})。$

2.3　电动机的机械特性

表征电动机运行状态的两个主要物理量是转速 n 和电磁转矩 T。电动机的机械特性就是研究电动机的转速 n 和电磁转矩 T 之间的关系，即 $n = f(T)$。机械特性可分为固有机械特性和人为机械特性。在电力拖动系统中，他励直流电动机应用比较广泛，本节就研究它的机械特性。

2.3.1　直流电动机的固有机械特性

1.机械特性方程

直流他励电动机的接线图，如图 2 - 21 所示。R_{f} 是励磁回路所串联的调节电阻，R 是电枢回路所串联的电阻。

它的机械特性可由基本方程式导出。电压平衡方程式为

$$U = E_{\text{a}} + (R_{\text{a}} + R)I_{\text{a}}。 \tag{2 - 26}$$

把 $E_{\text{a}} = C_{\text{e}}\Phi n$ 代入式(2 - 26)，可得

$$n = \frac{U}{C_{\text{e}}\Phi} - \frac{R_{\text{a}} + R}{C_{\text{e}}\Phi}I_{\text{a}}。 \tag{2 - 27}$$

图 2 - 21　他励直流电动机的接线图

由 $T = C_T \Phi I_a$，可得 $I_a = \dfrac{T}{C_T \Phi}$，将其代入式 (2-27)，可得直流他励电动机的机械特性方程为

$$n = \frac{U}{C_e \Phi} - \frac{R_a + R}{C_e C_T \Phi^2} T = n_0 - \beta T, \qquad (2-28)$$

式中，n_0——理想空载转速 (r/ min)，$n_0 = \dfrac{U}{C_e \Phi}$；

β——机械特性的斜率，$\beta = \dfrac{R_a + R}{C_e C_T \Phi^2}$。

2. 固有机械特性

固有机械特性是指电动机的工作电压、励磁磁通为额定值，电枢回路中没有串附加电阻时的机械特性，其方程为

$$n = \frac{U_N}{C_e \Phi_N} - \frac{R_a}{C_e \Phi_N} I_a \qquad (2-29)$$

或

$$n = \frac{U_N}{C_e \Phi_N} - \frac{R_a}{C_e C_T \Phi_N^2} T。 \qquad (2-30)$$

固有机械特性曲线如图 2-22 所示。

他励直流电动机固有机械特性具有以下几个特点。

① 随着电磁转矩 T 的增大，转速 n 降低，其特性是略微下降的直线。

② 当 $T = 0$ 时，$n = n_0 = \dfrac{U_N}{C_e \Phi_N}$，称之为理想空载转速。

③ 机械特性斜率 $\beta = \dfrac{R_a}{C_e C_T \Phi_N^2}$，其值很小，特性曲线较平，习惯上称为硬特性。若其值较大，则称软特性。

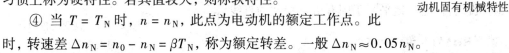

图 2-22 他励直流电动机固有机械特性

④ 当 $T = T_N$ 时，$n = n_N$，此点为电动机的额定工作点。此时，转速差 $\Delta n_N = n_0 - n_N = \beta T_N$，称为额定转差。一般 $\Delta n_N \approx 0.05 n_N$。

⑤ 当 $n = 0$，即电动机起动时，$E_a = C_e \Phi_N n = 0$，此时电枢电流 $I_a = \dfrac{U_N}{R_a} = I_s$，称为起动电流；电磁转矩 $T = C_T \Phi_N I_s = T_s$，称为起动转矩。由于电枢电阻 R_a 很小，I_s 和 T_s 都比额定值大很多(可达几十倍)，这会给电机和传动机构等带来危害。

2.3.2 直流电动机的人为机械特性

一台电动机只有一个固有机械特性，对于某一负载转矩，只有一个固定的转速，这显然无法达到实际拖动对转速变化的要求。为了满足生产机械加工工艺的要求，例如起动、调速和制动等在各种工作状态下的要求，还需要人为地改变电动机的参数，如电枢电压、电枢回路电阻和励磁磁通，相应得到的机械特性即是人为机械特性。

1. 电枢回路串电阻 R 的人为机械特性

电枢加额定电压 U_N，励磁磁通 $\Phi = \Phi_N$，电枢回路串入电阻 R 后的人为机械特性方程

式为

$$n = \frac{U_N}{C_e \Phi_N} - \frac{R_a + R}{C_e C_T \Phi_N^2} T。 \tag{2-31}$$

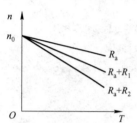

图 2-23　电枢串电阻的
人为机械特性

式(2-31)也是直线方程。电枢串入不同电阻 R 时的人为机械特性曲线如图 2-23 所示。电枢回路串电阻的人为机械特性有下列特点:

①　理想空载转速 n_0 与固有机械特性的相同,即电枢回路串入的电阻 R 改变时, n_0 不变。

②　特性斜率 β 与电枢回路串入的电阻有关, R 增大, β 也增大;故电枢回路串电阻的人为机械特性是通过理想空载点的一簇放射形直线。

2. 改变电枢电压的人为机械特性

保持励磁磁通 $\Phi = \Phi_N$,电枢回路不串电阻,只改变电枢电压大小及方向的人为机械特性方程为

$$n = \frac{U}{C_e \Phi_N} - \frac{R_a}{C_e C_T \Phi_N^2} T。 \tag{2-32}$$

改变电枢电压的人为机械特性曲线如图 2-24 所示。

改变电枢电压的人为机械特性特点如下:

①　理想空载转速 n_0 与电枢电压 U 成正比,即 $n_0 \propto U$,且 U 为负时, n_0 也为负;

②　特性斜率不变,与固有机械特性相同;因而改变电枢电压 U 的人为机械特性是一组平行于固有机械特性的直线。

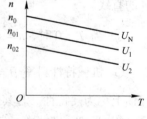

图 2-24　改变电枢电压
的人为机械特性

3. 减弱磁通的人为机械特性

减弱磁通的方法是通过减小励磁电流(如增大励磁回路调节电阻)来实现的。电枢电压为额定值,电枢回路不串电阻,励磁回路串入调节电阻,使磁通 Φ 减弱。减弱磁通 Φ 的人为机械特性方程为

$$n = \frac{U_N}{C_e \Phi} - \frac{R_a}{C_e C_T \Phi^2} T。 \tag{2-33}$$

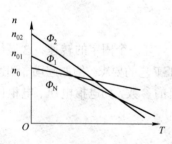

图 2-25　减弱磁通的人为机械特性

其特点是理想空载转速随磁通的减弱而上升,机械特性斜率 β 则与励磁磁通的平方成反比。随着磁通 Φ 的减弱, β 增大,机械特性变软。不同励磁磁通的人为机械特性曲线如图 2-25 所示。

对于一般电机,当 $\Phi = \Phi_N$ 时,磁路已经饱和,再增加磁通已不容易,所以人为机械特性一般只能在 $\Phi = \Phi_N$ 的基础上减弱磁通。值得注意的是,他励直流电动机起动和运行过程中,绝对不允许励磁回路断开。

2.4 直流电动机的拖动

在电力拖动系统中，电动机是原动机，起主导作用。电动机的起动、调速和制动特性是衡量电动机运行性能的重要性能指标。下面就以他励直流电动机的拖动为例，分析直流电动机起动、调速和制动的方法及在此过程中电流和转矩的变化规律。

2.4.1 直流电动机的起动和反转

1．起动的要求

直流电动机的转速从零增加到稳定运行速度的整个过程称为起动过程(或称起动)。要使电动机起动过程达到最优，应考虑的问题包括：①起动电流 I_s 的大小；②起动转矩 T_s 的大小；③起动时间的长短；④起动过程是否平滑；⑤起动过程的能量损耗和发热量的大小；⑥起动设备是否简单及其可靠性如何。

上述问题中，起动电流和起动转矩两项是主要的。要求起动电流不能很大，起动转矩要足够大，以缩短起动时间，提高生产率，特别是对起动频繁的系统更为重要。

起动最初，起动电流 I_s 较大，因为，此时 $n=0$，$E_a=0$。如果电枢电压为额定电压 U_N，因为 R_a 很小，则起动电流可达额定电流的 $10\sim20$ 倍。这样大的起动电流会使换向恶化，产生严重的火花；与电枢电流成正比的电磁转矩过大，会对生产机械产生过大的冲击力。因此起动时须限制起动电流的大小。为了限制起动电流，一般采用电枢回路串电阻起动和降压起动。

同时，电动机要能起动，起动时的电磁转矩应大于它的负载转矩。从公式 $T_s=C_T\Phi I_s$ 来看，当起动电流降低时，起动转矩会下降。要使 T_s 足够大，励磁磁通就要尽量大。为此，在起动时须将励磁回路的调节电阻全部切除，使励磁电流尽量大，以保证磁通 Φ 为最大。

2．起动的方法

1）电枢回路串电阻起动

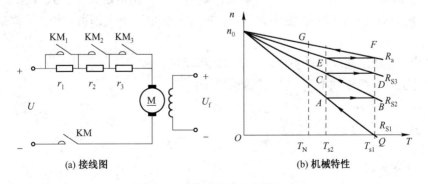

图 2 - 26 电枢回路串电阻起动

图 2 - 26(a)为他励电动机的起动接线图，图 2 - 26(a)中 KM_1，KM_2，KM_3 为短接起动电阻 R_{s1}，R_{s2}，R_{s3} 的接触器；KM 为接通电枢电源的接触器。起动时先接通励磁电源，保证满

励磁起动；接触器 KM 接通电枢电路的电源。起动开始瞬间的起动电流 I_{s1} 为

$$I_{s1} = \frac{U_N}{R_a + r_1 + r_2 + r_3} = \frac{U_N}{R_{s1}},\qquad\qquad (2-34)$$

式中，R_{s1} 为电枢回路的总电阻，$R_{s1} = R_a + r_1 + r_2 + r_3$。

　　对应于起动电流 I_{s1} 的起动转矩为 T_{s1}，因 $T_{s1} > T_L$，电动机开始起动。起动过程的机械特性如图 2-26(b)所示，工作点由起动点 Q 沿电枢总电阻为 R_{s1} 的人为特性上升，电枢电动势随之增大，电枢电流和电磁转矩则随之减小。当转速升至 n_1 时，起动电流和起动转矩下降至 I_{s2} 和 T_{s2}（图 2-26(b)中 A 点），为了保持起动过程中电流和转矩有较大的值，以加速起动过程，此时闭合 KM1，切除 r_1。此时的电流 I_{s2} 称为切换电流。当 r_1 被断掉后，电枢回路总电阻变为 $R_{s2} = R_a + r_2 + r_3$。由于机械惯性，转速和电枢电动势不能突变，电枢电阻减小将使电枢电流和电磁转矩增大，电动机的机械特性由图 2-26(b)中曲线 1 上的 A 点平移到曲线 2 上的 B 点。再依此切除起动电阻 r_2，r_3，电动机的工作点就从 B 点到 D 点，最后稳定运行在自然机械特性的 G 点，电动机的起动过程结束。

　　起动过程中，起动电阻上有能量损耗。这种起动方法广泛应用于中小型直流电动机。

2) 降压起动

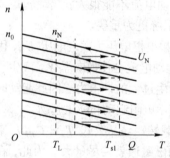

图 2-27　降压起动的机械特性

当他励直流电动机的电枢回路由专用的可调压直流电源供电时，可以采用降压起动的方法。起动电流将随电枢电压降低的程度成正比地减小。起动前先调好励磁，然后把电源电压由低向高调节，最低电压所对应的人为特性上的起动转矩 $T_{s1} > T_L$ 时，电动机就开始起动。起动后，随着转速上升，可相应提高电压，以获得需要的加速转矩，起动过程的机械特性如图 2-27 所示。

　　减压起动过程中能量损耗很少，起动平滑，但需要专用电源设备，多用于要求经常起动的场合和大中型电动机的起动。

3. 直流电动机的反转

　　电力拖动系统在工作过程中，常常需要改变电动机的转动方向，为此需要电动机反方向起动和运行，即需要改变电动机产生的电磁转矩的方向。由电磁转矩公式 $T = C_T\Phi I_a$ 可知，欲改变电磁转矩的方向，只须改变励磁磁通方向或电枢电流方向即可。所以，改变直流电动机转向的方法有两个：

　　① 保持电枢绕组两端极性不变，将励磁绕组反接；

　　② 保持励磁绕组极性不变，将电枢绕组反接。

2.4.2　直流电动机的调速

1. 调速及其指标

　　为了提高生产率和保证产品质量，大量的生产机械要求在不同的条件下采用不同的速度。负载不变时，人为地改变生产机械的工作速度称为调速。调速可以采用机械的、电气的或机电配合的方法来实现。本节只讨论电气调速。

电气调速是通过改变电动机的参数来改变转速。电气调速可以简化机械结构，提高传动效率，便于实现自动控制。

电动机调速性能的好坏，常用下列各项指标来衡量。

(1) 调速范围　是指电动机拖动额定负载时，所能达到的最大转速与最小转速之比。不同的生产机械要求的调速范围是不同的，如车床要求 20 ~ 100，龙门刨床要求 10 ~ 140，轧钢机要求 3 ~ 120。

(2) 静差率(又称相对稳定性)(δ)　是指负载转矩变化时，电动机的转速随之变化的程度。用由理想空载增加到额定负载时电动机的转速降落 Δn_N 与理想空载转速 n_0 之比来衡量。电动机的机械特性越硬，相对稳定性就越好。不同生产机械对相对稳定性的要求不同，一般设备要求 $\delta < 30\%$，而精度高的造纸机则要求 $\delta \leqslant 0.1\%$。

(3) 调速的平滑性　在一定的调速范围内，调速的级数越多越平滑，相邻两级转速之比称为平滑系数(φ)。φ 值越接近 1，则平滑性越好。当 $\varphi = 1$ 时，称为无级调速，即转速连续可调。不同生产机械对调速的平滑性要求不同。

(4) 调速的经济性　是指调速所需设备投资和调速过程中的能量损耗。

(5) 调速时电动机的容许输出　是指在电动机得到充分利用的情况下，在调速过程中所能输出的最大功率和转矩。

2. 调速方法

根据直流电动机的转速公式

$$n = \frac{U - I_a(R_a + R)}{C_e \Phi} \qquad (2-35)$$

可知，当电枢电流 I_a 不变时，只要电枢电压 U、电枢回路串入附加电阻 R 和励磁磁通 3 个量中，任一个发生变化，都会引起转速变化。因此，他励直流电动机有 3 种调速方法：电枢串电阻调速、降低电枢电压调速和减弱磁通调速。

1) 电枢串电阻调速

以他励直流电动机拖动恒转矩负载为例，保持电源电压和励磁磁通为额定值不变，在电枢回路串入不同的电阻时，电动机将以不同的转速运行。电枢串电阻调速的机械特性如图 2-28 所示。电枢回路没有串入电阻时，工作点为自然机械特性曲线 l 与负载特性的交点 A，转速为 n_A。在电枢回路串入调速电阻 R_1 的瞬间，因转速和电动势不能突变，电枢电流相应地减小，工作点由 A 过渡到 A'。此时 $T_{A'} > T_L$，工作点由 A' 沿串入电阻 R_1 的新的机械特性下移，转速也随着下降，反电动势减小，I_a 和 T

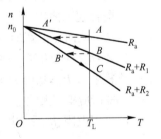

图 2-28　电枢回路串电阻调速

逐渐增加，直至 B 点，当 $T_B = T_L$ 时，恢复转矩平衡，系统以较低的转速 n_B 稳定运行。同理，若在电枢回路串入更大的电阻 R_2，则系统将进一步降速并以更低的转速 n_C 稳定运行。

电枢回路串电阻调速时，所串电阻越大，稳定运行时转速越低。所以，这种方法只能在低于额定转速的范围内调速。电枢电路串电阻调速，设备简单，但串入电阻后机械特性变软，转速稳定性较差，电阻上的功率损耗较大。这种调速方法适用于调速性能要求不高的中、小型电机。

2) 降低电枢电压调速

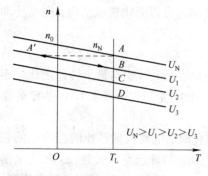

图 2-29 降低电枢电压调速的机械特性

以他励直流电动机拖动恒转矩负载为例,保持励磁磁通 Φ 为额定值不变,电枢回路不串电阻,降低电枢电压 U 时,电动机将以较低的转速运行,降压调速的机械特性如图 2-29 所示。电压由 U_N 开始逐级下降时,工作点的变化情况如图 2-29 中箭头所示,由 $A \to A' \to B \cdots$。

降低电枢电压调速,需要有单独的可调压的直流电源,加在电枢上的电压不能超过额定电压 U_N,所以调速也只能在低于额定转速的范围内调节。降低电枢电压时,电动机机械特性的硬度不变,因此运行在低速范围的稳定性较好。当电压连续可调时,可进行无级调速,调速平滑性好。与电枢回路串电阻相比,电枢回路中没有附加的电阻损耗,电动机的工作效率高。这种调速方法适用于对调速性能要求较高的设备,如造纸机、轧钢机等。

3)减弱磁通调速

以他励直流电动机拖动恒转矩负载为例,保持电枢电压不变,电枢回路不串电阻,减小电动机的励磁电流使励磁磁通 Φ 降低,可使电动机的转速升高。弱磁调速的机械特性如图 2-30 所示。如果忽略磁通变化的电磁过渡过程,则励磁电流逐级减小时,工作点的变化过程如图 2-30 中箭头所示,由 $A \to A' \to B \cdots$。

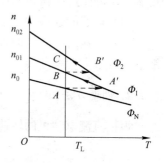

图 2-30 减弱磁通调速的机械特性

减弱磁通调速,在正常的工作范围内,励磁磁通越弱,电动机的转速越高。因此弱磁调速只能在高于额定转速的范围内调节。但是电动机的最高转速受到换向能力、电枢机械强度和稳定性等因素的限制,所以转速不能升得太高。弱磁调速是在励磁回路进行调节,所用设备容量小,损耗也小;同时,控制方便,可实现无级调速,平滑性好。这种调速方法的缺点是机械特性软,当磁通减弱相当多时,运行将不稳定。

在实际的他励直流电动机调速系统中,为了获得更大的调速范围,常常把降压调速和弱磁调速配合起来使用。以额定转速为基速,采用降压向下调速和弱磁向上调速相结合的双向调速方法,从而在很宽的范围内实现平滑的无级调速,而且调速时损耗较小,运行效率较高。

例 2-4 一台并励电动机的额定值为: $P_N = 100 \text{ kW}$,$I_N = 511 \text{ A}$,$U_N = 220 \text{ V}$,$n_N = 1\,500 \text{ r/min}$,电枢电阻 $R_a = 0.04 \ \Omega$,电动机拖动恒转矩负载运行。现采用电枢串电阻方法将转速下调至 600 r/min,应串多大的电阻?

解 串电阻 R 后,电枢回路的电压平衡方程为

$$U_N = E_a + I_N(R_a + R),$$

额定电枢电动势为

$$E_N = U_N - I_N R_a = 220 - 511 \times 0.04 = 199.56(\text{V})。$$

因磁通未变,$E_N = C_e \Phi n_N$,$E_a = C_e \Phi n$;

故有

$$E_a = \frac{n}{n_N} E_N = \frac{600}{1\,500} \times 199.56 = 79.82(\text{V})。$$

代入电压平衡方程式,可得

$$R = \frac{U_N - E_a}{I_N} - R_a = \frac{220 - 79.82}{511} - 0.04 = 0.23 (\Omega)。$$

例 2 − 5　一台他励电动机，其额定值为：$U_N = 220$ V，$I_N = 68.6$ A，$n_N = 1500$ r/min，$R_a = 0.225\ \Omega$。将电压调至 151 V，进行减压调速，磁通不变，如负载转矩为额定值，求它的稳定转速 n_0。

解　先求出 n_0。

电动机的感应电动势系数

$$C_e \Phi_N = \frac{E_N}{n_N} = \frac{U_N - I_N R_a}{n_N} = \frac{220 - 68.6 \times 0.225}{1\,500} = 0.136,$$

$$n_0 = \frac{U_N}{C_e \Phi_N} = \frac{220}{0.136} = 1\,620 \ (\text{r/min})。$$

调速后，

$$n_{01} = \frac{U_1}{C_e \Phi_N}, \qquad\qquad n_0 = \frac{U_N}{C_e \Phi_N};$$

$$n_{01} = \frac{U_1}{U_N} n_0 = \frac{151}{220} \times 1\,620 = 1\,111 (\text{r/min});$$

$$n_1 = \frac{U_1}{U_N} n_N = \frac{151}{220} \times 1\,500 = 1\,030 (\text{r/min})。$$

2.4.3　直流电动机的制动

电动机的电磁转矩方向与旋转方向相反时，就称为电动机处于制动状态。

制动的方法有机械的和电磁的。由于电磁制动的制动转矩大，且制动强度比较容易控制，所以在一般的电力拖动系统中多采用这种方法，或者与机械制动配合使用。电动机的电磁制动分为能耗制动、反接制动和回馈制动 3 种。

1. 能耗制动

如图 2 − 31 所示，开关合向 1 的位置时，电动机为电动状态。电枢电流 I_a、电磁转矩 T、转速 n 及电势 E_a 的方向如图 2 − 31(a)所示。如果将开关从电源断开，迅速合向 2 的位置，电机被切断电源并接到一个制动电阻 R_z 上，如图 2 − 31(b)所示。在拖动系统机械惯性的作用下，电动机继续旋转，转速 n 的方向来不及改变。由于励磁保持不变，因此电枢仍具有感应电动势 E_a，其大小和方向与处于电动状态时相同。由于 $U = 0$，所以电枢电流

$$I_a = \frac{U - E_a}{R} = -\frac{E_a}{R} \qquad (2 - 36)$$

式(2 − 36)中的负号说明，电流与原来电动机运行状态的方向相反，如图 2 − 31 所示，这个电流叫做制动电流。制动电流产生的制动转矩也和原来的方向相反，变成制动转矩，使电机很快减速以至停转。这种制动是把储存在系统中的动能变换成电能，消耗在制动电阻中，故称为能耗制动。

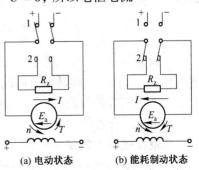

(a) 电动状态　　　(b) 能耗制动状态

图 2 − 31　电动机的运行状态

在能耗制动过程中，电动机转变为发电机运行。和正常发电机不同的是电机依靠系统本身的动能发电。在能耗制动时，因 $U = 0$，$n_0 = 0$，因此电动机的机械特性方程变为

$$n = -\frac{R}{C_e \Phi} I_a = -\frac{R}{C_e C_T \Phi} T, \tag{2-37}$$

式中，$R = R_a + R_z$。

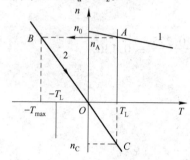

图 2 – 32　能耗制动的机械特性

由此可见，能耗制动的机械特性位于第二象限，为过原点的一条直线，对应的机械特性如图 2-32 所示。如果制动前，电机工作在电动状态，则从固有特性曲线上的 A 点，开始制动时，转速 n 不能突变，工作点将沿水平方向跃变到能耗制动特性上的 B 点。在制动转矩的作用下，电动机减速，工作点将沿特性曲线下降，制动转矩也逐渐减小，当 $T = 0$ 时，$n = 0$，电动机停转。

如果负载是位能负载（吊车等），当转速降到零时，在位能负载转矩的作用下，电动机将被拖动而反方向旋转。机械特性延伸到第四象限（如图 2-32 中虚线所示）。转速稳定在 C 点时，电动机运行在反向能耗制动状态下，实现等速下放重物。

实质上，能耗制动的机械特性是一条电枢电压为零、电枢串电阻的人为机械特性。改变制动电阻的大小，可以得到不同斜率的特性曲线。R_z 越小，特性曲线的斜率越小，曲线就越平，制动转矩就越大，制动作用就越强。但为了避免过大的制动转矩和制动电流给系统带来不利的影响，通常限制最大制动电流不超过 $2.5 I_N$，即

$$R = R_a + R_z \geqslant \frac{E_a}{(2 \sim 2.5) I_N} \approx \frac{U_N}{(2 \sim 2.5) I_N}。 \tag{2-38}$$

能耗制动操作简便，但制动转矩在转速较低时变得很小。为了使电动机更快地停止，可以在转速降到较低时，加上机械制动。

2. 反接制动

反接制动分为电枢反接制动和倒拉反接制动两种。

1) 电枢反接制动

图 2-33 为电枢反接制动的接线图。当电动机正转运行时，KM_1 闭合（KM_2 断开），电动势 E_a 和转速 n 的方向如图 2-33 所示，这时的电枢电流 I_a 和电磁转矩 T 用图中虚线箭头表示。当 KM_2 闭合（KM_1 断开）时，加到电枢绕组两端的电压极性与电动机正转时相反。因旋转方向未变，磁场方向未变，所以感应电势方向也不变。电枢电流为

$$I_a = \frac{-U_N - U_a}{R_a} = -\frac{U_N + E_a}{R_a}。 \tag{2-30}$$

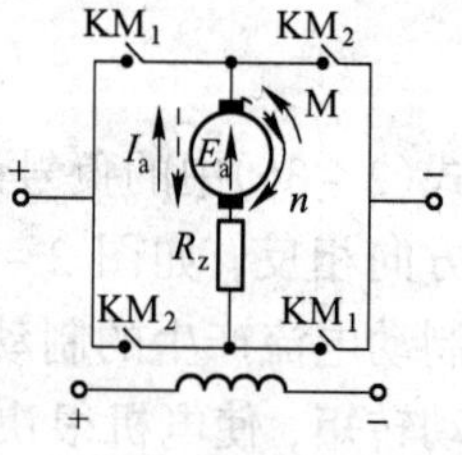

电流为负值，表明其方向与正转时相反。由于电流方向改变，磁通方向未变，因此电磁转矩方向改变了。电磁转矩与转速方向相反（用图 2-33 中实线箭头表示），产生制动作用，使转速迅速下降。这种因电枢两端电压极性的改变而产生的制动，称为电枢反接制动。

电枢反接制动的最初瞬时，作用在电枢回路的电压（$U + E_a$）≈ $2U$，因此必须在电枢电压反接的同时在电枢回路中串入制动电阻 R_z，

图 2 – 33　电枢反接制动的接线图

以限制过大的制动电流(制动电流允许的最大值≤$2.5I_N$)。

电枢反接的机械特性方程式为

$$n = -\frac{U_N}{C_e\Phi_N} - \frac{R_a+R_z}{C_e\Phi_N}I_a = -n_0 - \frac{R_a+R_z}{C_eC_T\Phi_N^2}T。 \tag{2-40}$$

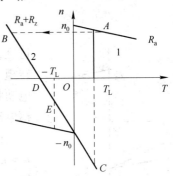

可见，电枢反接的机械特性曲线通过 $-n_0$ 点，与电枢串入电阻 R_z 时的人为机械特性曲线相平行，如图2-34所示。制动前电动机运行在固有特性曲线1上的 A 点，当电枢反接并串入制动电阻的瞬间，电动机过渡到电枢反接的人工特性曲线2上的 B 点。电动机的电磁转矩变为制动转矩，开始反接制动，使电动机沿曲线2减速。当转速减至零时(D点)，如不立即切断电源，电动机很可能会反向起动。如果是反抗性负载，加速到曲线2上的 C 点稳定运行。如果是位能负载，负载转矩又大于拖动系统的摩擦阻转矩，电动机最后将运行于曲线2上的 E 点。为了防止电机反转，在制动到快停车时，应切除电源，并使用机械制动将电机止住。

图 2-34 电枢反接制动的机械特性

2) 倒拉反接制动

当电动机被外力拖动向着与它接线应有的旋转方向的反方向旋转时，称为倒拉反接运转。以电动机提升重物为例，电枢电流 I_a、电磁转矩 T 和转速 n 的方向，如图2-35(a)中的箭头所示。它的接线使电动机逆时针方向旋转，此时电动机稳定运行于固有机械特性曲线的 A 点。若在电枢回路串入大电阻 R_z，使电枢电流大大减小，电动机将过渡到对应的串电阻的人为机械特性曲线上的 B 点，如图2-36所示。此时电磁转矩小于负载转矩，电动机的转速沿人为机械特性下降。随着转速的下降，反电势能减小，电枢电流和电磁转矩又回升。当转速降至零，电动机的电磁转矩仍小于负载转矩时，电动机便在负载位能转矩作用下，开始反转，电动机变为下放重物，最终稳定在 C 点，如图2-35(b)所示。反转后感应电势方向也随之改变，变为与电源电压方向相同。由于电枢电流方向未变，磁通方向也未变，所以电磁转矩方向亦未变，但因旋转方向改变，所以电磁转矩变成制动转矩，这种制动称为倒拉反接制动。

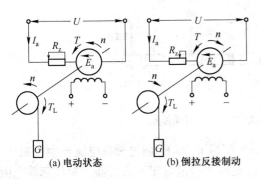

图 2-35 倒拉反接原理图

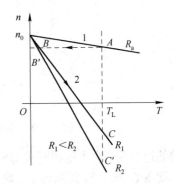

图 2-36 倒拉反接制动的机械特性

3．回馈制动（再生发电制动）

当电动机在电动状态运行时，由于某种因素，如用电动机拖动机车下坡，使电动机的转速高于理想空载转速，此时 $n > n_0$，使得 $E_a > U$，电枢电流为

$$I_a = \frac{U - E_a}{R} = -\frac{E_a - U}{R}。 \tag{2-41}$$

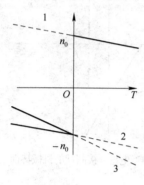

图 2-37　回馈制动的机械特性

可见，电枢中的电流与电动状态时相反，因磁通方向未变，则电磁转矩 T 的方向随着 I_a 的反向而反向，对电动机起到制动作用。在电动状态时，电枢电流从电网的正端流向电动机，而在制动时，电枢电流从电枢流向电网，因而称为回馈制动。

回馈制动的机械特性与电动状态完全相同，由于回馈制动时，$n > n_0$，I_a 和 T 均为负值，所以它的机械特性曲线是电动状态的机械特性曲线向第二象限的延伸，如图 2-37 中的曲线 1。电枢回路串电阻将使特性曲线的斜率增大，如图 2-37 中的曲线 2。

回馈制动不需要改接线路即可从电动状态转化到制动状态；电能可回馈给电网，使电能获得应用，较为经济。

2.5　直流电动机的电气控制

2.5.1　直流电动机的起动控制

他励直流电动机串二级电阻的起动控制线路如图 2-38 所示。图中 KT_1，KT_2 为时间继电器，KM_2，KM_3 为短接起动电阻接触器。

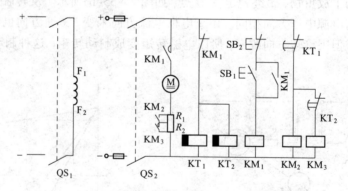

图 2-38　他励直流电动机串二级电阻起动控制

起动的过程为：合上电源开关 QS_1 和 QS_2，励磁绕组 F_1 和 F_2 通过励磁电流产生主磁场。时间继电器 KT_1 和 KT_2 线圈得电，则 KT_1 和 KT_2 延时闭合的常闭触头分断。短接起动电阻接触器 KM_2 和 KM_3 线圈不得电，则 KM_2 和 KM_3 常开触头断开，电阻 R_1 和 R_2 接入主电路。按下起动按钮 SB_1，KM_1 线圈得电，KM_1 自锁触头闭合，松开 SB_1；同时 KM_1 主触头闭合，电动机串接电阻 R_1 和 R_2 起动；KM_1 常闭触头断开，使时间继电器 KT_1 和 KT_2 线圈失

电。经过一段时间，随着转速的升高，KT_1 延时闭合触头首先闭合，短接起动接触器 KM_2 线圈得电，则 KM_2 常开主触头闭合，电阻 R_1 被短接，起动电阻减少，随着电枢电流增大，起动转矩也增大，电动机继续加速，然后 KT_2 动断延时闭合触头延时闭合，接触器 KM_3 线圈通电，使 KM_3 主触头闭合，电阻 R_2 被短接，电动机起动完毕，进入正常运行状态。

2.5.2 直流电动机的调速控制

图 2 – 39 为他励直流电动机单向运转电枢回路串二级电阻的起动、调速控制电路。图 2 – 39 中 QS_1 和 QS_2 为空气断路器，控制主电路、控制电路的分断，电阻 R_1 和 R_2 作为起动、调速电阻，由接触器 KM_2 和 KM_3 控制是否短接，KT_1 和 KT_2 为时间继电器，VD，R 作为励磁绕组放电回路。KI_1 为过电流继电器，串接在电枢回路中，作为直流电动机的短路和过载保护；KI_2 为欠电流继电器，串接在励磁绕组回路中，作为直流电动机失磁和弱磁保护。

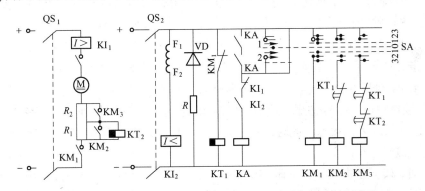

图 2 – 39　他励直流电动机电枢回路串电阻起动与调速控制电路

当电动机稳定运行时，SA 的手柄处于 "3" 位。KM_2，KM_3 和 KM_1 的主触头闭合，KM_1 常闭主触头断开，KI_2 和 KA 常开触头闭合，电动机工作于主磁通恒定，电枢回路未串入电阻 R_1 和 R_2 的状态。欲使电动机低速运行，将主令开关 SA 的手柄扳到 "1" 位或 "2" 位，电动机就在电枢串有一段或两段电阻下运行，其转速低于主令开关处在 "3" 位时的转速，具体控制过程如下。

SA 主令开关手柄由 "3" 位扳到 "1" 位时，KM_2 和 KM_3 线圈失电，则 KM_2 和 KM_3 常开主触头断开，电动机电枢回路串入电阻 R_1 和 R_2，电动机减速运行。

SA 主令开关手柄由 "3" 位扳到 "2" 位时，KM_1 和 KM_2 电路有电流通过。KM_1 和 KM_2 主触头不动作，而 KM_3 失电，KM_3 常开主触头断开。电动机电枢回路串入电阻 R_1，低速运行。

2.5.3 直流电动机的制动控制

1. 能耗制动的控制

图 2 – 40 为他励直流电动机单向运行串二级电阻起动，停车采用能耗制动的控制电路。图 2 – 40 中 KM_1 为电源接触器，KM_2 和 KM_3 为起动接触器，KI_1 为过电流继电器，KI_2 为欠电流继电器，KV 为电压继电器，KT_1 和 KT_2 为时间继电器。

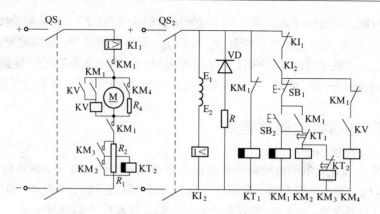

图 2-40 他励直流电动机单向运行能耗制动电路图

制动控制过程为：合上电源开关 QS_1 及 QS_2，励磁绕组 E_1 和 E_2 通入电流，欠电流继电器 KI_2 得电，KI_2 常开触头闭合，同时，KT_1 线圈得电，KT_1 延时闭合触头立即断开，使得 KM_2 和 KM_3 不得电，主触头断开电路，并做好串电阻起动准备。按下起动按钮 SB_2，电动机开始转动。起动工作情况与前面所述类似。所不同的是，电阻 R_1 两端并接时间继电器 KT_2 的线圈，当 KM_2 常开主触头闭合后，时间继电器 KT_2 线圈失电，KT_2 延时闭合触头延时闭合，使 KM_3 线圈得电，KM_3 主触头闭合，电阻 R_2 被短接。这样保证了 R_1 和 R_2 先后被短接，最后，达到稳定运行状态。此时，电压继电器 KV 的线圈常开触头 KM_1 闭合，使 KV 常开触头闭合，做好停车准备。

要停车时，按下停止(制动)按钮 SB_1，接触器 KM_1 失电释放，KM_1 自锁触头分断，使电动机的电枢从电源上断开，励磁绕组仍与电源接通；由于电动机继续旋转切割磁力线，并联在电枢两端的 KV 经自锁触头仍保持通电，KM_1 常闭触头闭合后，接触器 KM_4 线圈得电，KM_4 常开触头闭合，电阻 R_4 并接在电枢两端，电动机开始能耗制动，速度急剧下降。同时，电动机两端电压随着转速的减小而降低，电压继电器 KV 失电释放，KM_4 断电，电动机能耗制动结束。

R_4 为制动电阻，应选择适当。若 R_4 过大，制动缓慢；若 R_4 过小，电枢电流将超过最大允许电流。

2.反接制动控制

并励直流电动机正反转起动和电枢反接制动控制原理图，如图 2-41 所示。

起动准备：合上断路器 QS，励磁绕组得电，产生励磁磁通，使欠电流继电器 KI 得电吸合，同时时间继电器 KT_1 和 KT_2 得电吸合，它们的延时闭合的常闭触头瞬时分断，保证接触器 KM_4 和 KM_5 处于失电状态，使电动机串入电阻起动。

正转起动：按下正转起动按钮 SB_2，接触器 KM_F 得电吸合，KM_F 主触头闭合，电动机串电阻 R_1 和 R_2 起动，KM_F 常闭触头分开，KT_1 和 KT_2 失电释放，KT_1 和 KT_2 延时闭合的常闭触头先后延时闭合，使 KM_4 和 KM_5 先后得电吸合，它们的常开触头先后闭合切除电阻 R_1 和 R_2，电动机全速正转运行。

制动准备：随着电动机转速的升高，反电动势也增加。当反电动势达到一定值时，电压继电器 KV 得电吸合，KV 常开触头闭合，使 KM$_2$ 得电吸合，KM$_2$ 的常开触头闭合为反接制动作好准备。

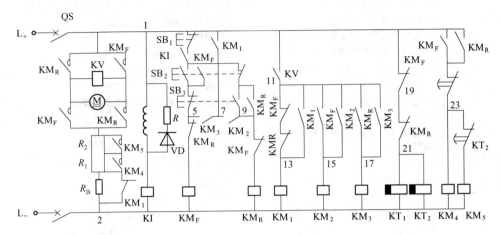

图 2-41　并励直流电动机正反转起动和电枢反接制动控制原理图

反接制动：按下停止按钮 SB$_1$，接触器 KM$_F$ 失电释放，电动机失电惯性运转，反电动势很高，因此 KV 仍吸合，接触器 KM$_1$ 得电吸合，KM$_1$ 常闭触头分断，使制动电阻 R_B 接入电枢回路，KM$_1$ 常开触头闭合，使接触器 KM$_R$ 得电吸合，KM$_R$ 常开主触头闭合，电枢通入反向电流，产生制动转矩，电动机进行反接制动而迅速停转。待电动机转速接近于零时，KV 失电释放，KM$_1$ 失电释放，接着 KM$_2$ 和 KM$_R$ 也先后失电释放，反接制动结束。

*2.6　直流电机的故障分析及维护

2.6.1　直流电机常见的故障与处理方法

直流电机和其他电机一样，在使用前应按产品使用说明书认真检查，以避免发生故障、损坏电机和有关设备。在使用直流电机时，应经常观察电机的换向情况，还应注意电机各部分是否有过热情况。

在运行中，直流电机的故障是多种多样的，产生故障的原因较为复杂，并且互相影响。当直流电机发生故障时，首先要对电机的电源、线路、辅助设备和电机所带负载进行仔细地检查，看它们是否正常，然后再从电机机械方面加以检查，如检查电刷架是否有松动、电刷接触是否良好、轴承转动是否灵活等。就直流电机的内部故障来说，多数故障会从换向火花增大和运行性能异常反映出来，所以要分析故障产生的原因，就必须仔细观察换向火花的显现情况和运行时出现的其他异常情况，通过认真地分析，根据直流电机内部的基本规律和所积累的经验作出判断，找到原因。

表 2-1 列出了直流电机常见的故障与处理方法。

表 2 – 1　直流电机的常见故障与处理方法

故　障　现　象	可　能　原　因	处　理　方　法
电刷下火花过大	① 电刷与换向器接触不良	① 研磨电刷接触面，并在轻载下运转 30~60 分钟
	② 刷握松动或装置不正	② 紧固或纠正刷握装置
	③ 电刷与刷握配合太紧	③ 略微磨小电刷尺寸
	④ 电刷压力大小不当或不均	④ 用弹簧秤校正电刷压力，使其为 12~17 kPa
	⑤ 换向器表面不光洁、不圆或有污垢	⑤ 清洁或研磨换向器表面
	⑥ 换向片间云母凸出	⑥ 对换向器刻槽、倒角、再研磨
	⑦ 电刷位置不在中性线上	⑦ 调整刷杆座至原有记号之位置，或按感应法校正中性线位置
	⑧ 电刷磨损过度，或所用牌号及尺寸不符	⑧ 更换新电刷
	⑨ 过载	⑨ 恢复正常负载
	⑩ 电机底脚松动，发生振动	⑩ 固定底脚螺钉
	⑪ 换向极绕组短路	⑪ 检查换向极绕组，修理绝缘损坏处
	⑫ 电枢绕组断路或电枢绕组与换向器脱焊	⑫ 查找断路部位，进行修复
	⑬ 换向极绕组接反	⑬ 检查换向极的极性，加以纠正
	⑭ 电刷之间的电流分布不均匀	⑭ • 调整刷架等分 • 按原牌号及尺寸更新新电刷
	⑮ 电刷分布不等分	⑮ 校正电刷等分
	⑯ 电枢平衡未校好	⑯ 重校转子动平衡
电动机不能起动	① 无电源	① 检查线路是否完好，启动器联接是否准确，保险丝是否熔断
	② 过载	② 减少负载
	③ 启动电流太小	③ 检查所用启动器是否合适
	④ 电刷接触不良	④ 检查刷握弹簧是否松弛或改善接触面
	⑤ 励磁回路断路	⑤ 检查变阻器及磁场绕组是否断路，更换绕组
电动机转速不正常	① 电动机转速过高，且有剧烈火花	① 检查磁场绕组与启动器联接是否良好，是否接错，磁场绕组或调速器内部是否断路
	② 电刷不在正常位置	② 根据所刻记号调整刷杆座位置
	③ 电枢及磁场绕组的连接情况	③ 检查是否短路
	④ 串励电动机轻载或空载运转	④ 增加负载
	⑤ 串励磁场绕组接反	⑤ 纠正接线
	⑥ 磁场回路电阻过大	⑥ 检查磁场变阻器和励磁绕组电阻，并检查接触是否良好
电枢冒烟	① 长时间过载	① 立即恢复正常负载
	② 换向器或电枢短路	② 查找短路的部位，进行修复
	③ 负载短路	③ 检查线路是否有短路
	④ 电动机端电压过低	④ 恢复电压至正常值
	⑤ 电动机直接启动或反向运转过于频繁	⑤ 使用适当的启动器，避免频繁的反复运转
	⑥ 定、转子相擦	⑥ 检查相擦的原因，进行修复
磁场线圈过热	① 并励磁场绕组部分短路	① 查找短路的部位，进行修复
	② 电机转速太低	② 提高转速至额定值
	③ 电机端电压长期超过额定值	③ 恢复端电压
机壳漏电	① 接地不良	① 查找原因，并采取相应的措施
	② 绕组绝缘老化或损坏	② 查找绝缘老化或损坏的部位，进行修复并进行绝缘处理

2.6.2 直流电机修理后的检查和实验

直流电机拆装、修理后，必须经检查和实验后才能使用。

1. 检修项目

检修后欲投入运行的电机，所有的紧固元件应拧紧，转子转动应灵活。此外还应检查下列项目。

① 检查出线是否正确，接线是否与端子的标号一致，电机内部的接线是否有碰触转动的部件。

② 检查换向器的表面。应光滑、光洁，不得有毛刺、裂纹、裂痕等缺陷。换向片间的云母片不得高出换向器的表面，凹下深度为 1~1.5 mm。

③ 检查刷握。刷握应牢固而精确地固定在刷架上，各刷握之间的距离应相等，刷距偏差不超过 1 mm。

④ 检查刷握的下边缘与换向器表面的距离、电刷在刷握中装配的尺寸要求、电刷与换向片的吻合接触面积。

⑤ 电刷压力弹簧的压力。一般电机应为 12~17 kPa，经常受到冲击振动的电机应为 20~40kPa。同一电机内各电刷的压力应尽量保持一致。一般电机内各电刷的压力与其平均值的偏差不应超过 10%。

⑥ 检查电机气隙的不均匀度。当气隙在 3 mm 以下时，其最大容许偏差值不应超过其算术平均值的 20%；当气隙在 3 mm 以上时，偏差不应超过算术平均值的 10%。测量时，可用塞规在电枢的圆周上检测各磁极下的气隙，每次在电机的轴向两端测量。

2. 实验项目

1）绝缘电阻测试 对 500 V 以下的电机，用 500 V 的摇表分别遥测各绕组对地及各绕组与绕组之间的绝缘电阻，其阻值应大于 0.5 MΩ。

2）绕组直流电阻的测量 采用直流双臂电桥来测量，每次应重复测量 3 次，取其算术平均值。测得的各绕组的直流电阻值，应与制造厂或安装时最初测量的数据进行比较，相差不得超过 2%。

3）确定电刷中性线 常采用的方法有以下 3 种。

① 感应法。将毫伏表或检流计接到电枢相邻的两极下的电刷上，将励磁绕组经开关接至直流低压电源上。使电枢静止不动，接通或断开励磁电源时，毫伏表将会左右摆动，移动电刷位置，找到毫伏表摆动最小或不动的位置，这个位置就是中性线位置。

② 正反转发电机法。将电机接成他励发电机运行，使输出电压接近额定值。保持电机的转速和励磁电流不变，使电机正转和反转，慢慢移动电刷位置，直到正转与反转的电枢输出电压相等，此时的电刷位置就是中性线位置。

③ 正反转电动机法。对于允许可逆运行的直流电动机，在外加电压和励磁电流不变的情况下，使电动机正转和反转，慢慢移动电刷位置，直到正转与反转的转速相等，此时电刷的位置就是中性线位置。

4）耐压实验 在各绕组对地之间和各绕组之间，施加频率为 50 Hz 的正弦交流电压。施加的电压值为：对 1 kW 以下、额定电压不超过 36 V 的电机，加 500 V 再加 2 倍额定电压，历时 1 min 不击穿为合格；对 1 kW 以上、额定电压在 36 V 以上的电机，加 1 000 V 再加 2 倍额定电压，历时 1 min 不击穿为合格。

5）空载试验 应在上述各项试验都合格的条件下进行。将电机接入电源和励磁，使其在空载下运行一段时间，观察各部位是否有过热现象、异常噪声、异常振动或出现火花等，初步鉴定电机的接线、装配和修理的质量是否合格。

6）负载试验 一般情况可以不进行此项试验。必要时可结合生产机械来进行。负载试验的目的是考验电机在工作条件下的输出是否稳定。对于发电机，主要检查输出电压、电流是否合格；对电动机，主要看转矩、转速等是否合格。同时，检查负载情况下各部位的温升、噪声、振动、换向及产生的火花等是否合格。

7）超速试验 目的是考核电机的机械强度及承受能力。一般在空载下进行，使电机超速达 120% 的额定转速，历时 2 min，机械结构没有损坏及没有残余变形为合格。

小结

·直流电机是以电磁感应定律和电磁力定律为理论基础的电磁转换机械。换向装置在直流电机中具有特殊的作用，它实现外电路的直流电与电枢线圈中的交流电的相互转换，因而才产生单方向的电势与单方向的电磁转矩。直流电机是由定子和电枢两大部分组成。定子主磁极产生主磁通，磁极铁心、气隙、电枢铁心和定子磁轭构成主磁通的路径。电枢线圈产生感应电势和电磁转矩，是能量转换的核心部件。直流电机按励磁方式可分为他励、并励、串励和复励 4 种。感应电势和电磁转矩的公式是直流电机的基本公式。

·感应电势和电磁转矩都只与气隙的磁密有关。空载时气隙磁场是由主极磁势产生的，气隙磁密近似于梯形分布曲线。负载时的磁场是由主极磁势和电枢磁势共同建立的。电枢磁势对气隙磁场的影响称为电枢反应。电枢反应的影响：一是使气隙磁场畸变；二是对主极磁场有去磁作用。换向问题是直流电机中的一个专门问题，如果换向不良，将影响电机的工作乃至烧坏电刷和换向器。改善换向的主要方法有安装换向极和正确选用电刷。

·电动机的机械特性是转速和电磁转矩之间的关系。机械特性分为固有机械特性和人为机械特性。人为机械特性包括电枢串电阻、改变电枢电压和减弱磁通 3 种。要掌握固有机械特性和人为机械特性曲线的特点。

·直流电动机的拖动包括起动、调速和制动。直流电动机起动时，要求起动电流不能太大，而起动转矩要足够大。为了限制起动电流，起动的方法有电枢回路串电阻起动和降低电枢电压起动。直流电机的调速方法有电枢回路串电阻调速、降低电枢电压调速和减弱磁通调速。直流电机的制动分为能耗制动、反接制动和回馈制动。要掌握直流电动机的起动、调速和制动的方法、特点及其机械特性。

·直流电动机的电气控制包括起动、调速和制动的控制。

·直流电动机的常见故障与检修。

思考与练习

2-1 直流发电机线圈中的感应电势是什么性质的？外电路为什么是单一极性的电势？

2-2 直流电动机中导体电流是交变的，为何产生单一方向的电磁转矩？

2-3 一台直流发电机，额定功率 $P_N = 35$ kW，额定电压 $U_N = 230$ V，额定转速 $n_N = 1\,450$ r/ min，效率 $\eta_N = 87\%$，试求：(1)该发电机的额定电流 I_N；(2)额定负载时原动机功率 P_1。

2-4 一台直流电动机，额定功率 $P_N = 10$ kW，额定电压 $U_N = 400$ V，额定转速 $n_N = 2\,680$ r/min，额定效率 $\eta_N = 82.7\%$，试求：(1)额定负载时的输入功率 P_{1N}；(2)电机的额定电流 I_N。

2-5 一台并励直流发电机，额定功率 $P_N = 6$ kW，额定电压 $U_N = 230$ V，额定转速 $n_N = 1\,450$ r/min，电枢绕组电阻 $R_a = 0.92$ Ω，励磁回路电阻 $R_f = 178$ Ω，铁损 $P_{Fe} = 314$ W，试求：(1)额定负载下的铜损耗；(2)电磁功率。

2-6 直流电机的磁路包括几部分，气隙的大小对励磁电流有无影响？

2-7 什么是电枢反应，其效应如何？

2-8 装置换向极改善换向的原理是什么？如何确定换向极的极性？

2-9 直流电动机中，E_a 与 I_a，T 与 n 的方向是相同还是相反？

2-10 一台并励直流电动机，$P_N = 17$ kW，$U_N = 220$ V，$I_N = 88.8$ A，$n_N = 3\,000$ r/min，$R_a = 0.114$ Ω，$R_f = 181.5$ Ω，不计电枢反应，试求：(1)额定输出转矩 T_2；(2)额定电磁转矩 T；(3)空载转矩 T_0；(4)理想空载转速 n_0。

2-11 一台他励电动机拖动一台他励直流发电机，当发电机电枢电流增大时，电动机电枢电流如何变化？

2-12 何谓直流电动机的固有机械特性和人为机械特性，定性绘出他励直流电动机的各种机械特性？

2-13 一台他励直流电动机，$P_N = 22$ kW，$U_N = 220$ V，$I_N = 116$ A，$n_N = 1\,500$ r/min，试求：(1)估算电枢电阻 R_a；(2)写出电动机的自然机械特性的方程式；(3)写出电枢回路串入 0.50 Ω 电阻的人为机械特性方程式。

2-14 一台他励直流电动机，$P_N = 10$ kW，$U_N = 220$ V，$I_N = 53.8$ A，$n_N = 1450$ r/min，$R_a = 0.29$ Ω，试计算：(1)直接起动的瞬间电流为额定电流的多少倍；(2)若限制起动电流不超过 $2I_N$，若采用串电阻起动应串入多大电阻？

2-15 如何改变他励电动机的转向？把电源的极性对调，并励电动机能否反转？

2-16 他励直流电动机有几种调速方法？它们的特点如何？

2-17 一台他励直流电动机，$P_N = 22$ kW，$U_N = 220$ V，$I_N = 116$ A，$n_N = 1\,500$ r/min，$R_a = 0.096$ Ω，电动机带额定负载运行时要把转速降到 $1\,000$ r/min。试计算：(1)采用串电阻调速，须串入多大的电阻；(2)若采用降压调速，须把电压降到多少？

2-18 一台他励电动机，$P_N = 17$ kW，$U_N = 220$ V，$I_N = 93.6$ A，$n_N = 1\,000$ r/min，$R_a = 0.15$ Ω，电动机带额定负载转矩，减弱磁通 $\Phi = 1|3\Phi_N$，求电动机的转速和电枢电流？能否

长期运行，为什么？

　　2－19　他励直流电动机各种制动方法如何实现？各有哪些优缺点？分别适用于什么场合？

　　2－20　一台他励直流电动机，$P_N = 17\ kW$，$U_N = 110\ V$，$I_N = 185\ A$，$n_N = 1\ 000\ r/min$，已知电动机最大允许电流 $I_{max} = 2I_N$，电动机 $T_L = 0.8\ T_N$，负载电动运行，求：(1)若采用能耗制动停车，电枢串入的电阻值；(2)若采用反接制动停车，电枢应串入的电阻值；(3)两种方法在制动到 $n = 0$ 时的电磁转矩各为多少？

　　2－21　直流他励电动机，$P_N = 13\ kW$，$U_N = 220\ V$，$I_N = 68.6\ A$，$n_N = 1\ 500\ r/min$，$R_a = 0.25\ \Omega$。试计算：电动机原在额定状态下运行，现采用电枢反接制动，允许最大制动电流为 $2I_N$，制动电阻应多大？电枢反接后，当转速降至 $0.2n_N$ 时，改换为能耗制动，使电枢电流为 $2I_N$，能耗制动电阻应多大？

第3章 变 压 器

- **知识目标** 熟悉变压器的结构、掌握其基本工作原理；理解变压器空载和负载运行的分析；掌握三相变压器的联接组别问题和特殊变压器的使用。
- **能力目标** 会正确地使用变压器，对变压器常见的问题会分析处理。
- **学习方法** 结合实物、声像资料、基本实验等进行学习。

变压器是静止的电磁器械，它利用电磁感应原理，将一种交流电转变为另一种或几种频率相同、大小不同的交流电。

变压器是应用非常广泛的电气设备。在电力系统中，从输电的角度看，在电功率一定的情况下，为了减少损耗，需要用高电压。发电机发出的电压经变压器升压，然后再经高压输电线路输送到远地。从用电的角度看，各类用电器所需电压不一，如大型动力设备的电压为 6 kV，3 kV，小型动力设备的电压为 380 V，单相设备和照明须用 220 V。为了保证用电安全和满足各个用电设备的电压要求，要利用变压器把输电线路中的高压降低。另外它还在通信、广播、冶金、电子实验、电气测量及自动控制等方面得到广泛的应用。

3.1 变压器的构造和基本原理

3.1.1 变压器的构造和分类

变压器是基于电磁感应原理而工作的静止的电磁器械。它主要由铁心和线圈组成，通过磁的耦合作用把电能从一次侧传递到二次侧。

在电力系统中，以油浸自冷式双绕组变压器应用最为广泛，下面主要介绍这种变压器的基本结构，如图 3-1 所示。变压器的主要部件是由铁心和绕组构成的器身，铁心是磁路部分，绕组是电路部分。另外还有油箱及其他附件。

1. 铁心

铁心一般由 0.35~0.5 mm 厚的硅钢片叠装而成。硅钢片的两面涂以绝缘漆，使片间绝缘，以减小涡流损耗。铁心包括铁心柱和铁轭两部分。铁心柱的作用是套装绕组，铁轭的作用是联接铁心柱，使磁路闭和。按照绕组套入铁心柱的形式，铁心可分为心式结构和壳式结构两种。叠装时应注意，相邻两层硅钢片须采用不同的排列方法，使各层的接缝不在同一地点，互相错开，减少铁心的间隙，以减小磁阻与励磁电流。但缺点是装配复杂，费工费时，如图 3-2 所示的三相铁心的交叠装配图。现在多采用全斜接缝，以进一步减少励磁电流及转角处的附加损耗，如图 3-3 所示。

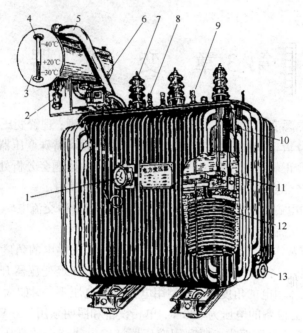

图 3-1 三相油浸式电力变压器外形图

1—信号式温度计；2—吸湿器；3—储油柜；4—油表；5—安全气边；6—气体继电器；
7—高压套管；8—低压套管；9—分接开关；10—油箱；11—铁心；12—线圈；13—放油阀门

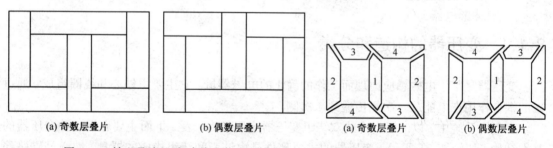

| (a) 奇数层叠片 | (b) 偶数层叠片 | | (a) 奇数层叠片 | (b) 偶数层叠片 |

图 3-2　铁心叠片(三相直线叠装式)　　　　图 3-3　铁心叠片(三相斜上接缝叠装式)

2．绕组

变压器的绕组是在绝缘筒上用绝缘铜线或铝线绕成。一般把接于电源的绕组称为一次绕组或原方绕组，接于负载的绕组称为二次绕组或副方绕组。或者把电压高的线圈称为高压绕组，把电压低的线圈称为低压绕组。从高、低绕组的装配位置看，可分为同心式绕组和交叠式绕组，如图 3-4 所示。

1）同心式　同心式绕组的高、低压线圈同心地套在铁心柱上，为了便于对地绝缘，一般是低压绕组靠近铁心柱，高压绕组在低压绕组的外边。同心式绕组结构简单，制造方便，电力变压器均采用这种结构。

2）交叠式　交叠式绕组又称饼式绕组，它将高、低压绕组分成若干线饼，沿着铁心柱的高度方向交替排列。为了便于绕组和铁心绝缘，一般最上层和最下层放置低压绕组。

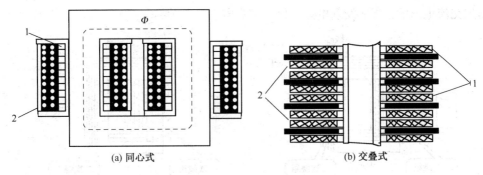

图 3 – 4　绕组结构

1—低压绕组；2—高压绕组

3. 附件

电力变压器的其他附件，主要包括油箱、储油柜、分接开关、安全气道、气体继电器、绝缘套管等，如图 3 – 1 所示。其作用是保证变压器安全和可靠运行。

1）油箱　油浸式变压器的外壳就是油箱，它保护变压器铁心和绕组不受外力和潮气的浸蚀，并通过油的对流，对铁心与绕组进行散热。

2）储油柜　在变压器的油箱上装有储油柜(也称油枕)，它通过连通管与油箱相通。储油柜内油面高度随变压器油的热胀冷缩而变动。储油柜限制了油与空气的接触面积，从而减少了水分的侵入与油的氧化。

3）气体继电器　气体继电器是变压器的主要安全保护装置。当变压器内部发生故障时，变压器油气化产生的气体使气体继电器动作，发出信号，示意工作人员及时处理或令其开关跳闸。

4）绝缘套管　变压器绕组的引出线是通过箱盖上的瓷质绝缘套管引出的，作用是使高、低压绕组的引出线与变压器箱体绝缘。根据电压等级不同，绝缘套管的形式也不同，10 ~ 35 kV 采用空心充气式或充油式套管，110 kV 及以上采用电容式套管。

5）分接开关　分接开关是用于调整电压比的装置，使变压器的输出电压控制在允许的变化范围内。

4. 变压器的分类

按相数的不同，变压器可分为单相变压器、三相变压器和多相变压器；按绕组数目不同，变压器可分为双绕组变压器、三绕组变压器、多绕组变压器和自耦变压器；按冷却方式不同，变压器可分为油浸式变压器、充气式变压器和干式变压器。油浸式变压器又可分为油浸自冷式、油浸风冷式和强迫油循环式变压器；按用途不同，变压器可分为电力变压器(升压变压器、降压变压器、配电变压器等)、特种变压器(电炉变压器、整流变压器、电焊变压器等)、仪用互感器(电压互感器和电流互感器)和试验用的高压变压器等。

3.1.2　变压器的基本工作原理

变压器的一、二次绕组的匝数分别用 N_1，N_2 表示，如图 3 – 5 所示。图 3 – 5(a)是给一次绕组施加直流电压的情况，发现仅当开关开闭瞬间，电灯才会亮一下。图 3 – 5(b)是一次绕组施加交流电压的情况，发现电灯可以一直亮着。

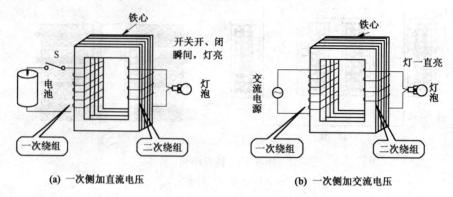

(a) 一次侧加直流电压　　　　　　　(b) 一次侧加交流电压

图 3 – 5　变压器的基本工作原理图

上述情况表明，当变压器的一次绕组接通交流电源时，在绕组中就会有交变的电流通过，并在铁心中产生交变的磁通，该交变磁通与一次、二次绕组交链，在它们中都会感应出交变的感应电动势。二次绕组有了感应电动势，如果接上负载，便可以向负载供电，传输电能，实现了能量从一次侧到二次侧的传递，所以图 3 – 5(b)中的灯也就一直亮着。而图 3 – 5(a)是仅当开关开、闭时才会引起一次绕组中电流变化，使交链二次绕组的磁通发生变化，才会在二次绕组中产生瞬时的感应电势，因而灯只闪一下就灭了。由此可知，变压器一般只用于交流电路，它的作用是传递电能，而不能产生电能。它只能改变交流电压、电流的大小，而不能改变频率。

3.1.3　变压器的铭牌数据

1. 变压器的型号

变压器的型号说明变压器的系列型式和产品规格。变压器的型号是由字母和数字组成的，如 SL7—200 / 30。第一个字母表示相数，后面的字母分别表示导线材料、冷却介质和方式等。斜线前边的数字表示额定容量(kVA)，斜线后边的数字表示高压绕组的额定电压(kV)。其具体表示如图 3 – 6 所示。

图 3 – 6　变压器型号的含义

该型号变压器即为三相矿物油浸自冷式双绕组铝线无励磁调压的，第 7 次设计的，额定容量为 200 kVA 的，高压边额定电压为 30 kV 的电力变压器。

我们一般将容量为 630 kVA 及以下的变压器称为小型变压器；将容量为 800 ~ 6 300 kVA 的变压器称为中型变压器；将容量为 8 000 ~ 63 000 kVA 的变压器称为大型变压器；将容量在 90 000 kVA 及以上的变压器称为特大型变压器。

新标准的中小型变压器的容量等级为：10，20，30，50，63，80，100，125，160，200，250，315，400，500，630，800，1 000，1 600，2 000，2 500，3 150，4 000，5 000，6 300 kVA 等。变压器中除了电力变压器外，还有电炉变压器、整流变压器、矿用变压器、船用变压器

等。这些不同类型的产品，根据电压等级、所采用的主要材料、容量等级和电压组合的不同，分为许多系列和品种，目前变压器的品种已不少于 1 000 种。

2. 变压器的额定值

变压器的额定值是制造厂家设计制造变压器和用户安全合理地选用变压器的依据。主要包括以下几个额定值。

1）额定容量 S_N 是指变压器的视在功率，对三相变压器是指三相容量之和。由于变压器效率很高，可以近似地认为高、低压侧容量相等。额定容量的单位是 VA，kVA，MVA。

2）额定电压 U_{1N}/U_{2N} 是指变压器空载时，各绕组的电压值。对三相变压器指的是线电压，单位是 V 和 kV。

3）额定电流 I_{1N}/I_{2N} 是指变压器允许长期通过的电流，单位是 A。额定电流可以由额定容量和额定电压计算。

对于单相变压器，$I_{1N} = \dfrac{S_N}{U_{1N}}$；$I_{2N} = \dfrac{S_N}{U_{2N}}$。

对于三相变压器，$I_{1N} = \dfrac{S_N}{\sqrt{3}\,U_{1N}}$；$I_{2N} = \dfrac{S_N}{\sqrt{3}\,U_{2N}}$。

4）额定频率 f 我国规定标准工业用交流电的额定频率为 50 Hz。

除上述额定值外，变压器的铭牌上还标有变压器的相数、联接组和接线图、短路电压(或短路阻抗)的百分值、变压器的运行及冷却方式等。

3.2 变压器的运行分析

本节主要讨论变压器在稳态运行时的电磁现象，说明变压器各电磁量间的关系。在分析运行过程的基础上，列出电磁基本方程式，并采用等效和折算法，引出相量图和等效电路，简化了变压器的分析和计算。通过试验测试变压器的参数，求得其在稳态下的电压变化率、效率等。由单相变压器得出的方程式、相量图和等值电路等，也适用于三相变压器对称运行情况的分析，而且在分析异步电动机的运行时也很有用。

3.2.1 变压器的空载运行

1. 空载运行时的电磁关系

空载运行是指当变压器一次侧绕组接交流电源，二次侧绕组开路，即 $\dot{I}_2 = 0$ 时的状态。单相变压器空载运行的原理如图 3 - 7 所示。空载时一次侧绕组中的交变电流 $\dot{I}_0$ 称为空载电流，由空载电流产生交变的磁势 $\dot{I}_0 N_1$，并建立交变的磁通。由于变压器的铁心采

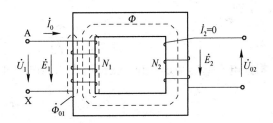

图 3 - 7 单相变压器空载运行原理图

用高导磁的硅钢片叠成，所以绝大部分磁通经铁心闭合，这部分磁通称为主磁通，用 Φ 表示；有少量磁通经油和空气闭合，这部分磁通称为漏磁通，一次侧的漏磁通用 $\Phi_{\sigma 1}$ 表示。由电磁感应定律可知，交变的磁通将在一次侧、二次侧绕组中产生感应电势。由于变压器中的电压、电流、磁通和感应电势都是交变的，为了表明它们之间的内在关系，利用同一方程式表示同一电磁现象，需要规定交变量的正方向，否则，对同一电磁过程所列的方程式会有所不同。正方向通常按惯例表示，即：

① 电流的正方向与电压降的正方向一致；

② 磁通的正方向与产生该磁通的电流的正方向之间符合右手螺旋定则；

③ 感应电动势的正方向与磁通的正方向之间符合右手螺旋关系。

若 $\dot{E}$ 和 Φ 规定的正方向符合右手螺旋定则，则感应电势

$$e = -N\frac{\mathrm{d}\Phi}{\mathrm{d}t}。 \tag{3-1}$$

当一次侧电压按正弦规律变化时，则磁通 Φ 也按正弦规律变化，设磁通的瞬时值为

$$\Phi = \Phi_\mathrm{m}\sin\omega t，$$

式中，ω——交流电的角频率（rad/s）；

Φ_m——主磁通的最大值（Wb）。

将其代入式（3-1），得一次侧绕组的感应电势为

$$e_1 = -N_1\left[\frac{\mathrm{d}(\Phi_\mathrm{m}\sin\omega t)}{\mathrm{d}t}\right] = -N_1\Phi_\mathrm{m}\omega\cos\omega t = N_1\Phi_\mathrm{m}\omega\sin(\omega t - 90°) =$$
$$E_{1\mathrm{m}}\sin(\omega t - 90°)， \tag{3-2}$$

式中，$E_{1\mathrm{m}}$——指一次侧绕组感应电势的幅值（V）。

同理，可得二次侧绕组感应电势为

$$e_2 = E_{2\mathrm{m}}\sin(\omega t - 90°)。 \tag{3-3}$$

一次侧绕组中感应电势的有效值 E_1 为

$$E_1 = \frac{E_{1\mathrm{m}}}{\sqrt{2}} = \frac{N_1\Phi_\mathrm{m}\omega}{\sqrt{2}} = \frac{N_1\Phi_\mathrm{m}\cdot 2\pi f}{\sqrt{2}} = 4.44fN_1\Phi_\mathrm{m}。 \tag{3-4}$$

同理可得

$$E_2 = 4.44fN_2\Phi_\mathrm{m}。 \tag{3-5}$$

以相量表示为

$$\begin{cases} \dot{E}_1 = -\mathrm{j}4.44fN_1\Phi_\mathrm{m}， \\ \dot{E}_2 = -\mathrm{j}4.44fN_2\Phi_\mathrm{m}。 \end{cases} \tag{3-6}$$

由式（3-6）可知，$\dot{E}_1$ 与 $\dot{E}_2$ 在相位上比磁通 Φ 落后 90°。

漏磁通也是交变的，根据电磁感应定律，同理可得一次侧绕组的漏磁通感应电势 $e_{\sigma 1}$ 的有效值 $E_{\sigma 1}$ 为

$$E_{\sigma 1} = \frac{N_1\Phi_{\sigma 1\mathrm{m}}\omega}{\sqrt{2}} = 4.44fN_1\Phi_{\sigma 1\mathrm{m}}。 \tag{3-7}$$

根据电工基础知识可知，磁链可表示为电流和电感的乘积，即 $N_1\Phi_{\sigma 1\mathrm{m}} = L_1I_{0\mathrm{m}}$，则

$$E_{\sigma 1} = \frac{\omega L_1 I_{0\mathrm{m}}}{\sqrt{2}} = I_0\omega L_1 = I_0 x_1， \tag{3-8}$$

式中，I_0——空载电流的有效值（A）；

L_1——一次侧绕组的漏电感（H）；

x_1——一次侧绕组的漏电抗(Ω)。

由于漏磁通的路径中包含非铁磁物质，不受饱和的影响，因此 L_1 为常值，x_1 也为常值，$E_{\sigma 1}$ 可用电抗压降的形式表示，按图 3 - 7 上所规定的正方向，有

$$\dot{E}_{\sigma 1} = -\mathrm{j}\dot{I}_0 x_1 。 \tag{3-9}$$

2. 空载运行时的方程式、相量图和等值电路

1）电压平衡方程式

按图 3 - 7 所标正方向，根据基尔霍夫第二定律，可以列出一次侧绕组的电压平衡方程式为

$$\dot{U}_1 = \dot{I}_0 r_1 - \dot{E}_{\sigma 1} - \dot{E}_1 = \dot{I}_0 r_1 + \mathrm{j}\dot{I}_0 x_1 - \dot{E}_1 =$$
$$\dot{I}_0(r_1 + \mathrm{j}x_1) - \dot{E}_1 = \dot{I}_0 Z_1 - \dot{E}_1, \tag{3-10}$$

式中，U_1——电源电压(V)；

$\quad\quad r_1$——一次侧绕组的电阻(Ω)；

$\quad\quad Z_1$——一次侧绕组的漏阻抗，$Z_1 = r_1 + \mathrm{j}x_1$，$\Omega$。

空载时二次侧开路，其电压平衡方程式为

$$\dot{U}_{20} = \dot{E}_2, \tag{3-11}$$

式中，U_{20}—— 二次侧空载电压(V)；

$\quad\quad \dot{E}_2$——主磁通在副绕组中感应的电势(V)。

在电力变压器中，空载时一次侧绕组的漏阻抗压降很小，一般不超过外施电压的 0.5 %。在一次侧的电压平衡方程式中，若忽略漏阻抗压降，则一次侧电压平衡方程式变为

$$\dot{U}_1 \approx -\dot{E}_1$$

或

$$U_1 \approx E_1 。 \tag{3-12}$$

由一次侧、二次侧的电压方程式(3 - 11)和方程式(3 - 12)可以得出一次侧、二次侧的电压之比

$$\frac{U_1}{U_2} = \frac{U_1}{U_{20}} \approx \frac{E_1}{E_2} = \frac{N_1}{N_2} = k, \tag{3-13}$$

式中，k——变压器的变压比，$k = N_1 / N_2$。

式(3 - 13)说明，变压器运行时，一次侧、二次侧的电压之比等于一次侧、二次侧绕组的匝数之比。变压比 k 是变压器中一个很重要的参数，若 $N_1 > N_2$，则 $U_1 > U_2$，是降压变压器；若 $N_1 < N_2$，则 $U_1 < U_2$，是升压变压器。

2）空载电流与相量图

变压器空载运行时，一次侧绕组中的空载电流用以产生磁通，故空载电流也称为励磁电流。励磁电流的大小与主磁通的大小、铁心的磁化性能及铁心损耗的大小有关。工程上把非正弦的励磁电流用等值的正弦电流替代。因励磁电流很小(中小型电力变压器励磁电流只有额定电流的 3% ~ 10%，节能变压器只有 1% ~ 3%)，这种替代不会对负载运行的分析带来多大影响。实际的变压器中存在着磁滞和涡流损耗，因此空载电流中除无功的磁化电流分量 $\dot{I}_\mu$ 外，还有与铁损对应的有功分量。空载电流 $\dot{I}_0$ 的相位超前磁通 Φ 一个小的损耗角 α。

变压器空载时的相量图，可根据电压平衡方程式作出，如图 3 - 7 所示。相量图的具体作

法为：①以主磁通 Φ 为参考方向，画在水平轴上；②一次侧、二次侧绕组的感应电势 $\dot{E}_1$ 与 $\dot{E}_2$ 均滞后磁通 $90°$；③作 $\dot{I}_\mu$ 与 Φ 同相，$\dot{I}_{Fe}$ 与 $-\dot{E}_1$ 同相，$\dot{I}_{Fe}$ 与 $\dot{I}_\mu$ 合成为 $\dot{I}_0$；④根据电压平衡方程式，在 $-\dot{E}_1$ 的末端作 $\dot{I}_0 r_1$，再在相量 $\dot{I}_0 r_1$ 的末端作 $j\dot{I}_0 x_1$ 相量，联接 $-\dot{E}_1$ 的始端和 $j\dot{I}_0 x_1$ 的末端的相量，即为电压 $\dot{U}_1$ 的相量。$\dot{U}_1$ 与 $\dot{I}_0$ 的夹角为 φ_0。

变压器的空载电流很小，漏阻抗压降通常不超过额定电压的 0.5%。在图 3 − 8 上，为了清楚起见，把 $\dot{I}_0 r_1$ 和 $j\dot{I}_0 x_1$ 两相量画得比实际比例放大了。

3）空载时的等值电路

变压器的等值电路，就是用简单的交流电路来等效地代替变压器中那种复杂的电磁耦合关系。变压器空载运行时，由式（3 − 10）得

$$Z = \frac{\dot{U}_1}{\dot{I}_0} = \frac{\dot{I}_0 Z_1 - \dot{E}_1}{\dot{I}_0} = Z_1 + \frac{-\dot{E}_1}{\dot{I}_0} = Z_1 + Z_m,$$

式中，Z——等值阻抗（Ω）；

Z_m——励磁阻抗（Ω），$Z_m = \dfrac{-\dot{E}_1}{\dot{I}_0} = r_m + jx_m$；

r_m——励磁电阻（Ω）；

x_m——励磁电阻（Ω）。

励磁电阻 r_m 是反映铁心损耗的一个等效电阻，其值为

$$r_m = \frac{P_{Fe}}{I_0^2}。 \tag{3 − 14}$$

严格地说，因主磁通变化时，r_m 和 x_m 都要变化。但是通常因主磁通变化范围不大，可近似认为它们是常值。

变压器空载时的等值电路，如图 3 − 9 所示。

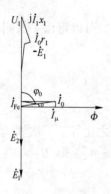

图 3 − 8　变压器空载时的相量图

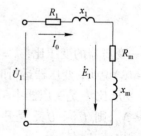

图 3 − 9　变压器空载时的等值电路

3.2.2　变压器的负载运行

变压器的一次侧绕组接交流电源，二次侧绕组带上负载阻抗，这样的运行状态称为负载运行。变压器的负载运行如图 3 − 10 所示。变压器的负载运行时二次侧绕组中电流 $\dot{I}_2 \neq 0$，并通过磁的耦合作用，影响一次侧绕组的各个物理量。但在变压器负载运行时，各量之间存在

一定的平衡关系。

1. 磁势平衡方程式

空载时，因 $\dot{I}_2 = 0$，变压器主磁通由一次侧空载磁势 $\dot{I}_0 N_1$ 决定。负载时，$\dot{I}_2 \neq 0$，一次侧电流变为 $\dot{I}_1$，主磁通由一、二次侧的磁势 $\dot{I}_1 N_1$ 和 $\dot{I}_2 N_2$ 共同决定。由式(3 – 4)和式(3 – 12)可知 $U_1 \approx E_1 = 4.44 f N_1 \Phi_m$，因电源电压 U_1、频率 f 基本不变，则主磁通 Φ_m 也基本保持不变，故可得变压器的磁势平衡方程式

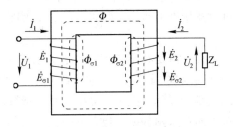

图 3 – 10　变压器负载运行原理图

$$\dot{I}_1 N_1 + \dot{I}_2 N_2 = \dot{I}_0 N_1, \tag{3 – 15}$$

即

$$\dot{I}_1 = \dot{I}_0 + \left(-\frac{N_1}{N_2} \right) \dot{I}_2 = \dot{I}_0 + \dot{I}_{1F}, \tag{3 – 16}$$

式中，$\dot{I}_{1F}$——一次侧电流中的负载分量，$\dot{I}_{1F} = -\dot{I}_2 \dfrac{N_2}{N_1} = -\dfrac{1}{k} \dot{I}_2$。

由式(3 – 16)可知，负载运行时变压器一次侧绕组中增加了一个电流分量 $\dot{I}_{1F}$，所以变压器负载运行时，一次侧电流 $\dot{I}_1$ 可以看成由两部分组成，即：一部分为励磁电流 $\dot{I}_0$，它的作用是在铁心中建立起负载时所必需的主磁通 Φ_m；另一部分为 $\dot{I}_{1F}$，它的作用是产生磁 $\dot{I}_{1F} N_1$，用以抵消二次侧磁势 $\dot{I}_2 N_2$ 的作用，使得铁心中主磁通 Φ_m 基本保持不变。

2. 电压平衡方程式

在图 3 – 10 所示正方向下，根据基尔霍夫第二定律，可分别列出变压器负载时一次侧绕组与二次侧绕组的电压平衡方程式。一次侧的各量角标为 1，二次侧的各量角标为 2，一次、二次侧的电压方程式为

$$\begin{cases} \dot{U}_1 = \dot{I}_1 r_1 + j\dot{I}_1 x_1 - \dot{E}_1 = \dot{I}_1 Z_1 - \dot{E}_1, \\ \dot{U}_2 = \dot{E}_2 - \dot{I}_2 r_2 - j\dot{I}_2 x_2 = \dot{E}_2 - \dot{I}_2 Z_2. \end{cases} \tag{3 – 17}$$

因负载时漏阻抗压降对端电压来说也是很小的，例如 10 ~ 6 300 kVA 的变压器在额定负载时，漏阻抗压降仅为额定电压的 4% ~ 5.5%，所以负载时仍可认为

$$\begin{cases} \dot{U}_1 = -\dot{E}_1, \\ \dot{U}_2 \approx -\dot{E}_2. \end{cases} \tag{3 – 18}$$

于是可以得出，负载时的电压比近似等于电势比，等于匝数比，有

$$\frac{U_1}{U_2} \approx \frac{E_1}{E_2} = \frac{N_1}{N_2} = k. \tag{3 – 19}$$

负载阻抗上的电压

$$\dot{U}_2 = \dot{I}_2 Z_L. \tag{3 – 20}$$

3. 变压器的等值电路

上面虽已导出了变压器的基本方程式，但利用这些方程式计算变压器的有关问题，因一次、二次侧绕组的匝数不等，两边只有磁的耦合而无电的直接联系，计算相当烦琐。若能有

一个既能正确反映变压器内部的电磁关系，又便于工程计算的等值电路就方便了。为此，先进行变压器的折算，继而给出变压器的等值电路。

1) 折算

折算就是在不改变其电磁关系与功率关系的原则下，把一次绕组和二次绕组换算成具有相同的匝数。折算是一种等值变换。通常把二次绕组折算成具有一次绕组同样的匝数，称为二次侧折算到一次侧。绕组的匝数折算了，其他电磁量也要相应地折算。折算后的各量都在符号的右上角加一小撇。下面就研究各量的折算方法。

(1) 二次侧电势的折算　因折算前后的主磁通没有变化，只是二次侧绕组的匝数由 N_1 变为 N_1，所以二次侧感应电势的折算值为

$$E_2' = 4.44 f N_1 \Phi_m = 4.44 f \frac{N_1}{N_2} N_2 \Phi_m = k E_2 。 \tag{3-21}$$

(2) 二次侧电流的折算　根据折算前后二次侧的磁势应保持不变，即 $\dot{I}_2' N_2 = \dot{I}_2 N_2$，可得二次侧电流的折算值为

$$I_2' = \frac{N_2}{N_1} I_2 = \frac{1}{N_1/N_2} I_2 = \frac{1}{k} I_2 。 \tag{3-22}$$

(3) 阻抗参数的折算　根据折算后有功损耗与漏磁场的无功功率都应保持不变，即 $(\dot{I}_2')^2 r_2' = \dot{I}_2^2 r_2$ 和 $(\dot{I}_2')^2 x_2' = \dot{I}_2^2 x_2$，可得

$$r_2' = \frac{I_2^2}{(I_2')^2} r_2 = k^2 r_2 ， \tag{3-23}$$

$$x_2' = \frac{I_2^2}{(I_2')^2} x_2 = k^2 x_2 。 \tag{3-24}$$

(4) 负载阻抗及其电压的折算　根据折算前后输出有功功率和无功功率保持不变，有 $(\dot{I}_2')^2 r'_L = \dot{I}_2^2 r_L$ 和 $(\dot{I}_2')^2 x'_L = \dot{I}_2^2 x_L$，可得

$$r_L' = \frac{I_2^2}{(I_2')^2} r_L = k^2 r_L ， \tag{3-25}$$

$$x_L' = \frac{I_2^2}{(I_2')^2} x_L = k^2 x_L ， \tag{3-26}$$

$$U_2' = I_2' Z_L = \frac{1}{k} I_2 \cdot k^2 Z_L = k I_2 Z_L = k U_2 。 \tag{3-27}$$

折算后，变压器负载运行时的基本方程式变为

$$\begin{cases} \dot{U}_1 = \dot{I}_1 r_1 + j \dot{I}_1 x_1 - \dot{E}_1 ， \\ \dot{E}_2' = \dot{I}_2' r_2' + j \dot{I}_2' x_2' + \dot{U}_2' ， \\ \dot{I}_1 + \dot{I}_2' = \dot{I}_0 ， \\ \dot{E}_2' = \dot{E}_1 = -\dot{I}_0 Z_m ， \\ \dot{U}_2' = \dot{I}_2' Z_L 。 \end{cases} \tag{3-28}$$

2) 等值电路

根据 $\dot{U}_1 = \dot{I}_1 r_1 + j \dot{I}_1 x_1 - \dot{E}_1$ 可作出一次侧的等值电路，如图 3-11(a)所示；根据 $\dot{E}_2' = \dot{E}_1 = -\dot{I}_0 Z_m = -\dot{I}_0 (r_m + j x_m)$ 可作出励磁部分的等效电路，如图 3-11(b)所示；而后再根据

$\dot{E}'_2 = \dot{I}'_2 r'_2 + j\dot{I}'_2 x'_2 + \dot{U}'_2$ 可作出二次侧的等值电路，如图 3 – 11(c)所示。

由于折算后一次、二次侧绕组的匝数相等，根据磁势平衡关系得出等值的电流关系为 $\dot{I}_1 + \dot{I}'_2 = \dot{I}_0$，故可将图 3 – 11 中的三部分连在一起，便可得到变压器的 T 形等值电路，如图 3 – 12所示。

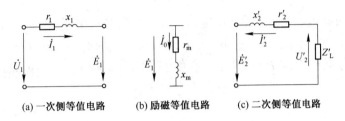

(a) 一次侧等值电路　　(b) 励磁等值电路　　(c) 二次侧等值电路

图 3 – 11　变压器的部分等值电路

变压器的 T 形等值电路属于混联电路，运算较麻烦。实际运行中因变压器的空载电流很小，可忽略不计，即可去掉励磁支路，便可得到变压器的简化等值电路，如图 3 – 13 所示。分析和计算变压器的负载运行问题时，用简化电路要比 T 形等值电路简单得多，且能满足工程上准确度的要求。

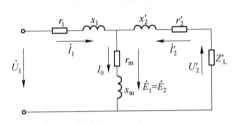

图 3 – 12　变压器的 T 形等值电路

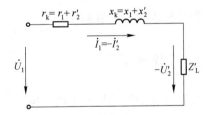

图 3 – 13　变压器的简化等值电路

3.3　单相变压器的空载与短路试验

分析和计算变压器的运行性能时，需要用到变压器的参数。变压器的参数是由变压器所用的材料、结构和几何尺寸等所决定的，在使用中，一般是通过试验方法来测算。变压器试验的主要项目有空载试验和短路试验。

3.3.1　空载试验

变压器空载试验的目的是测定电压变比 k，空载电流 I_0 和空载损耗(铁损) P_0，励磁参数 r_m 和 x_m。

空载试验的接线图如图 3 – 14 所示。一般说来，空载试验可以在高压侧进行，也可以在低压侧进行，但从试验电源、测量仪表和设备、人身安全因素考虑，一般都在低压

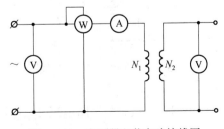

图 3 – 14　变压器空载实验接线图

侧进行。即将低压绕组接到额定频率的电源上，测量低压侧的电压 U_1，空载电流 I_0，空载损耗 P_0 和高压侧的开路电压 U_{20}。

根据上述实验数据，可以计算出变压器的下列参数。

电压比为
$$k = \frac{U_{1N}}{U_{20}}。 \tag{3-29}$$

因为空载时负载电流为零，无功率输出，从电源吸取的功率主要用于铁心损耗 P_{Fe} 和一次侧铜损耗 $I_0^2 r_1$。由于空载时 I_0 很小，I_0 在绕组中产生的电阻损耗 $I_0^2 r_1$ 与铁心损耗 P_{Fe} 相比小得多，故空载损耗 $P_0 \approx P_{Fe}$。因为在等值电路中，$x_m \gg x_1$，$r_m \gg r_1$，故可算出：

励磁阻抗为
$$Z_m \approx Z_0 = \frac{U_{1N}}{I_0}; \tag{3-30}$$

励磁电阻为
$$r_m = \frac{P_{Fe}}{I_0^2} \approx \frac{P_0}{I_0^2}; \tag{3-31}$$

励磁电抗为
$$x_m = \sqrt{|Z_m|^2 - r_m^2}。 \tag{3-32}$$

按上述数据计算出的励磁参数是低压侧的，折算到高压侧须乘以 k^2，即高压侧的励磁阻抗为 $k^2 Z_m$。Z_m 的大小与铁心饱和程度有关，电压超过额定值越多，铁心越饱和，Z_m 就越小。变压器空载时功率因数很低，约为 0.2 以下，为了减少测量误差，空载试验应选用低功率因数瓦特表测量空载损耗。

3.3.2　短路试验

短路试验的目的是测定短路电压 U_{sh}、短路功率(即短路损耗)P_{sh}，计算短路阻抗 Z_{sh}。

短路试验的接线图如图 3 – 15 所示。短路试验时，二次侧短接，这时整个变压器等值电路的阻抗很小，为避免一次侧和二次侧绕组因电流过大而烧坏，在进行短路实验时，一次侧调压器外施电压从零逐渐增大，直到一次侧电流达到额定电流时，测出所加电压 U_{sh}(约为额定电压的 4.5% ~ 10%)和输入功率 P_{sh}。由于高压侧的电流小，测量比较方便，短路实验一般都在高压侧做，并记录试验时的室温 θ。

因为短路试验所加电压很低，励磁电流很小，所以短路试验可用简化电路进行分析，如图 3 – 16 所示。

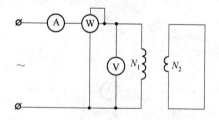

图 3 – 15　变压器短路实验的接线图

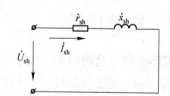

图 3 – 16　变压器短路实验时简化电路

可以根据短路试验的短路电压 U_{sh} 和短路电流 I_{sh}，计算短路阻抗，即

$$|Z_{sh}| \approx \frac{U_{sh}}{I_{sh}}。 \tag{3-33}$$

短路试验测得的功率 P_{sh},此时磁通小,铁损很小,可忽略不计,因电压很低,基本上是一次侧、二次侧绕组中电阻上的损耗,即绕组中的铜损。短路阻抗为

$$r_{sh} \approx \frac{P_{sh}}{I_{sh}^2}。 \tag{3-34}$$

短路电抗 x_{sh} 可由式(3-35)求出,即

$$x_{sh} = \sqrt{|Z_{sh}|^2 - r_{sh}^2}。 \tag{3-35}$$

由图 3-16 可知,上述各短路参数等于一次侧参数与二次侧参数的折算值之和,即 $r_{sh} = r_1 + r'_2$, $x_{sh} = x_1 + x'_2$。在作变压器的 T 形等值电路时,需将一次侧与二次侧的参数分别求出,可近似按下列关系计算:

$$\begin{cases} I_1 = I'_2 = \dfrac{1}{2} I_{sh}; \\ r_1 = r'_2 = \dfrac{1}{2} r_{sh}; \\ x_1 = x'_2 = \dfrac{1}{2} x_{sh}。 \end{cases} \tag{3-36}$$

按照我国变压器试验标准规定,计算变压器性能时,应将试验测出的短路电阻 r_{sh} 换算成 75 ℃时的阻值。电阻按温度的换算公式为

$$r_{sh75} = \frac{K + 75}{K + \theta} r_{sh}, \tag{3-37}$$

式中,r_{sh75}——75 ℃时的短路电阻(Ω);

K——常数,铜线 $K = 234.5$,铝线 $K = 235$;

θ——试验时的室温(℃)。

75℃时的短路阻抗为

$$|Z_{sh75}| = \sqrt{r_{sh75}^2 + x_{sh}^2}。 \tag{3-38}$$

变压器给定的及铭牌上标注的技术数据中,凡是与短路电阻有关的,都是指换算到 75 ℃的数值,可直接用来计算。

上述计算公式也适用于三相变压器。

3.4 变压器的运行特性

变压器的运行特性主要是指变压器的外特性和效率特性,衡量变压器运行性能的好坏,就是看二次侧绕组端电压的变化程度和各种损耗的大小,可用电压变化率和效率等指标来衡量。

3.4.1 电压变化率

变压器在负载运行时,由于变压器内部存在电阻和漏抗,负载电流流过变压器的内部时将产生漏阻抗压降,因而使二次侧端电压随负载电流的变化而发生变化。二次侧端电压随负载变化的程度用电压变化率来表示。

变压器的电压变化率 ΔU 规定为：在一次侧加额定电压，负载功率因数一定的情况下，空载与负载运行时二次侧电压之差 $(U_{20} - U_2)$ 对额定电压 U_{2N} 的百分比，即

$$\Delta U = \frac{U_{20} - U_2}{U_{2N}} \times 100\% =$$

$$\frac{k_u U_{2N} - k_u U_2}{k_u U_{2N}} \times 100\% = \frac{U_{1N} - U_1'}{U_{1N}} \times 100\%。 \tag{3-39}$$

由变压器的简化等值电路及相量图可知，变压器的电压变化率为

$$\Delta U = \beta \frac{I_{1N} r_{sh} \cos\varphi_2 + I_{1N} x_{sh} \sin\varphi_2}{U_{1N}} \times 100\%, \tag{3-40}$$

式中，β——变压器的负载系数，$\beta = \dfrac{I_1}{I_{1N}} = \dfrac{I_2}{I_{2N}}$；

$\quad\quad\varphi_2$——功率因素角。

从式(3-40)可以看出，ΔU 的大小与 3 个因素有关：①与变压器的负载电流大小有关，即 ΔU 与负载系数 β 成正比；(2)与负载的性质有关，即与负载的功率因数 $\cos\varphi_2$ 有关；(3)与变压器的阻抗参数有关，阻抗越大，ΔU 越大。

由上面分析可知，从减小电压变化率的角度看，短路阻抗越小越好。但是短路阻抗越小，不仅制造上困难，而且在发生短路事故时，短路电流太大，变压器会遭受严重损害。因此，变压器的短路阻抗要从短路事故电流与变压器的电压变化率两方面及制造上综合考虑，短路阻抗应为适当的数值。

3.4.2　变压器的外特性

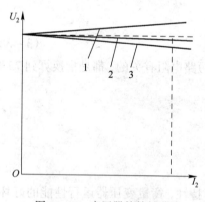

图 3-17　变压器外特性曲线
1—$\cos\varphi_2 = 0.8$(容性)；
2—$\cos\varphi_2 = 1.0$(纯电阻)；
3—$\cos\varphi_2 = 0.8$(感性)

当变压器的 U_{1N}，$\cos\varphi_2$ 均为常数时，变压器二次侧绕组的端电压随负载电流变化的函数关系为 $U_2 = f(I_2)$，称为变压器的外特性。外特性曲线如图 3-17 所示。外特性表明，变压器二次侧电压是随负载电流变化而变化的，二次侧电压的变化规律与负载性质有关：当负载为纯电阻负载时(曲线 2)，$\varphi = 0$，$\cos\varphi_2 = 1.0$，$\sin\varphi_2 = 0$，ΔU 较小，外特性下倾不多；当负载为感性负载时(曲线 3)，$\varphi > 0$，$\cos\varphi_2$，$\sin\varphi_2$ 都为正值，ΔU 较大，外特性下倾比纯电阻负载明显；当负载为容性负载时(曲线 1)，$\varphi < 0$，$\cos\varphi_2 > 0$，$\sin\varphi_2 < 0$，$|I_{1N} R_K \cos\varphi_2| < |I_{1N} X_K \sin\varphi_2|$，$\Delta U$ 为负值，说明随负载增大二次侧电压在升高，外特性上翘。

3.4.3　变压器的效率和效率特性

变压器的效率为输出功率与输入功率之比的百分数，即

$$\eta = \frac{P_2}{P_1} \times 100\%。 \tag{3-41}$$

一般电力变压器的效率很高,通常在 95% 以上,大容量变压器的效率可达 99% 以上。因此,通过直接测量 P_1 和 P_2 来确定效率,难以得到准确的结果,因为测量仪本身的误差就可能超过这一范围。因而工程上常采用间接法,即用测量损耗的方法来计算效率。式(3-41)变换可得

$$\eta = \frac{P_2}{P_1} \times 100\% = \frac{P_1 - \sum P}{P_1} \times 100\% =$$

$$\left(1 - \frac{\sum P}{P_1}\right) \times 100\% = \left(1 - \frac{\sum P}{P_2 + \sum P}\right) \times 100\%, \tag{3-42}$$

式中,变压器的总损耗 $\sum P$ 等于铁损与铜损之和,即 $\sum P = P_{Fe} + P_{Cu}$。

变压器的铁损包括铁心中的磁滞和涡流损耗。因为在空载或满载运行时,变压器的磁通基本保持不变,所以铁心损耗也基本不变,故称其为不变损耗。额定电压下空载试验的损耗近似等于铁心损耗,即 $P_0 \approx P_{Fe}$。

变压器的铜损即为电阻的损耗,它随负载电流而变化,与电流的平方成正比,故称为可变损耗。由短路试验的分析可知,铜损近似等于短路损耗,即 $P_{sh} \approx P_{Cu}$。

计算变压器的输出功率时,若忽略二次侧电压的变化,认为 $U_2 = U_{2N}$,则

$$P_2 = U_2 I_2 \cos\varphi_2 = U_{2N} I_{2N} \frac{I_2}{I_{2N}} \cos\varphi = \beta S_N \cos\varphi_2。$$

变压器效率为

$$\eta = \left(1 - \frac{P_0 + \beta^2 P_{sh75}}{\beta S_N \cos\varphi_2 + P_0 + \beta^2 P_{sh75}}\right) \times 100\%。 \tag{3-43}$$

变压器的效率特性曲线如图 3-18 所示。

从效率特性曲线可以看出,开始时变压器的效率随负载的增加而增加,在半载附近有最大效率,而后随负载的加大,效率有所下降。变压器在某一负载系数下有最大效率,其求法是令 $d\eta/d\beta = 0$,可得出在不变损耗和可变损耗相等时,变压器的效率最大。此所对应的负载系数为

$$\beta_m = \sqrt{\frac{P_0}{P_{sh75}}}。 \tag{3-44}$$

对一般电力变压器设计,使负载系数 β_m 取 $0.4 \sim 0.5$,即在半载附近有最大效率。

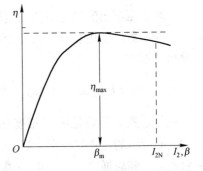

图 3-18 变压器效率特性曲线

3.5 三相变压器

由于目前电力系统都是三相制的,所以三相变压器应用非常广泛。从运行原理上看,三相变压器与单相变压器完全相同。三相变压器在对称负载下运行时,可取其一相来研究,即可把三相变压器化成单相变压器来研究。

3.5.1　三相变压器的磁路

三相变压器在结构上可由 3 个单相变压器组成，称为三相变压器组。而大部分是把 3 个铁心柱和磁轭连成一个整体，做成三相心式变压器。

1. 三相变压器组的磁路

三相变压器组是由 3 个同样的单相变压器组成的，如图 3 - 19 所示。它的结构特点是三相之间只有电的联系而无磁的联系，它的磁路特点是三相磁通各有自己单独的磁路，互不相关联。如果外施电压是三相对称的，则三相磁通也一定是对称的。如果三个铁心的材料和尺寸相同，则三相磁路的磁阻相等，三相空载电流也是对称的。

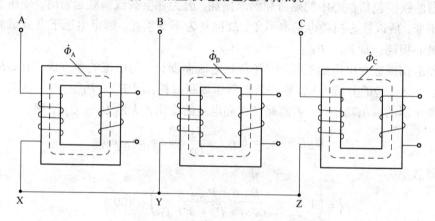

图 3 - 19　三相变压器组的磁路系统

三相变压器组的铁心材料用量较多，占地面积较大，效率也较低；但制造和运输上方便，且每台变压器的备用容量仅为整个容量的三分之一，故大容量的巨型变压器有时采用三相变压器组的形式。

2. 三相心式变压器的磁路

三相心式变压器是由三相变压器组演变而来的。如果把 3 个单相变压器的铁心按图 3 - 20(a)所示的位置靠拢在一起，外施三相对称电压时，则三相磁通也是对称的，因中心柱中磁通为三相磁通之和，且 $\Phi_A + \Phi_B + \Phi_C = 0$，所以中心柱中无磁通通过。因此，可将中心柱省去，变成如图 3 - 20(b)所示的形状。实际上为了便于制造，常用的三相变压器的铁心是将 3 个铁心柱布置在同一平面内，如图 3 - 20(c)所示。

由图 3 - 20(c)可以看出，三相心式变压器的磁路是连在一起的，各相的磁路是相互关联的，即每相的磁通都以另外两相的铁心柱作为自己的回路。三相的磁路不完全一样。B 相的磁路比两边的 A 相和 C 相的磁路要短些。B 相的磁阻较小，因而 B 相的励磁电流也比其他两相的励磁电流要小。由于空载电流只占额定电流的百分之几，所以空载电流的不对称，对三相变压器的负载运行的影响很小，可以不予考虑。在工程上取三相空载电流的平均值作为空载电流值，即在相同的额定容量下，三相心式变压器与三相变压器组相比，铁心用料少、效率高、价格便宜、占地面积小、维护简便，因此中、小容量的电力变压器都采用三相心式变压器。

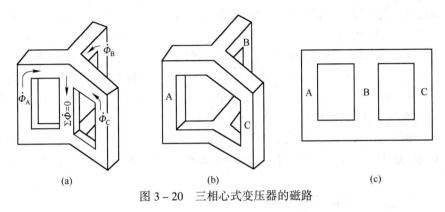

图 3－20 三相心式变压器的磁路

3.5.2 变压器的联接组

变压器高、低压绕组的出线端，国家标准规定了统一的标志方法，单相变压器的高压绕组首端用 A 表示，末端用 X 表示：低压绕组的首端用 a 表示，末端用 x 表示。三相变压器的高压绕组首端用 A，B，C 表示，末端用 X，Y，Z 表示；低压绕组的首端用 a，b，c 表示，末端用 x，y，z 表示。如果变压器有中点引出，则高、低压绕组的中点分别以 N 或 n 来标志。这些标志都注明在变压器出线套管上，它牵涉到变压器的相序和一次侧、二次侧的相位关系等，是不允许任意改变的。变压器的高压绕组和低压绕组都还可以采用 Y 形或 △ 形接法，而且高、低压绕组线电势（或线电压）的相位关系可以有多种情形。我们按照联接方式与相位关系，可把变压器绕组的联接分成不同的组合，称为绕组的联接组。

变压器的联接组一般均采用"时钟法"表示。即用时钟的长针代表高压边的线电势相量，且置于时钟的 12 时处不动；短针代表低压边的相应线电势相量，它们的相位差除以 30° 为短针所指的钟点数。

变压器绕组的联接不仅仅是组成电路系统的问题，而且还关系到变压器中电磁量的谐波及变压器的并联运行等一系列问题。在使用过程中应明白联接组的含义，以便正确地选用变压器。

1．单相变压器的联接组

在讨论联接组前，必须先弄清楚绕组的同名端问题。如图 3－21 所示，对绕在同一个铁心柱上的高、低压绕组，通电后，铁心中磁通交变，在两个绕组中都会产生感应电势。设在某一瞬时，高压绕组某一端电位为正，则低压绕组也必然有一个电位为正的对应端，这两个对应的同极性端，我们称为同名端，在图 3－21 上用符号"·"表示。如何判定同名端呢？我们规定，当在某一瞬时，电流分别从两个绕组的某一端流入（或流出）时，若两个绕组的磁通在磁路中方向一致，则这两个绕组的电流流入（或流出）端就是同名端，否则即为异名端。可见，当两个绕组的绕向确定，其同名端也便确定了。另外，绕组端子的标号可以有不同的选取方法，既可把同名端取作高压、低压绕组的首端（或末端），也可把异名端取作高、低压绕组的首端(或末端),如图3－21所示。不难看出,高、低压绕组的感应电势与它们的绕向(或同名端)、端子标号(绕组端子的首、末端的标法)都有关系。

下面讨论高、低压绕组中相电势的相位关系。设高、低压绕组的电势正方向都是从首端指向末端,如图3－21所示。

如果两个绕组的绕向相同,标号相同,则相电势同相,参看图3－21(a)所示。设在某一瞬间,铁心中的磁通方向从上指向下,且是增加的,则绕组中感应电势的方向便如箭头所示,它形成的电流将产生一由下而上的磁通,以阻止铁心中磁通的增加。所以当高压绕组的电势方向为由A到X时,低压绕组的电势方向为由a到x,故高、低压绕组同相位。

如果两个绕组的绕向相同,标号相反,则相电势反相。参看图3－21(b),同理可推出,当高压绕组的电势方向为由A到X时,低压绕组的电势方向为由x到a,故高、低压绕组反相位。

如果两个绕组的绕向相反,标号相同,则相电势反相,参看图3－21(c)。

如果两个绕组的绕向相反,标号相反,则相电势同相,参看图3－21(d)。

因此,同一铁心柱上的高、低压绕组的相电势相位关系,取决于绕组的同名端和首、末端的标号。当两个绕组的同名端和首、末端的标号均相同或均相反时,两个绕组的相电势相量是同相位的;当两个绕组的同名端和首、末端的标号有一个相反时,两个绕组的相电势相量是反相位的。

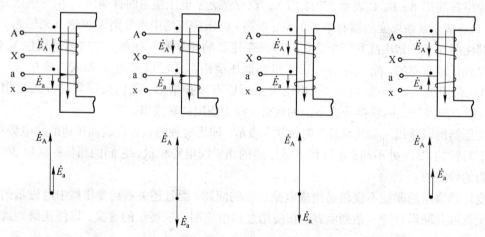

(a)绕向相同,标号相同　　(b)绕向相同,标号相反　　(c)绕向相反,标号相同　　(d)绕向相反,标号相反

图3－21　高、低压绕组中相电势的相位关系

所以单相变压器只有两种联接组:若两绕组电势同相,即高、低压绕组电势同时位于12点钟,称做Ⅰ／Ⅰ－12;若两绕组电势反相,即高、低压绕组电势相位相差180°,高压电势(长针)指向12,低压电势(短针)指向6,称做Ⅰ／Ⅰ－6。其中Ⅰ／Ⅰ表示高、低压绕组是单相绕组,12和6表示两绕组电势的相位关系。

2．三相变压器的联接组

三相变压器的联接组仍用时钟法表示。可以看出,三相变压器的联接组将不仅与绕组的同名端和端子标号有关系,还将与三相绕组的联接方式有关系。

联接组别的书写形式是：用大、小写的英文字母分别表示高、低压绕组的联接方式，星形用 Y 或 y 表示，有中线引出用 Y_N 或 y_n 表示，三角形用 D 或 d 表示；在英文字母后面写出标号数字，表示高、低压绕组的相应线电势间相位关系，用时钟法确定即可。

确定联接组的方法和步骤如下。

① 根据绕组联接方法画出绕组连接图，标明高压侧各相绕组的同名端，根据高压侧的同名端标明同一铁心柱上的低压侧的同名端。

② 标明高压侧相电势 $\dot{E}_A$，$\dot{E}_B$，$\dot{E}_C$ 的正方向和低压侧相电势 $\dot{E}_a$，$\dot{E}_b$，$\dot{E}_c$ 的正方向。

③ 作高压侧相电势的相量图；再根据同名端和端子标号来确定低压侧相电势的相量位置。

④ 对于不同的联接方式画出高压侧任一线电势和其相对应的低压侧线电势的相量位置，再根据它们的相位差，按时钟法确定联接组别。

现举例说明各联接组的标法。

1）Y／y 联接

图 3-22(a)为 Y／y 联接的三相变压器的绕组联接图，其中 Y 表示高压绕组为星形联接，y 表示低压绕组为星形联接。为求出高压侧线电势与低压侧线电势的相位差，需作相量图。其步骤为：①标明高、低压绕组的同名端和端子标号，如图 3-22(a)所示；②选定的正方向为从末端指向首端；③首先画出三相对称的高压侧相电势 $\dot{E}_A$，$\dot{E}_B$，$\dot{E}_C$，再根据高、低压绕组的对应关系画出低压侧相电动势 $\dot{E}_a$，$\dot{E}_b$，$\dot{E}_c$；④然后根据绕组的联接方式，判断出线电势与相电势的关系，确定高、低压侧相对应的线电势相量的方向，如 $\dot{E}_{AB} = \dot{E}_A - \dot{E}_B$，$\dot{E}_{ab} = \dot{E}_a - \dot{E}_b$，由图 3-22 可知，对应线电势 $\dot{E}_{AB}$ 与 $\dot{E}_{ab}$ 之间的相位差是 0°。为了便于分析高、低压线电动势相位关系，可以将低压相电动势 $\dot{E}_a$ 相量的箭头端点与高压相电动势 $\dot{E}_A$ 相量的箭头端点画在一起。由此可以得出，该三相变压器的联接组为"Y／y-12 或 Y／y-0"，其相量关系如图 3-22(b)所示。如果改变高、低压绕组同名端和端子标号时，根据同样的道理，可以得到 6 种不同类的联接组。因为它们的标号都是偶数，所以称为 6 种偶数联接组。

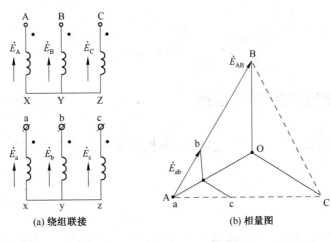

图 3-22 Y／y-12 联接组

2）Y／d 联接

图 3-23(a)为 Y／d 接法的连线图。高压绕组为星形接法，X，Y，Z 接在一起；低压绕组

为三角形接法，a接y，b接z，c接x。按上述步骤可以画出联接组的相量图，如图3-23(b)所示，并可得出联接组号为"Y/d-11"。改变绕组的同名端和端子标号，还可以得到5种联接组，所以Y/d接法一共可以得到6种奇数联接组。

此外，D/d接法也可得到6种偶数联接组，D/y接法也可得到6种奇数联接组，读者可按照上述方法自行画图判断。

3）标准联接组

单相变压器有两种联接组别，而三相变压器有很多联接组别。为了避免在制造和使用时造成混乱，国家标准规定：单相双绕组变压器只有一个标准联接组，即I/I-0；三相双绕组电力变压器有Y/y_n-0，$Y/d-11$，$Y_N/d-11$，$Y_N/y-0$，$Y/y-0$五种标准联接组，其中前三种最常用。

Y/y_n-0主要用于配电变压器，其低压侧有中线引出，为三相四线制，既可用于动力负载，也可用于照明线路。需要这种接线的变压器，高压侧的电压一般不超过35 kV，低压侧电压为400 V，相电压为230 V。$Y/d-11$主要用于高压侧额定电压为35 kV及以下，低压侧为3 000 V和6 000 V的大中容量的配电变压器。$Y_N/d-11$主要用于高压侧需要中点接地的大型和巨型变压器，高压侧的电压都在110 kV以上，主要用于高压输电。

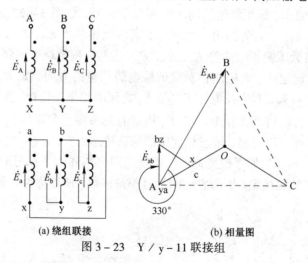

(a) 绕组联接　　　　　　(b) 相量图

图3-23　Y/y-11联接组

3.5.3　三相变压器的并联运行

这里主要讨论变压器并联运行的条件，分析不完全满足理想并联条件时的并联运行情况。

1. 并联运行的定义

所谓变压器的并联运行，就是将两台或两台以上变压器的一次侧绕组接到同一电源上，二次侧绕组接到公共母线上，共同给负载供电，如图3-24所示。

在现代电力系统中，常采用多台变压器并联运行的方式。采用并联运行的优点有：当某台变压器发生故障或需要检修时，可以把它从电网中切除，电网仍能继续供电，提高了供电的可靠性；可以根据负荷的大小，调整并联运行变压器的台数，以提高运行的效率；随着用电量的增加，分期安装变压器，可以减少设备的初期投资；并联运行时每台的容量小于总容量，这样可以减小备用变压器的容量；从现代制造水平来看，容量特别大的变电所只能并联运行。当然，并联运行的变压器的台数也不宜过多，因为单台大容量的变压器比总容量与其相同的几台小容量变压器造价要低，且安装占地面积也小。

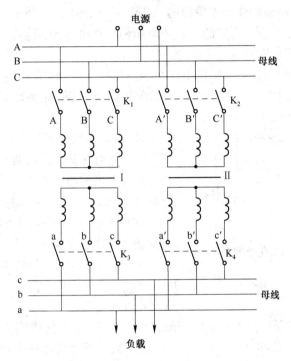

图 3 - 24　三相 Y／y 接法的变压器并联运行

变压器并联运行的理想情况是：

① 空载运行时，各变压器绕组之间无环流；

② 负载时，各变压器所分担的负载电流与其容量成正比，防止某台过载或欠载，使并联的容量得到充分发挥；

③ 带上负载后，各变压器分担的电流与总的负载电流同相位，当总的负载电流一定时，各变压器所负担的电流最小，或者说当各变压器的电流一定时，所能承受的总负载电流为最大。

2．并联运行的条件

要达到理想情况，并联变压器必须满足下列条件。

① 并联运行的变压器的变压比 k 要相等，否则变压器绕组间会产生环流。如变压比仅有少许差别，仍可并联运行。

设两台变压器的组别相同，但变比 k 不等，第Ⅰ台的变比为 k_{I}，第Ⅱ台的变比为 k_{II}。并联运行时，它们的一次侧绕组接至电压 U_1 的同一电网上，由于变比不等，造成它们的二次侧绕组电压不等。即第Ⅰ台的电压为 $\qquad\qquad\qquad U_{2\mathrm{I}} = U_{\mathrm{I}} / k_{\mathrm{I}}$,

第Ⅱ台的电压为 $\qquad\qquad\qquad U_{2\mathrm{II}} = U_{\mathrm{II}} / k_{\mathrm{II}}$,

在它们并联运行时，其二次侧的两端就会出现电压差 $\triangle U_2 = U_{2\mathrm{I}} - U_{2\mathrm{II}}$，因而在两台变压器的二次侧绕组内将产生环流。根据磁势平衡原理，两台变压器的一次侧绕组内也将同时出现环流。

② 并联运行的变压器的联接组要相同。如果联接组不同，就等于只保证了二次侧额定电压大小相等，相位却不相同，它们的二次侧电压仍存在电压差，这样一、二次侧绕组仍将产生极大的环流，这是不允许的。

③ 保证并联运行的变压器的阻抗电压相等。当阻抗电压相等时，各变压器所分担的负载与它们的额定容量成正比。如果两台变压器的阻抗电压不等，则并联时，阻抗电压较小的一台变压器，承担的负载较大。

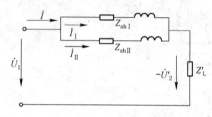

图 3 – 25　并联时的简化等值电路

④ 保证并联运行的变压器的短路阻抗比值相等。这一点可在其满足前两个条件的基础上进行分析。因在满足前两个条件的情况下，可以把变压器并联在一起。各变压器有着共同的一次侧电压 U_1 和二次侧电压 U_2，在略去励磁电流的情况下，得到如图 3 – 25 所示的等值电路图。

从图 3 – 25 中可以清楚地看出 $Z_{\mathrm{sh}\mathrm{I}}\dot{I}_{\mathrm{I}} = Z_{\mathrm{sh}\mathrm{II}}\dot{I}_{\mathrm{II}}$，

$$\frac{\dot{I}_{\mathrm{I}}}{\dot{I}_{\mathrm{II}}} = \frac{Z_{\mathrm{sh}\mathrm{II}}}{Z_{\mathrm{sh}\mathrm{I}}}。$$

因此，电流同相的条件是变压器短路阻抗角应该相等。实际上当阻抗角相差 20° 以下时，电流的相量和与电流代数和之间，相差很小，故一般可不考虑阻抗角影响，即认为二次侧电流是同相位的。

从上面分析可知，变压器理想并联运行的条件主要有 4 个，即各变压器之间的变压比、联接组别、阻抗电压、短路阻抗的比值必须相等。

例 3 – 1　有两台变压器并联运行，它们的额定电流分别是 $I_{2NA} = 100\ \mathrm{A}$，$I_{2NB} = 50\ \mathrm{A}$，它们的短路阻抗 $Z_{\mathrm{shA}} = Z_{\mathrm{shB}} = 0.2\ \Omega$，总负载电流 $I = 150\ \mathrm{A}$，求各台变压器的实际负载电流。

解　根据公式 $\dfrac{I_A}{I_B} = \dfrac{Z_{\mathrm{shA}}}{Z_{\mathrm{shB}}} = \dfrac{0.2}{0.2} = 1$，得

$$I_A = I_B,$$

则总电流 $\qquad\qquad\qquad I = I_A + I_B = 2I_B;$

所以， $\qquad\qquad I_A = I_B = \frac{1}{2} = \left(\frac{1}{2} \times 150\right)\ \mathrm{A} = 75\ \mathrm{A}.$

因此，变压器 A 轻载，而变压器 B 过载。

3.6　特种变压器

本节主要讨论仪用互感器和自耦变压器的原理、结构及其应用。前面阐述的电力变压器的基本理论，同样适用于这些特殊用途的变压器。

3.6.1 自耦变压器

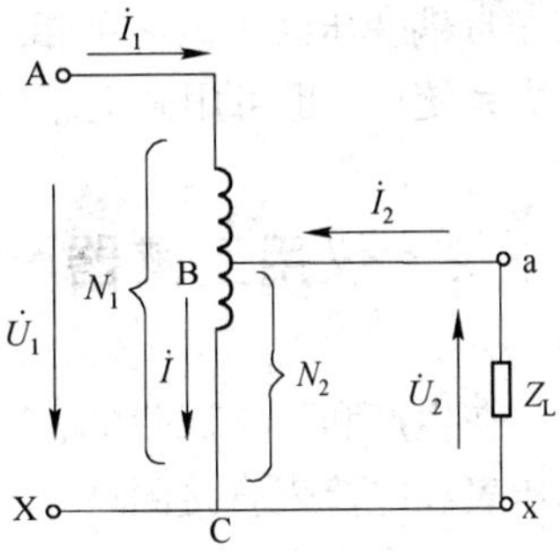

普通双绕组变压器，一、二次绕组之间没有电的联系，只有磁的耦合。自耦变压器是个单绕组变压器，原理接线如图 3-26 所示。由图 3-26 可知，它在结构上的特点是二次侧和一次侧绕组共用一部分线圈，即一次侧的两个端子 A，X 和二次侧的两个端子 a，x 同在一个线圈上。自耦变压器同双绕组变压器有着同样的电磁平衡关系。

图 3-26 自耦变压器原理图

1. 电压关系

自耦变压器有着与双绕组变压器类似的电压变比关系（推导从略），即

$$\frac{U_1}{U_2} = \frac{E_1}{E_2} = \frac{N_1}{N_2} = k。 \tag{3-45}$$

2. 电流关系

假定一次绕组电流为 $\dot{I}_1$，负载电流为 $\dot{I}_2$，则绕组 N_2 中电流 $\dot{I} = \dot{I}_1 = \dot{I}_2$。根据磁势平衡关系，有

$$\dot{I}_1(N_1 - N_2) + \dot{I}N_2 = \dot{I}_0 N_1,$$

整理得
$$\dot{I}_1 N_1 + \dot{I}_2 N_2 = \dot{I}_0 N_1,$$

若忽略空载磁势 $\dot{I}_0 N_1$，则有

$$\dot{I}_1 = -\frac{N_2}{N_1}\dot{I}_2 = -\frac{1}{k}\dot{I}_2。 \tag{3-46}$$

3. 自耦变压器的功率

绕组公共部分 BC 中的电流 $\dot{I} = \dot{I}_1 + \dot{I}_2$，当 $\dot{I}_1$ 为正，即从 A 端流入；根据式（3-46）可知，$\dot{I}_2$ 为负，即流向 a 端。在降压自耦变压器中，电流 $I_2 \geq 0$，故这时 I 为负值，方向与正方向相反。此时 $I_2 = I_1 + I$。

将输出电流 I_2 乘以二次电压 U_2，即可得到输出的视在功率，即

$$S_2 = U_2 I_2 = U_2 I_1 + U_2 I, \tag{3-47}$$

式中，$U_2 I_1$ 是由电流 I_1 直接传到负载的功率，称为传导功率；而 $U_2 I$ 是通过电磁感应传到负载的功率，称为电磁功率。由此可见，自耦变压器二次侧所得的功率不是全部通过磁耦合关系从一次侧得到的，而是有一部分功率直接从电源得到的，这是自耦变压器的特点。

变压器的用铁和用铜量决定于线圈的电压和电流，即决定于线圈的容量。因此可以得出：在输出容量相同的情况下，自耦变压器比普通双绕组变压器省铁省铜、尺寸小、质量轻、成本低、损耗小、效率高。变压比 k 越接近 1，优点越显著，因此自耦变压器的变比 k 的取值范围为 $1.25 \sim 2$。

自耦变压器的一次、二次侧有电的直接联系,当过电压侵入或公共线圈断线时,二次侧将受到高压的侵袭,因此自耦变压器的二次侧也必须采取高压保护,防止高压入侵损坏低压侧的电气设备。

自耦变压器可做成单相或三相的,升压与降压的。自耦变压器主要用于联接不同电压的电力系统中,也可用做交流电动机的降压起动设备和实验室的调压设备等。

3.6.2 仪用互感器

在生产和科学试验中,往往需要测量交流电路中的高电压和大电流,这就不能用普通的电压表和电流表直接测量。原因在于:一是考虑到仪表的绝缘问题,二是直接测量易危及操作人员的人身安全。因此,人们选用变压器将高电压变换为低电压,大电流转变为小电流,然后再用普通的仪表进行测量。这种供测量用的变压器称为仪用互感器,仪用互感器分为电压互感器和电流互感器两种。

1. 电压互感器

电压互感器实际上是一台小容量的降压变压器。它的一次侧匝数很多,二次侧匝数较少。工作时,一次侧并接在需测电压的电路上,二次侧接在电压表或功率表的电压线圈上。电压互感器的原理接线如图 3 - 27 所示。

电压互感器二次侧绕组接阻抗很大的电压表,工作时相当于变压器的空载运行状态。测量时用二次侧电压表读数乘以变压比 k 就可以得到线路的电压值,如果测 U_2 的电压表是按 kU_2 来刻度,从表上便可直接读出被测电压值。

电压互感器有两种误差:一种为变比误差,指二次侧电压的折算值 U_2' 和一次侧电压 U_1 间的算术差;另一种为相角误差,即二次侧电压的折算值和一次侧电压间的相位差。按变比误差的相对值,电压互感器的精确度可分成 0.1,0.2,0.5,1.0,3.0 五个等级。

使用电压互感器必须注意以下几点。

① 电压互感器不能短路,否则将产生很大的电流,导致绕组过热而烧坏。

② 电压互感器的额定容量是对应精确度确定的,在使用时二次侧所接的阻抗值不能小于规定值,即不能多带电压表或电压线圈;否则电流过大,会降低电压互感器的精确度等级。

③ 铁心和二次侧线圈的一端应牢固接地,以防止在绝缘损坏时二次侧出现高压,危及操作人员的人身安全。

2. 电流互感器

图 3 - 28 是电流互感器的原理图,它的一次侧绕组匝数很小,有的只有一匝,二次侧绕组匝数很多。它的一次侧与被测电流的线路串联,二次侧接电流表或瓦特表的电流线圈。

因电流互感器的线圈的阻抗非常小,它串入被测电路对其电流基本上没有影响。电流互感器工作时,二次侧所接电流表的阻抗很小,相当于变压器的短路工作状态。

测量时一次侧电流等于电流表测得的电流读数乘以 $1/k$。

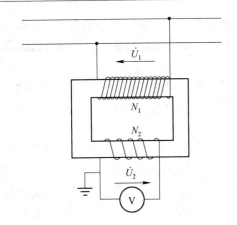

图 3 - 27 电压互感器原理接线图

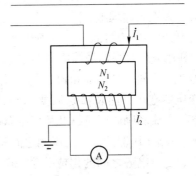

图 3 - 28 电流互感器原理接线图

利用电流互感器可将一次侧电流的范围扩大为 $10 \sim 25\,000$ A，而二次侧额定电流一般为 5 A。另外，一次侧绕组还可以有多个抽头，分别用于不同的电流比例。

由于互感器内总有励磁电流，因此总有变比误差和角度误差。按变比误差的相对值，电流互感器分成 $0.1, 0.2, 0.5, 1.0, 3.0, 5.0$ 六个等级。

使用电流互感器时必须注意以下几点。

① 电流互感器工作时，二次侧不允许开路。因为开路时，$I_2 = 0$，失去二次侧的去磁作用，一次侧磁势 $I_1 N_1$ 成为励磁磁势，将使铁心中磁通密度剧增。这样，一方面使铁心损耗剧增，铁心严重过热，甚至烧坏；另一方面还会在二次侧绕组产生很高的电压，有时可达数千伏以上，能将二次侧线圈击穿，甚至会危及测量人员的安全。在运行中换电流表时，必须先把电流互感器二次侧短接，换好仪表后再断开短路线。

② 二次侧绕组回路串入的阻抗值不得超过有关技术标准的规定，否则将影响电流互感器的精确度。

③ 为了安全，电流互感器的二次侧绕组必须牢固接地，以防止绝缘损坏时高压传到二次侧，危及测量人员的人身安全。

小结

· 变压器是由铁心和绕组及其附件构成的，铁心是变压器的磁路部分，绕组是变压器的电路部分。变压器是按照电磁感应定律和磁势平衡原理工作的，它是实现电能或电信号传递的一种静止的电磁装置。

在研究变压器时，把磁通分成主磁通与漏磁通，因为这两种磁通所走的路径性质不同，它们在变压器中的作用也不同。主磁通在铁心中闭合，在两个绕组中产生感应电势，起传递电磁功率的作用；而漏磁通经空气(或油)闭合，只与一个绕组相链，产生漏电势，不直接参与能量的传递。通过引入励磁阻抗和漏阻抗，这些性质不同的参数反映它们的不同影响，把和磁场有关的问题简化为电路的问题。

通过对变压器空载运行和负载运行时磁势平衡关系的分析可知，当二次侧电流增加时，一次侧电流一定会伴随增加。

　　等值电路是分析计算变压器性能的一个最有效的工具。但是要得到等值电路，必须对变压器进行折算，将二次侧各量折算到一次侧。所以在变压器的运行分析中，折算是一个重要的概念，必须正确理解。

　　• 变压器的方程式、相量图和等值电路，它们用三种不同的形式表示了变压器中的电磁关系。利用它们，特别是等值电路，可以进行参数计算。为了计算上的方便简易，可以略去励磁电流，这样便得到了简化以后的简化等值电路。

　　变压器在出厂前及检修后要做空载实验和短路实验，以确定变压器的铁心损耗、电压比、空载电流和励磁阻抗，以及变压器的铜损耗、短路电压和短路阻抗。

　　• 三相变压器的高、低压侧之间相电势的相位关系，由高、低压绕组的绕向及端子标号所决定，而线电势之间的相位关系，除了绕向及标号这两个因素以外，还与三相绕组的联接方式有关。三相变压器的联接组用时钟法表示。

　　为了提高电能供应的经济性和可靠性，三相变压器常采用并联运行的方式。为了得到并联运行的理想情况，必须满足几个条件：①联接组别必须相同；②变比 k 应相等；③短路电压相对值应相等；④短路阻抗的比值必须相等。

　　• 仪用互感器分为两种：一种为电压互感器，另一种为电流互感器，主要用于测量高电压和大电流。使用时需将铁心及二次侧绕组接地，电压互感器工作时二次侧不能短路，电流互感器工作时二次侧绝不允许开路。

　　• 自耦变压器的特点是一次侧和二次侧不仅有磁的耦合，还有电的联系，有一部分功率是直接传递的。因此，自耦变压器具有省材料、体积小、损耗小和效率高等优点。

思考与练习

　　3–1　电力系统为什么要采用高压输电？

　　3–2　变压器的铁心为什么要用硅钢片叠成，用整块铁行否，不用铁心行不行？

　　3–3　变压器按用途可分为哪几类？按冷却方式又可分为哪几类？

　　3–4　变压器中的漏电抗 x_1 和 x_2 与励磁电抗 x_m 的物理意义是什么？

　　3–5　什么是变压器的变压比？

　　3–6　一台单相变压器，$U_{1N}/U_{2N} = 380 \text{ V} / 220 \text{ V}$，若误将低压侧接至 380 V 的电源，会发生怎样的情况？若将高压侧接至 220 V 的电源上，情况又如何？

　　3–7　一台额定频率为 60 Hz 的变压器，接到 50 Hz 电网上运行时，若额定电压不变，试问励磁电流、铁心损耗和漏电抗有什么变化？

　　3–8　变压器从空载到满载运行时，外施电压为常值，主磁通变化情况如何？

　　3–9　变压器带负载时，二次侧电流加大，为什么一次侧电流也加大？

　　3–10　试述折算的目的、原则和方法。

　　3–11　变压器等值电路能否反映电磁平衡与功率平衡关系？

　　3–12　在什么情况下可以用简化等值电路分析和计算变压器问题？

　　3–13　一台单相变压器，额定容量 $S_N = 10 \text{ kVA}$，$U_{1N}/U_{2N} = 380 \text{ V} / 220 \text{ V}$，$r_1 = 0.14 \text{ Ω}$，$r_2 = 0.035 \text{ Ω}$，$x_1 = 0.22 \text{ Ω}$，$x_1 = 0.055 \text{ Ω}$，$r_m = 30 \text{ Ω}$，$x_m = 310 \text{ Ω}$，负载阻抗 $Z_L = (4 + 3\text{j}) \text{ Ω}$，试用简化等值电路计算 I_1，I_2 和 U_2。

3 – 14　试述变压器空载实验的目的和步骤。为什么说变压器的空载实验可以确定变压器的铁损?

3 – 15　试述变压器短路实验的目的和步骤。为什么说变压器的短路实验可以确定变压器的铜损?

3 – 16　何谓变压器的效率? 变压器的效率与哪些因素有关?

3 – 17　变压器设计时,为什么要使 β_m 取 $0.4 \sim 0.5$ 时有最大效率?

3 – 18　并联运行需要满足什么条件? 如果不满足并联条件时,会有什么后果?

3 – 19　三相变压器的一次、二次侧绕组按图 3 – 29 连接,试画出它们的相量图,并判定其联接组?

3 – 20　简述自耦变压器的结构特点。它和普通双绕组变压器有什么共同点与不同点?

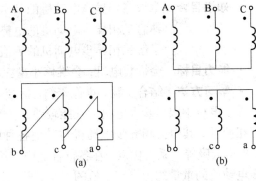

图 3 – 29　习题 19 的附图

3 – 21　电压互感器和电流互感器在使用时应注意哪些问题? 电流互感器运行时二次侧为什么不能开路?

3 – 22　用电压互感器,其电压比为 $6\,000\,V\,/\,100\,V$,用电流互感器,其电流比为 $100\,A\,/\,5\,A$,测量后,其电压表读数为 $96\,V$,电流表读数为 $3.5\,A$,求被测电路的电压、电流各多少?

3 – 23　一台单相自耦变压器数据为: $U_1 = 220\,V$, $U_2 = 180\,V$, $\cos\varphi_2 = 1$, $I_2 = 400\,A$。求:

① 流过自耦变压器一、二次侧绕组及公共部分的电流各为多少?

② 借助于电磁感应传递到二次侧绕组的视在功率是多少?

第4章 三相异步电动机

- **知识目标** 掌握三相异步电动机的基本工作原理和结构特点。

  熟悉三相异步电动机的电势、磁势和功率平衡关系。

  了解三相异步电动机的等值电路及参数测定。

- **能力目标** 会拆装电机，会维修小型三相异步电动机常见故障。

- **学习方法** 结合实物、声像资料、拆装实习等进行学习。

异步电机中因异步发电机的性能较差，一般都作电动机用。电动机根据电源可分为单相和三相两种，其中三相异步电动机与其他各种电机比较，因其结构简单、制造方便、运行可靠、价格低廉等一系列优点，在各行各业中应用最为广泛。特别是和同容量的直流电机相比，异步电动机的重量约为直流电机的一半，而其价格仅为直流电机的三分之一。但是异步电机的主要缺点是：不能经济地实现范围较广的平滑调速；运行时必须从电网吸取滞后的励磁电流，使电网功率因数变坏。但一般来讲，由于大多数的生产机械并不要求大范围的平滑调速，而电网的功率因数又可以采取其他方法进行补偿，因此三相异步电动机在电力拖动系统中仍起着极其重要的作用。

4.1 三相异步电动机的原理和结构

4.1.1 三相异步电动机的工作原理

直流电动机是通过一静止的磁场与通入电枢绕组中的电流相互作用而产生一恒定方向的电磁转矩，使电动机转动。与其不同，异步电动机则是通过一旋转的磁场，与感应在转子绕组内所感生的电流相互作用，而产生电磁转矩来实现转动。所以，三相异步电动机工作的前提条件是如何产生一旋转的磁场？

1. 旋转磁场的产生

所谓旋转磁场就是一种极性和大小不变，且以一定转速旋转的磁场。理论分析和实践证明，在对称三相绕组中流过对称三相交流电时会产生这种旋转磁场。

1）对称三相绕组

所谓对称三相绕组就是 3 个外形、尺寸、匝数都完全相同、首端彼此互隔 120°、对称地放置到定子槽内的 3 个独立的绕组。下面我们以最简单的对称三相绕组为例来进行分析。

按图4-1的外形，顺时针方向绕制 3 个线圈，每个线圈绕 N 匝。它们的首端分别用字母 U_1，V_1，W_1 表示，末端分别用 U_2，V_2，W_2 表示。线圈采用的材料和线径相同。这样，每个线圈呈现的阻抗是相同的。线圈又分别称为 U，V，W 相绕组。

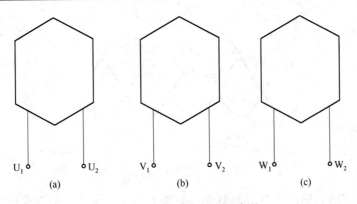

图 4 - 1　对称三相绕组的线圈

图 4 - 2(a)是三相绕组的端面布置图。在定子的内圆上均匀地开出 6 个槽，并给每个槽编上序号，我们将 U_1U_2 相绕组放进 1 号和 4 号槽中；V_1V_2 相绕组放进 3 号和 6 号槽中；W_1W_2 相绕组放进 5 号和 2 号槽中。由于 1，3，5 号槽在定子空间互差 120°，分别放入 U，V，W 相绕组的首端，这样排列的绕组，就是对称三相绕组。

我们将各相绕组的末端 U_2，V_2，W_2 联接在一起，首端 U_1，V_1，W_1 分别接到三相电源上，可以得到对称三相绕组的 Y 形接法。如图 4 - 2(b)所示。

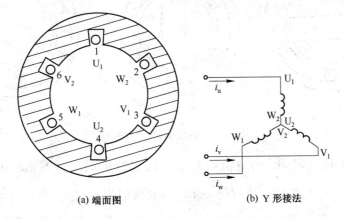

(a) 端面图　　　　　　　　　(b) Y 形接法

图 4 - 2　三相对称定子绕组

2) 对称三相电流

由电网提供的三相电压是对称三相电压，由于对称三相绕组组成的三相负载是对称三相负载，每相负载的复阻抗都相等，所以流过三相绕组的电流也必定是对称三相电流。

对称三相电流的函数式表示为

$$\begin{cases} i_U = I_m\sin\omega t, \\ i_V = I_m\sin(\omega t - 120°), \\ i_W = I_m\sin(\omega t + 120°). \end{cases} \qquad (4-1)$$

对称三相电流的波形如图 4 - 3 所示。

3) 旋转磁场的产生

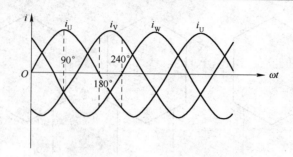

图 4 - 3　对称三相电流波形图

由于三相电流随时间的变化是连续的，且极为迅速，为了能考察它所产生的合成磁效应，说明旋转磁场的产生，我们可以选定 $\omega t = 90°$，$\omega t = 180°$，$\omega t = 240°$ 三个特定瞬间，以窥全貌，如图 4 - 4 所示。并规定：电流为正值时，从每相线圈的首端入、末端出；电流为负值时，从末端入、首端出。用符号 $\odot$ 表示电流流出，用 $\otimes$ 表示电流流入。由于磁力线是闭合曲线，对它的磁极的性质作如下假定：磁力线由定子进入转子时，该处的磁场呈现 N 极磁性；反之，则呈现 S 极磁性。

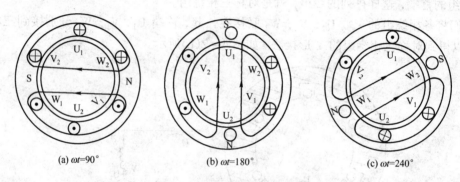

(a) $\omega t = 90°$　　　　(b) $\omega t = 180°$　　　　(c) $\omega t = 240°$

图 4 - 4　两极旋转磁场的产生

先看 $\omega t = 90°$ 这一瞬间，由电流瞬时表达式和波形图均可看出，此时 $i_U = I_m > 0$，$i_V = i_W = -\dfrac{1}{2} I_m < 0$，将各相电流方向表示在各相线圈剖面图上，如图 4 - 4(a)所示。从图 4 - 4(a)看出，V_2，U_1，W_2 均为电流流入，W_1，U_2，V_1 均为电流流出。根据右手螺旋定则，它们合成磁场的磁力线方向是由右向左穿过定子、转子铁心，是一个二极（一对极）磁场。用同样方法，可画出 $\omega t = 180°$，$\omega t = 240°$ 这两个特定瞬间的电流与磁力线分布情况的图形，分别如图 4 - 4(b)、(c)所示。

我们依次仔细观察图 4 - 4(a)、(b)、(c)，就会发现在这种情况下建立的合成磁场，既不是静止的，也不是方向交变的，而是如一对磁极在旋转的磁场。且随着三相电流相应的变化，其合成的磁场在空间按 $U_1 \rightarrow V_1 \rightarrow W_1$ 顺序旋转（图 4 - 4 中为顺时针方向）。

由上面的分析可得出如下的结论。

① 当三相对称电流通入对称三相绕组，必然会产生一个大小不变，且在空间以一定的转速不断旋转的旋转磁场。

② 旋转磁场的旋转方向是由通入三相绕组中的电流的相序决定的。即当通入对称三相绕组的对称三相电流的相序发生改变时，即将三相电源中的任意两相绕组接线互换，旋转磁

场就会改变方向。

下面我们要分析的问题是旋转磁场转速的大小是多少？

从图 4 - 4 所示的情况可清楚地看出，当三相电流变化一个周期，旋转磁场在空间相应地转过 360°。即电流变化一次，旋转磁场转过一转。因此可得出：电流每秒钟变化 f_1 次（即频率），则旋转磁场每秒钟转过 f_1 转。由此可知，旋转磁场在一对极情况下，其转速 n_1（转/秒）与交流电流频率 f_1 是相等的，即 $n_1 = f_1$。

如果我们将三相绕组按图 4 - 5 所示排列。U 相绕组分别由两个线圈 1U$_1$ - 1U$_2$ 和 2U$_1$ - 2U$_2$ 串联组成。每个线圈的跨距为 1/4 圆周。用同样的方法将 V 相和 W 相的两个线圈也按此方法串联成 V 相和 W 相绕组。用上述方法决定三相电流所建立的合成磁场，可以发现仍然是一个旋转磁场。不过磁场的极数变为 4 个，即两对磁极，并且当电流变化一次，可以看出旋转磁场仅转过 1/2 转。依次类推，如果将绕组按一定规则排列，可得到 3 对、4 对或 p 对磁极的旋转磁场。并可看出旋转磁场的转速 n_1 与磁极对数 p 之间是一种反比例关系。即具有 p 对极的旋转磁场，电流变化一个周期，磁场转过 1/p 转，它的转速为

$$n_1 = \frac{f_1}{p}（转／秒）= \frac{60 f_1}{p}（转／分）。\tag{4 - 2}$$

用 n_1 表示旋转磁场的这种转速，称为同步转速。

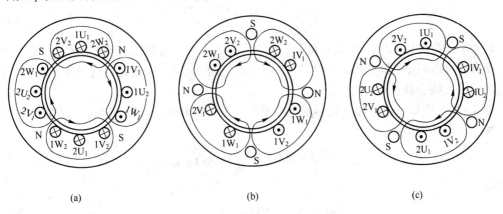

(a)　　　　　　　　　　(b)　　　　　　　　　　(c)

图 4 - 5　四极旋转磁场示意图

2. 三相异步电动机的工作原理

图 4 - 6 是三相异步电动机的原理图。定子上装有对称三相绕组，在圆柱体的转子铁心上嵌有均匀分布的导条，导条两端分别用铜环把它们联接成一个整体。当定子接通三相电源后，即在定子、转子之间的气隙内建立了一同步速为 n_1 的旋转磁场。磁场旋转时将切割转子导体，根据电磁感应定律可知，在转子导体中将产生感应电势，其方向可由右手定则确定。磁场顺时针方向旋转，导体相对磁极为逆时针方向切割磁力线。转子上半边导体感应电势的方向为出来的，用 ⊙表示；下半边导体感应电势的方向为进去的，用 ⊗表示。因转子绕组是闭合的，导体中有电流，电流方向与电势相同。载流导体在磁场中

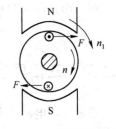

图 4 - 6　三相异步电动机的工作原理

要受到电磁力作用，其方向由左手定则确定，如图 4-6 所示。这样，在转子导条上形成一个顺时针方向的电磁转矩。于是转子就跟着旋转磁场顺时针方向转动。从工作原理看，不难理解三相异步电动机为什么又叫感应电动机了。

综上所述，三相异步电动机能够转动的必备条件：一是电动机的定子必须产生一个在空间不断旋转的旋转磁场，二是电动机的转子必须是闭合导体。

3. 转差率

异步电动机中，转子因旋转磁场的电磁感应作用而产生电磁转矩，并在电磁转矩的作用下而旋转，那么转子的转速是多少？与旋转磁场的同步速相比又如何呢？

转子的旋转方向与旋转磁场的转向相同，但转子的转速 n 不能等于旋转磁场的同步速 n_1，否则磁场与转子之间便无相对运动，转子就不会有感应电势、电流与电磁转矩，转子也就根本不可能转动了。因此，异步电动机的转子转速 n 总是略小于旋转磁场的同步速 n_1，即与旋转磁场"异步"地转动，所以称这种电机为"异步"电动机。若三相异步电动机带上机械负载，负载转矩越大，则电动机的"异步"程度也越大。在分析中，用"转差率"这个概念来反映"异步"的程度。n_1 与 n 之差称为"转差"。转差是异步电动机运行的必要条件。我们将其与同步速之比称为"转差率"，用 s 表示，即

$$s = \frac{n_1 - n}{n_1}。 \tag{4-3}$$

转差率是异步电机的一个基本参量。一般情况下，异步电动机的转差率变化不大，空载转差率在 0.005 以下，满载转差率在 0.02 ~ 0.06 之间。可见，额定运行时异步电动机的转子转速非常接近同步转速。

例 4-1 已知一台四极三相异步电动机转子的额定转速为 1 430 r/min，求它的转差率。

解 同步转速为

$$n_1 = \frac{60 f_1}{p} = \frac{60 \times 50}{2} = 1\,500\,(\text{r/min})，$$

转差率为

$$s = \frac{n_1 - n}{n_1} = \frac{1\,500 - 1\,430}{1\,500} = 0.047。$$

例 4-2 已知一台异步电动机的同步转速 $n_1 = 1\,000$ r/min，额定转差率 $s_N = 0.03$，问该电动机额定运行时转速是多少？

解 由式(4-3)可得

$$n_N = n_1(1 - s_N) = 1\,000 \times (1 - 0.03) = 970\,(\text{r/min})。$$

4.1.2　三相异步电动机的基本结构

三相异步电动机主要由定子和转子两大部分组成，定子与转子之间是气隙，如图 4-7 所示。

1. 异步电动机的定子

异步电动机的定子是由机座、定子铁心和定子绕组三部分组成。

1）机座

机座的作用主要是固定与支撑定子铁心，它必须具备足够的机械强度和刚度。另外它也是电动机磁路的一部分。中小型异步电动机通常采用铸铁机座，并根据不同的冷却方式采用不同的机座形式。对大型电动机，一般采用钢板焊接机座。

2）定子铁心

定子铁心是异步电动机磁路的一部分，铁心内圆上冲有均匀分布的槽，用以嵌放定子绕组，如图 4 – 8 所示。为降低损耗，定子铁心用 0.5 mm 厚的硅钢片叠装而成，硅钢片的两面涂有绝缘漆。

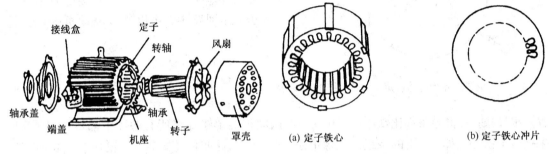

图 4 – 7　鼠笼式三相异步电动机的结构

(a) 定子铁心　　(b) 定子铁心冲片

图 4 – 8　异步电动机定子铁心及冲片

3）定子绕组

定子绕组是对称三相绕组，当通入三相交流电时，能产生旋转磁场，并与转子绕组相互作用，实现能量的转换与传递。

2. 异步电动机的转子

异步电动机的转子是电动机的转动部分，由转子铁心、转子绕组及转轴等部件组成。它的作用是带动其他机械设备旋转。

1）转子铁心

转子铁心的作用和定子铁心的作用相同，也是电动机磁路的一部分，在转子铁心外圆均匀地冲有许多槽，用来嵌放转子绕组。转子铁心也是用 0.5 mm 的硅钢片叠压而成，整个转子铁心固定在转轴上。图 4 – 9 是转子铁心冲片槽形图。

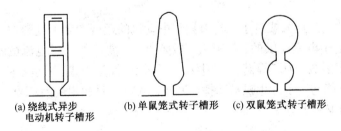

(a) 绕线式异步　　(b) 单鼠笼式转子槽形　　(c) 双鼠笼式转子槽形
电动机转子槽形

图 4 – 9　异步电动机转子铁心冲片槽形图

2）转子绕组

三相异步电动机按转子绕组的结构不同可分为绕线式转子和鼠笼式转子两种。根据转子的不同，异步电动机分为绕线式异步电动机和鼠笼式异步电动机。

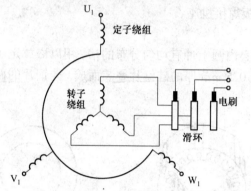

图4－10　绕线式异步电动机定子、转子绕组接线方式

（1）绕线式转子

绕线式转子绕组与定子绕组相似，也是嵌放在转子铁心槽内的对称三相绕组，通常采用 Y 形接法。转子绕组的 3 条引线分别接到 3 个滑环上，用一套电刷装置，以便与外电阻接通。一般把外接电阻串入转子绕组回路中，用以改善电动机的运行性能，如图 4－10 所示。

（2）鼠笼式转子

鼠笼式转子绕组与定子绕组大不相同，它是一个短路绕组。在转子的每个槽内放置一根导条，每根导条都比铁心长，在铁心的两端用两个铜环将所有的导条都短路起来。如果把转子铁心去掉，剩下的绕组形状像个松鼠笼子，因此叫鼠笼式转子。槽内导条材料有铜的，也有铝的。如图 4－11 所示。

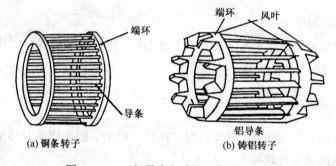

(a) 铜条转子　　　　　　　　(b) 铸铝转子

图4－11　三相异步电动机的鼠笼式转子

3. 气隙

异步电动机的气隙比同容量的直流电动机的气隙要小得多。中型异步电动机的气隙一般为 0.12～2 mm。

异步电动机的气隙过大或过小都将对异步电动机的运行产生不良影响。因为异步电动机的励磁电流是由定子电流提供的，气隙大，磁阻也大，要求的励磁电流也就大，从而降低了异步电动机的功率因数。为了提高功率因数，应尽量让气隙小些。但也不能过小，否则，装配困难，转子还有可能与定子发生机械摩擦。另外，从减少附加损耗及高次谐波磁势产生的磁通来看，气隙大点又有好处。

4.1.3　三相异步电动机的铭牌

异步电动机的机座上都有一个铭牌，铭牌上标有型号和各种额定数据。

1．型号

为了满足工农业生产的不同需要，我国生产了多种型号的电动机，每一种型号代表一系列电机产品。同一系列电机的结构、形状相似，零部件通用性很强，容量是按一定比例递增的。

型号是由产品名称中最有代表意义的大写字母及阿拉伯数字表示的。例如：Y 表示异步电动机，R 代表绕线式，D 表示多速等。三相异步电动机型号如图 4 – 12 所示。

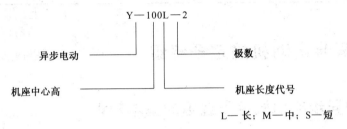

图 4 – 12　三相异步电动机的型号含义

国产异步电动机的主要系列有以下两种。

Y 系列：为全封闭、自扇风冷、鼠笼式转子异步电动机。该系列具有高效率、起动转矩大、噪声低、振动小、性能优良和外形美观等优点。

DO_2 系列：为微型单相电容运转式异步电动机。广泛用做录音机、家用电器、风扇、记录仪表的驱动设备。

2．额定值

额定值是设计、制造、管理和使用电动机的依据。

① 额定功率 P_N——是指电动机在额定负载运行时，轴上所输出的机械功率，单位是 W 或 kW。

② 额定电压 U_N——是指电动机正常工作时，定子绕组所加的线电压，单位是 V。

③ 额定电流 I_N——是指电动机输出功率时，定子绕组允许长期通过的线电流，单位是 A。

④ 额定频率 f_N——我国的电网频率为 50 Hz。

⑤ 额定转速 n_N——是指电动机在额定状态下转子的转速，单位是 r / min。

⑥ 绝缘等级——是指电动机所用绝缘材料的等级。它规定了电动机长期使用时的极限温度与温升。温升是绝缘允许的温度减去环境温度(标准规定为 40 ℃)和测温时方法不同所产生的误差值(一般为 5 ℃)。

⑦ 工作方式——电动机的工作方式分为连续工作制、短时工作制与断续周期工作制 3 类，选用电动机时，不同工作方式的负载应选用对应的工作方式的电动机。

此外，铭牌上还标明绕组的相数与接法(Y 形或△形)等。对绕线式转子异步电动机，还标明转子的额定电势及额定电流。

3．铭牌举例

以 Y 系列三相异步电动机的铭牌为例，如表 4 – 1 所示。

表 4-1 三相异步电动机的铭牌数据

三 相 异 步 电 动 机					
型　　号	Y90L-4	电压	380 V	接法	Y
功　　率	1.5 kW	电流	3.7 A	工作方式	连续
转速	1 400 r/min	功率因数	0.79	温升	75 ℃
频率	50 Hz	绝缘等级	B	出厂年月	×年×月
×××电机厂		产品编号		重量	公斤

4.2 三相异步电动机的定子绕组

4.2.1 三相异步电动机定子绕组的基本知识

定子绕组是电机进行能量转换的关键部件。当绕组通入三相交流电时，能产生旋转磁场，当其与磁场间有相对运动时，将会在其中产生感应电势。对定子绕组的要求是：在一定的导体数下，能获得较大的感应电势，且三相电势和磁势必须对称分布，并有良好的电气和机械性能等。有关绕组的基本概念如下。

1. 线圈、线圈组和绕组

线圈是由一匝或多匝绝缘导线按一定形状绕制而成。多个线圈构成一组单元，称线圈组。由线圈组按一定的串、并联方式构成一相电路，称为绕组，如图 4-13 所示。线圈的直线部分嵌入铁心槽内，起着电磁能量转换作用，称为有效边；而对仅起联接两个有效边作用的部分，称端部。

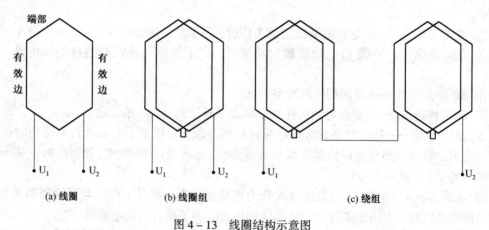

图 4-13 线圈结构示意图

2. 线圈节距 y

指同一线圈两个有效边之间的跨距，其大小与交流电机磁场的极数有关，且要求相隔一个极距(相邻两磁极间的距离)τ，以满足线圈边电流方向必须是相反的，如图 4-14 所示。

若以槽数表示，则 $y \approx \tau = \dfrac{Z_1}{2p}$；

若以长度表示，则 $y \approx \tau = \dfrac{\pi D}{2p}$。

式中，Z_1——定子槽数；

$\quad\quad\tau$——极间距，称极距；

$\quad\quad D$——定子铁心内径(或转子铁心外径)；

$\quad\quad p$——极对数。

线圈从获得最大线圈电势或有利改善电势波形出发，一般采用全节距或短节距形式。

3．电角度

圆周在几何上分成 360°，称机械角度。从电磁观点看，经过一对磁极，磁场变化一周，相当于 360°电角度。若电机有 p 对磁极，电机圆周就有 $p \times 360°$电角度。因此，电角度等于极对数 p 与机械角度的乘积，即

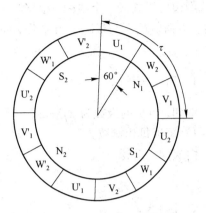

图 4 – 14　60°相带绕组的分布图

$$电角度 = p \times 机械角度。 \tag{4 – 4}$$

4．每极每相槽数

三相绕组在电气上应保持对称，即每相绕组的槽数应均匀分布，而且相等。因此，每极所占的槽数应为 $Z_1 / 2p$，而每极下的槽数按相数分为 3 个区段，安放三相绕组的线圈边，则每个极面下每相绕组所占有的槽数为

$$q = \frac{Z_1}{2p} \cdot \frac{1}{m_1}, \tag{4 – 5}$$

其中，m_1——定子的相数。

5．相带

每极下每相绕组所占的宽度(用电角度表示)称相带。由于每极所占电角度为 180°，对三相而论每极下有三个相带，每个相带(包含 q 个槽)占有 60°电角度，因此称这种绕组为 60°相带绕组。

6．绕组的构成

各相绕组的轴线或相对位置，在定子内径空间应相隔 120°电角度，因此每对极下有 6 个相带，其安排顺序应依次为 U_1、W_2、V_1、U_2、W_1、V_2，如图 4 – 14 所示。由电流建立磁场可知，相邻极距下，线圈边电流流向必相反，这样就构成了一对极的磁场。当电流分布决定后，电机的磁场分布也就决定了。图 4 – 14 中表示某瞬间的电流分布，为一四极磁场。

4.2.2　三相单层绕组

单层绕组的结构特点是：由于每槽内只安置一层线圈边，故总线圈数等于总槽数的一

半。线圈的组成应遵循相隔一个极距的两线圈边的电势相加的原则,即异极性下属于同一相的线圈边可以联成一个线圈。根据联接方式的不同,单层绕组可分为同心式、链式和交叉式3种。根据节距 y 与极距 τ 的关系不同,可分为等距式($y = \tau$)、短距式($y < \tau$)和长距式($y > \tau$)。

1. 同心式绕组

例如,电机的极数为 $2p = 2$,定子槽数 $Z_1 = 12$,三相单层绕组的构成如下。
1) 每极每相槽数
由式(4-5)得

$$q = \frac{Z_1}{2p} \cdot \frac{1}{m_1} = \frac{12}{2} \cdot \frac{1}{3} = 2 。$$

2) 槽分配
先画出定子铁心的槽并编上号。根据 $q = 2$ 划分相带,相带的排列依次为 U_1 , W_2 , V_1 , U_2 , W_1 , V_2 ,将定子槽数按 60°相带依次编号分相列入表4-2。

表4-2 定子槽分配表

相　序	U_1	W_2	V_1	U_2	W_1	V_2
N, S	1, 2	3, 4	5, 6	7, 8	9, 10	11, 12

可以看出,U 相包括1,2,7,8槽,V 相包括5,6,11,12槽,W 相包括9,10,3,4槽。
3) 电流方向
同一相的相邻相带互差180°,电流方向相反。如相带 U 的1,2中的电流方向向上,则7,8中的电流方向就须向下。
4) 线圈间的联接
按表4-2所示,以 U 相为例,属于该相 N 极下的有1,2槽,在 S 极下的有7,8槽,则1与8,2与7串联构成 U 相绕组,如图4-15所示。

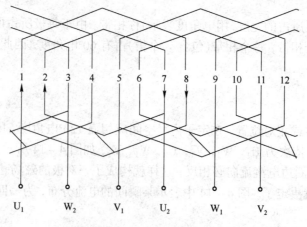

图4-15 三相同心式绕组展开图

同心式绕组,下线方便,常用于两极的小型三相电动机。从电气性能看,同心式绕组属于整距绕组。

2. 链式绕组

例如，电机的极数 $2p = 4$，定子槽数 $Z_1 = 24$，三相单层绕组的构成如下。

每极每相槽数为

$$q = \frac{Z_1}{2p} \cdot \frac{1}{m_1} = \frac{24}{4} \cdot \frac{1}{3} = 2 \text{。}$$

其相带划分见表 4 - 3。

表 4 - 3　定子槽分配表

相　　序	U_1	W_2	V_1	U_2	W_1	V_2
N_1, S_1	1, 2	3, 4	5, 6	7, 8	9, 10	11, 12
N_2, S_2	13, 14	15, 16	17, 18	19, 20	21, 22	23, 24

1）等距式

以 U 相绕组为例。若在第一对极下，将 1 与 7，2 与 8 线圈依电流方向串联成等节距的一个线圈组，同法将第二对极下 13 与 19，14 与 20 串联成另一个线圈组。再按要求（注意线圈中的电流方向）将两个线圈组串联成 U 相绕组，这种形式称为等距链式，其绕组展开图如图 4 - 16 所示。V 相、W 相绕组联接方法同 U 相。

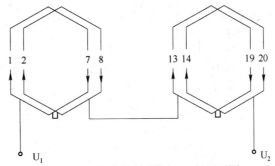

图 4 - 16　链式等距式绕组 U 相展开图

2）短距式

将属于 U 相的 2 与 7，8 与 13，14 与 19，20 与 1 依电流方向串联成一相绕组，如图 4 - 17 所示。V 相、W 相与此相似。

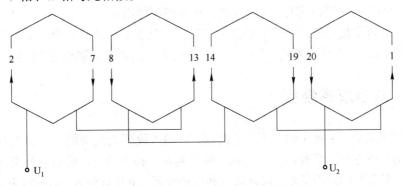

图 4 - 17　链式短距式绕组 U 相展开图

因该方法与同心式、等距式相比，链式绕组端接最短，可以节省材料，所以应用比较普遍。

3. 交叉式绕组

例如，电机极数 $2p = 4$，定子槽数 $Z_1 = 36$，每极每相槽数 $q = 3$。

其相带划分见表 4-4。

表 4-4 定子槽分配表

相　序	U_1	W_2	V_1	U_2	W_1	V_2
N_1, S_1	1, 2, 3	4, 5, 6	7, 8, 9	10, 11, 12	13, 14, 15	16, 17, 18
N_2, S_2	19, 20, 21	22, 23, 24	25, 26, 27	28, 29, 30	31, 32, 33	34, 35, 36

将属于 U 相的 1, 2, 3, 10, 11, 12, 19, 20, 21, 28, 29, 30 槽按 2 与 10, 3 与 11 构成两个大线圈，将 12 与 19 构成一个小线圈，同理将 20 与 28, 21 与 29 再构成两个大线圈，将 30 与 1 构成一个小线圈，再根据线圈中电流方向将它们串联成 U 相绕组。其绕组展开图如图 4-18 所示。V 相、W 相绕组联接方法同 U 相类似。按上述方法联接，形成每对极下线圈依次出现两大一小的交叉布置，称为交叉式绕组。

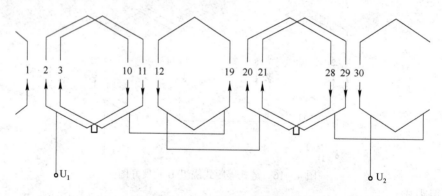

图 4-18 交叉式绕组 U 相展开图

由于交叉式绕组线圈节距缩短，端接部分减少重叠，工艺更趋合理，当 $q = 3$ 时，一般均采用交叉式绕组。从电气性能看，交叉式绕组仍属整距绕组。

综上所述，可得出一般三相绕组的排列和联接方法为：①计算极距；②计算每极每相槽数 q；③划分相带；④组成线圈组；⑤按极性对电流方向的要求分别构成相绕组。

*4.2.3　三相双层绕组

双层绕组的特点是：每个槽分上、下两层，分别嵌放两个线圈的各一条有效边，线圈数与总槽数相等；所有线圈都有相同的形状，易于制造、利于散热，端部整齐美观，机械强度高；可以选择最有利的线圈节距，改善磁势和电势波形，电气性能好。但槽内上、下层有效边之间须加层间绝缘，槽内的空间利用率较低，嵌线较麻烦。双层绕组分为叠绕组和波绕组。

1．双层叠绕组

例如，电机极数 $2p = 4$，定子槽数 $Z_1 = 24$，则每极每相槽数 $q = 2$，极距 $\tau = 6$。采用短节距方式，取 $y = 5$，其槽分配和相带划分与单层绕组相同。其绕组展开图如图 4 – 19 所示，图中实线为槽中上层边，虚线为下层边。

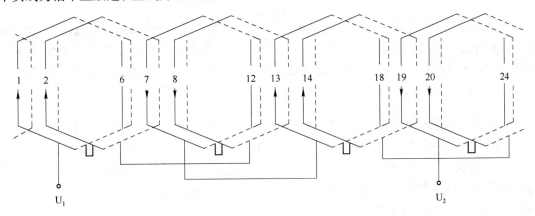

图 4 – 19　三相双层叠绕组 U 相展开图

2．双层波绕组

在双层叠绕组中，相联接的两个线圈是在同一极下，而双层波绕组则不同，相联接的两个线圈相距两个极距。双层波绕组多用于绕线式异步电动机的转子绕组，其 U 相绕组展开图如图 4 – 20 所示。

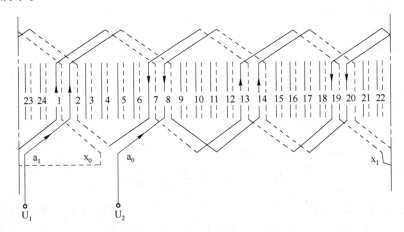

图 4 – 20　三相双层波绕组 U 相展开图

从图 4 – 20 可以看出，与双层叠绕组相比，波绕组线圈之间的联接线为端接所代替，线圈组间的联接线较少，结构坚固，适合于旋转的转子绕组。

比较单层与双层定子绕组，可知单层绕组的主要优点是：绕组元件少，绕线、下线的工时都较省；槽内不用加层间绝缘，槽内的空间利用率较高，这一点对小容量的电机很重要。它的主要缺点是：不易采用短距式绕组，对磁势和电势波形的改善不如双层绕组好。双层绕组的主要优点是：可以采用短距式，能改善磁势和电势的波形。因此，单层绕组只适用于几个千瓦以下的小容量异步电动机的定子绕组，大容量的异步电动机定子绕组都采用双层绕组。

4.2.4 定子绕组的磁势和电势

在三相异步电动机中，实现能量变换的前提是需要产生一种旋转磁场。而这种旋转磁场，是由对称三相定子绕组中在通以三相交流电流时，所产生的磁势建立的。因此，应在研究磁势、磁场的性质，大小和分布情况的前提下，才可以更好地研究绕组中的感应电势。

1. 定子绕组的磁势

当定子绕组通入交流电流时，载流绕组就会产生磁势，由磁势建立磁通。按其所经过的路径不同，可分为两部分：一种是经过气隙，同时交链了定子、转子绕组的磁通称为主磁通 Φ_m，它在电机中起机电能量转换的媒介作用；另一种是仅与定子绕组交链的，但并不参与能量转换作用的磁通称漏磁通 Φ_σ。下面仅分析产生主磁通 Φ_m 的磁势 F。

1）单相绕组的脉振磁势

我们以三相集中整距绕组中 U 相绕组的磁势为例，即以单相交流绕组产生的磁势在电机气隙空间的分布波形来进行分析。

三相集中整距绕组中定子槽的布置如图 4 – 21 所示。U 相绕组（由 N 匝线圈组成）放置在水平轴线上，当该相绕组通入正弦交流电 $i = \sqrt{2}\,I\sin\omega t$ 时，其电流方向见图 4 – 21，U_1 端为流出纸面，U_2 端为流入纸面。此时，电流 i 产生的磁场，用磁力线描述如图 4 – 21(a) 所示。

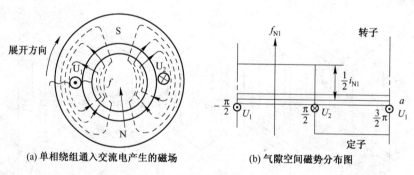

(a) 单相绕组通入交流电产生的磁场　　　　(b) 气隙空间磁势分布图

图 4 – 21　单相交流绕组的磁势

当电流流过绕组时，必然产生磁势。所谓磁势，指的是绕组里的全电流，即安培匝数。而由图 4 – 21(a)可以发现，不论我们所选取的闭合磁路离开线圈有效边多远，它们所包围的全电流都是 iN，即任一闭合磁路的总磁势均为 iN。而在任一磁路中，磁势主要作用在两段长度相等的气隙上（气隙磁阻大），所以，电机气隙圆周上任何一点磁势的大小都相等，且 $F = \frac{1}{2}iN$。气隙中磁势分布如图 4 – 21(b)所示。图 4 – 21(b)中横坐标放在定子内圆气隙圆周上，代表气隙圆周上任何一点到原点的距离；纵坐标放在磁极轴线上，代表磁势 F；坐标原点选在与线圈平面垂直的中轴线上。根据磁力线的方向定磁势 F 的正负。磁力线方向若由定子进入转子,磁势取正值;反之则取负值。可见,单相交流绕组所产生的磁势沿电机气隙空间呈矩形波分布。同时,因为单相交流电流随时间作正弦规律变化,气隙磁势的大小 F(即矩形波的幅值)的大小为:

$$F = \frac{1}{2} iN = \frac{1}{2}\sqrt{2} I\sin\omega t \cdot N。 \tag{4-6}$$

式(4-6)表明,单相集中整距绕组在通入正弦交流电流后,产生的磁势 F 的幅值随时间作正弦规律变化。

综上所述,我们将从空间位置上看呈矩形波分布,从时间上看,矩形波的幅值随时间作正弦规律变化,其轴线在空间保持固定位置的磁势,称为脉振磁势。脉振的频率由单相交流电流的频率决定。

因异步电动机工作时,希望其气隙圆周上的磁势分布呈正弦波形。而整距绕组通入交流电流后所产生的脉振磁势在空间分布上呈矩形波,我们用傅氏级数将矩形波分解为:

$$F(\omega t, \alpha) = \frac{4}{\pi}\frac{1}{2}\sqrt{2} IN\sin\omega t \left(\cos\alpha - \frac{1}{3}\cos3\alpha + \frac{1}{5}\cos5\alpha -\right.$$
$$\left. \frac{1}{7}\cos7\alpha + \cdots + \frac{1}{\gamma}\cos\gamma\alpha + \cdots\right), \tag{4-7}$$

式中,α——气隙圆周上任一点的空间电角度。

式(4-7)表明,空间矩形波磁势是由基波磁势和一系列奇次的高次谐波磁势叠加而成的,如图 4-22 所示。它的基波磁势的大小在电机气隙空间呈余弦波形分布,其幅值随时间作正弦规律变化。同时可见,在单相集中整距交流绕组磁势中,还包含有比例相当大的第 3,5,7 等奇次高次谐波,若取这种形式的绕组构成三相异步电动机的定子绕组,那么在它的三相合成磁势中,同样将包含很强的高次谐波分量,这将恶化电机的运行性能。

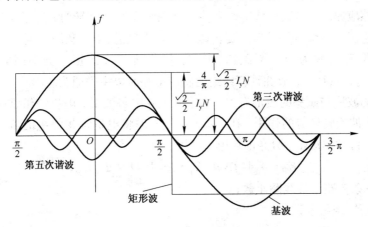

图 4-22 矩形波磁势的基波及谐波分量

为了尽可能地减少高次谐波分量,使相绕组磁势在电机气隙空间呈正弦规律分布,常采用上面介绍的分布、短距绕组的形式来抑制气隙磁势波形中的高次谐波分量。

2)三相交流绕组的磁势

三相交流绕组的磁势是指定子空间上对称分布的三相绕组,在通入对称三相电流后产生的合成磁势。它是基波合成磁势和谐波合成磁势的叠加,其中基波合成磁势是主要分量。在此,我们只分析基波磁势的合成情况。

　　定子空间分布的对称三相集中整距绕组 U，V，W，它们在空间的位置互差 120°空间电角度。通入的三相对称电流在时间上互差 120°电角度。取 U 相绕组中电流为电流参考相量，取 U 相绕组的轴线位置作为空间电角度变量 α 的原点，根据以上规律，可写出 U，V，W 相绕组各自产生的基波磁势的数学表达式，即

$$\begin{cases} F_{1U}(\omega t,\ \alpha) = F_{1\varphi}\sin\omega\cos\alpha, \\ F_{1V}(\omega t,\ \alpha) = F_{1\varphi}\sin(\omega t - 120°)\cos(\alpha - 120°), \\ F_{1W}(\omega t,\ \alpha) = F_{1\varphi}\sin(\omega t + 120°)\cos(\alpha - 120°), \end{cases} \quad (4-8)$$

式中，$F_{1\varphi} = \dfrac{4}{\pi} \cdot \dfrac{1}{2} \cdot \sqrt{2}\,IN = 0.9\,IN$。

　　将 F_{1U}，F_{1V}，F_{1W} 相加，便可得到三相交流绕组的基波合成磁势 F_1，即

$$F_1(\omega t, \alpha) = F_{1U} + F_{1V} + F_{1W}。$$

　　将式(4-8)代入上式，可得

$$F_1(\omega t,\ \alpha) = \frac{3}{2} F_{1\varphi}\sin(\omega t - \alpha) = 1.35\,IN = 0.9 \times \frac{m_1}{2} IN, \quad (4-9)$$

式中，m_1——定子绕组相数。

　　式(4-9)就是三相集中整距绕组基波合成磁势——旋转磁势的数学表达式。它与单相交流绕组的磁势——脉振磁势具有完全不同的性质。三相基波合成磁势在电机气隙空间呈正弦波形分布；它是一个旋转磁势，转速为 $n_1 = 60\,f_1 / p$（即同步转速）；旋转磁势的转向，取决于定子绕组中三相电流的相序，由超前相向滞后相旋转。

2. 绕组的电势

　　根据电磁感应原理，当定子绕组产生的旋转磁势在空间旋转时，定子、转子绕组因被磁力线切割而产生感应电势。我们知道旋转磁场中有主磁通(Φ_m)和漏磁通(Φ_σ)。其中仅与定子绕组相链的漏磁通称为定子漏磁通($\Phi_{\sigma1}$)；仅与转子绕组相链的漏磁通称转子漏磁通($\Phi_{\sigma2}$)。因漏磁通数量很少，故在计算绕组的感应电势时以主磁通为主。

　　感应电势的波形与磁势的波形有关。为获取正弦电势波形，电机绕组常采用分布短距的方法，以削弱谐波旋转磁势的作用。在计算时，先考虑将电机每相绕组的若干个线圈组按一定方法联接后，再考虑短距、分布的影响。每相电势为

$$E_\Phi = 4.44 f N \Phi_m K_p K_d = 4.44 f N \Phi_m K_w, \quad (4-10)$$

式中，N——每条支路串接线圈匝数；

　　　　K_p——短距绕组系数；

　　　　K_d——分布绕组系数；

　　　　K_w——绕组系数。

4.3　三相异步电动机的运行分析

　　三相电动机的定子、转子电路之间没有直接相连，它们是通过定子绕组产生的旋转磁场作为媒介，以电磁感应的形式将定子、转子电路联系起来的。这种情况与变压器完全相似，

因此在进行异步电动机的运行分析时,往往有目的地将旋转着的电动机,转换成静止不动的电动机,依照分析变压器的方法,分析异步电动机的运行问题。

4.3.1 三相异步电动机的工作情况

1. 空载运行

电动机空载运行时,轴上不带机械设备,转子的转速非常接近旋转磁场的同步转速,旋转磁场与转子间的转差速度近似为零,转子中的感应电势和电流都非常小,分析时可以忽略不计。空载时定子电流称空载电流,约为额定电流的 20% ~ 50%,小电机的空载电流比较大,大电机的比较小。空载电流主要是用来建立磁场的,又称为励磁电流。异步电动机的励磁电流较变压器的励磁电流大,这是由于异步电动机的磁路中有气隙存在的缘故。异步电动机的空载电流比较大,且功率因数较低,因而对电网的功率因数有很大的影响。

2. 负载运行

电动机轴上带有机械设备,以阻转矩作用于电动机轴上,电动机的运行转速低于同步转速。因为旋转磁场和转子间有相对运动,转子绕组中产生感应电势和电流。转子电流和旋转磁场作用产生电磁转矩,拖动机械设备转动。负载越大,转子转速越低,转子电流越大,输出的功率越多。转子电流通过磁的耦合作用于定子侧,定子电流也要加大,使得电网输入电机的功率也越大。

4.3.2 电动机中的平衡关系

异步电动机是一种把电能转换成机械能的电磁机械,遵守能量守恒定律,输入的电功率减去各种损耗,等于输出的机械功率。

电动机的负载以阻转矩 T_L 作用于电动机轴上,电动机的电磁转矩 T 作为动力转矩。当 $T = T_L$ 时,电动机以稳定转速运转;当 $T > T_L$ 时,电动机加速运行;当 $T < T_L$ 时,电动机减速运行。机械负载作用于电动机轴上,通过转速的变化,影响电动机中的电磁平衡关系。

定子、转子绕组中都存在着电势平衡关系。异步电动机的定子、转子绕组间没有电的联系,只是通过磁的耦合联系起来的,定子绕组与转子绕组间还存在着磁势平衡关系。

1. 电势平衡关系

1)定子电势平衡方程式

异步电动机工作时,主磁通 Φ_m 以同步转速 n_1 旋转,在定子绕组中产生感应电势,即

$$E_1 = 4.44 f_1 N_1 K_{w1} \Phi_m。 \tag{4-11}$$

定子漏磁通 $\Phi_{\sigma1}$ 在定子绕组中产生漏电势 $E_{\sigma1}$,因漏磁路的磁阻可以看成常值,定子漏电势与定子电流成正比。在相位上 $\dot{E}_{\sigma1}$ 滞后 $\Phi_{\sigma1}$ 90°,而 $\Phi_{\sigma1}$ 与 $\dot{I}_1$ 同相,故 $\dot{E}_{\sigma1}$ 滞后 $\dot{I}_1$ 90°。同变压器中一样,漏电势可以用漏抗压降表示,即

$$\dot{E}_{\sigma1} = -j\dot{I}_1 x_1, \tag{4-12}$$

式中，x_1——定子绕组的漏电抗(Ω)。

定子电流 $\dot{I}_1$ 通过定子绕组的电阻时，要产生电阻压降 $\dot{I}_1 r_1$。

根据基尔霍夫第二定律，在定子回路中外施电压等于定子绕组中的各电压降之和。按惯例规定的正方向，定子绕组的电势平衡方程式为

$$\dot{U}_1 = \dot{I}_1 r_1 + j\dot{I}_1 x_1 - \dot{E}_1。 \tag{4-13}$$

因漏阻抗压降 $\dot{I}_1 r_1 + j\dot{I}_1 x_1$ 很小，可忽略不计，故有

$$\dot{U}_1 \approx -\dot{E}_1$$

或

$$U_1 \approx E_1。 \tag{4-14}$$

2）转子电势平衡方程式

异步电动机中，主磁通以同步转速 n_1 旋转，若转子以转速 n 旋转，则主磁通便以($n_1 - n$)的相对速度切割转子绕组，在转子绕组中感应电势的频率为

$$f_2 = \frac{p(n_1 - n)}{60} = \frac{n_1 - n}{n_1} \cdot \frac{pn_1}{60} = sf_1。 \tag{4-15}$$

由式(4-15)可以看出，转子感应电势的频率与转差率成正比，与转速成反比。当 $n = 0$ 时，$s = 1$，$f_2 = f_1$；当 $n = n_1$ 时，$s = 0$，则 $f_2 = 0$。因为一般异步电动机的额定转差率 s_N 在 0.02～0.06 之间，在额定状态下转子电势的频率只有 1～3 Hz。

转子的感应电势为

$$E_{2s} = 4.44 f_2 N_2 K_{w2} \Phi_m， \tag{4-16}$$

式中，E_{2s}——转子转动时的感应电势(V)；

f_2——转子感应电势的频率(Hz)；

N_2——转子每相串联匝数；

K_{w2}——转子绕组系数。

将式(4-15)代入式(4-16)，得

$$E_{2s} = 4.44 s f_1 N_2 K_{w2} \Phi_m = s 4.44 f_1 N_2 K_{w2} \Phi_m = s E_{20}， \tag{4-17}$$

式中，E_{20}——转子不转时的感应电势(V)。

式(4-17)说明，转子旋转时的感应电势等于转子不转时的感应电势乘以转差率，转子电势与转差率成正比。

转子绕组有电流通过时，除了与定子磁势共同建立主磁通外，还产生转子漏磁通 $\Phi_{\sigma2}$。漏磁通 $\Phi_{\sigma2}$ 在转子绕组中产生漏电势 $E_{\sigma2}$，用漏抗压降表示为

$$\dot{E}_{\sigma2} = -j\dot{I}_{2s} x_s， \tag{4-18}$$

式中，$\dot{I}_{2s}$——转子转动时的电流(A)；

x_{2s}——转子转动时的转子绕组漏阻抗(Ω)。

漏电抗

$$x_{2s} = 2\pi f_2 L_2 = s 2\pi f_1 L_2 = s x_{20}， \tag{4-19}$$

式中，L——转子绕组的漏电感(H)；

x_{20}——转子不转时的漏电抗(Ω)。

转子电流通过转子电阻 r_2 时，产生电阻压降 $\dot{I}_{2s} r_2$。根据基尔霍夫第二定律，转子回路

的电势平衡方程式为

$$\dot{E}_{2s} = \dot{I}_{2s} r_2 + j \dot{I}_{2s} x_{2s} \text{。} \tag{4-20}$$

转子电流有效值为

$$\dot{I}_{2s} = \frac{\dot{E}_{2s}}{r_2 + j x_{2s}} = \frac{s \dot{E}_{20}}{r_2 + j s x_{20}} \text{。} \tag{4-21}$$

转子电流的大小 I_{2s} 与转差率 s 有关, 当 s 很小时, $r_2 \gg s x_{20}$, 则 $I_{2s} \approx \frac{s E_{20}}{r_2}$, I_{2s} 与 s 近似成正比变化。当 s 接近 1 时, $r_2 \ll s x_{20}$, 则 $I_{2s} \approx \frac{s E_{20}}{s x_{20}}$ (为常数)。I_{2s} 随 s 的变化曲线, 如图 4-23 的曲线 1 所示。

转子的功率因数为

$$\cos \varphi_2 = \frac{1}{\sqrt{r_2^2 + (s x_{20})^2}} \text{。} \tag{4-22}$$

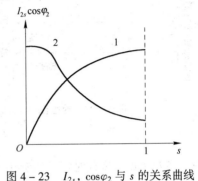

图 4-23 I_{2s}, $\cos \varphi_2$ 与 s 的关系曲线

$\cos \varphi_2$ 也与 s 有关。当 s 增大时, 转子的感抗增大, $\cos \varphi_2$ 减小, 如图 4-23 的曲线 2 所示。

2. 磁势平衡方程式

空载时, 定子电流为空载电流 $\dot{I}_0$, 而转子电流等于零或很小。空载时磁场主要由定子的空载电流建立, 根据式(4-9), 再考虑到绕组的分布短距等绕组系数, 其磁势为

$$\dot{F}_0 = 0.45 m_1 \frac{N_1 K_{d1} K_{p1}}{p} \dot{I}_0 = 0.45 m_1 \frac{N_1 K_{w1}}{p} \dot{I}_0 \text{。} \tag{4-23}$$

负载时, 定子电流为 $\dot{I}_1$, 转子电流为 $\dot{I}_2$。负载时定子磁势和转子磁势共同建立磁场。首先分析定子绕组产生的磁势 $\dot{F}_1$。由前面的分析可知, 三相对称电流通入对称三相定子绕组产生的定子磁势是旋转磁势, 幅值为 $\dot{F}_1 = 0.45 m_1 \frac{N_1 K_{w1}}{p} \dot{I}_1$。

其次, 分析负载时转子绕组产生的磁势 $\dot{F}_2$。如果是绕线式, 转子绕组是三相绕组, 转子电流是对称三相电流, 所形成的磁势无疑是旋转的。即使是鼠笼式转子, 导条所组成的绕组也是一种对称的多相绕组。一般每对极下的导条数就是相数。由正弦分布的旋转磁场切割而感应的电势必然是对称的多相电势, 当然电流也是对称的多相电流。当对称多相电流通入对称多相绕组时, 所形成的合成磁势也是一种旋转磁势。所以, 转子的磁势 $\dot{F}_2$ 也是旋转磁势。

那么, $\dot{F}_2$ 的旋转方向如何呢? 如果定子磁势 $\dot{F}_1$ 是顺时针方向旋转, 那么由它产生的主磁通 Φ_m 也将按顺时针方向切割转子绕组, 并在转子绕组中感应出顺时针方向的三相对称电势和三相对称电流。那么, 由转子中的对称电流所产生的转子磁势 $\dot{F}_2$, 它的旋转方向也应由转子电流的相序决定(原理同定子旋转磁势 $\dot{F}_1$ 方向一样)。显然, $\dot{F}_2$ 与 $\dot{F}_1$ 旋转方向是相同的。

转子对空间的转速为 n, 转子磁势对转子的转速为 n_2, 则

$$n_2 = \frac{60 f_2}{p} = \frac{60 \times \frac{p(n_1 - n)}{60}}{p} = n_1 - n \text{。} \tag{4-24}$$

n_1，n 和 n_2 间的关系如图 4 – 24 所示。转子磁势对空间的转速为 $n + n_2$，

则

$$n + n_2 = n + (n_1 - n) = n_1。 \tag{4-25}$$

由式(4 – 25)知道，不论转子以多大转速旋转，而转子磁势对定子的转速恒等于 n_1，转子磁势与定子磁势是同向同速旋转的，即二者是相对静止的，可以共同建立合成磁场。

图 4 – 24　速度图

由式(4 – 11)和式(4 – 14)可得 $U_1 \approx E_1 = 4.44 f_1 N_1 K_{w1} \Phi_m$。当电网电压 U_1 恒定时，E_1 和 Φ_m 基本不变，即空载和负载时的磁通基本不变，所以两种情况下产生磁通的磁势也应该相等，由此可得异步电动机的磁势平衡方程为

$$\dot{F}_1 + \dot{F}_2 = \dot{F}_0。 \tag{4-26}$$

式(4 – 26)改写成

$$\dot{F}_1 = \dot{F}_0 + (-\dot{F}_2)。 \tag{4-27}$$

式(4 – 27)表明，负载时定子磁势由两个分量组成，一个是产生磁通的励磁分量，一个是平衡转子磁势的负载分量。

把磁势与电流的关系代入式(4 – 27)，则得

$$0.45 m_1 \frac{N_1 K_{w1}}{p} \dot{I}_1 = 0.45 m_1 \frac{N_1 K_{w1}}{p} \dot{I}_0 + \left(0.45 m_2 \frac{N_2 K_{w2}}{p} \dot{I}_2 \right)，$$

化简得

$$\dot{I}_1 = \dot{I}_0 + \left(-\frac{m_2}{m_1} \cdot \frac{N_2 K_{w2}}{N_1 K_{w1}} \dot{I}_2 \right)。 \tag{4-28}$$

由式(4 – 28)可知，负载时定子电流包含两个分量，一个是励磁电流 $\dot{I}_0$，另一个是负载分量 $-\frac{m_2}{m_1} \cdot \frac{N_2 K_{w2}}{N_1 K_{w1}} \dot{I}_2$。负载时转子电流 $\dot{I}_2$ 增大，定子电流 $\dot{I}_1$ 也要随之增大。

4.3.3　异步电动机的等值电路

通过运行分析，我们得出了定子、转子电势及电流的基本关系，但由于定子和转子的频率、相数、匝数的不同，不便于利用这些方程式求解。像变压器那样，如将电磁关系利用等值电路表示，就可使分析和运算大为简化。要得出异步电动机的等值电路，须解决两个问题：一是进行频率折算，将旋转着的转子电路参数折算为静止的转子电路参数；二是进行绕组折算，将经过频率折算后，等值的静止转子电路参数，折算到定子电路中。折算过程中，必须保持异步电动机的电、磁关系不变，功率及损耗不变。

1．频率折算

为了能在异步电动机转子和定子电路中感应出相同频率的电势和电流，静止不动的转子电路和定子电路必须均由定子电流所建立的旋转磁场耦合。为了设法将实际旋转的转子电路用等值静止的转子电路来替代，只需进行如下推演，即将式(4 – 21)分子分母同除以 s，得

$$\dot{I}_{2s} = \dot{I}_2 = \frac{\dot{E}_{20}}{\dfrac{r_2}{s} + \mathrm{j} x_{20}}， \tag{4-29}$$

式中，$\dot{I}_2$——转子静止不动时的电流。

虽然式(4－21)和式(4－29)所表示的转子电流 $\dot{I}_{2s}$ 的大小和相位都没有发生变化，两式是等值的。但值得注意的是：式(4－21)中的 E_{2s}，x_{2s} 是旋转转子电路中的量，各量的频率均为 f_2。而式(4－29)中的 E_{20}，x_{20} 是静止转子电路中的量，各量的频率都是 $f_2 = f_1$。因此，根据式(4－29)绘出的等值电路就是电动机旋转转子电路经频率折算后的静止转子等值电路，二者是等值的，如图4－25(a)所示。

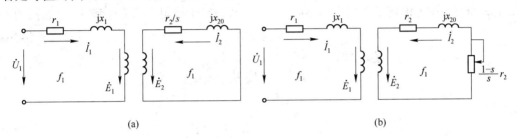

图4－25　经频率折算后的定子、转子等值电路

频率折算的作法是：转差率为 s 的旋转转子电路，可以用它的静止转子电路代替；只要在静止转子电路中，将转子电阻 r_2 换成 r_2/s，组成新的静止转子电路，它就是经频率折算后的等值电路。

由于 $\dfrac{r_2}{s} = r_2 + \dfrac{1-s}{s}r_2$，频率折算可用另一种方法来表达，即转差率为 s 的旋转转子电路，可以在它的静止转子电路中，串入一个 $\dfrac{1-s}{s}r_2$ 的附加电阻，组成新的静止转子电路，它就是原旋转转子电路经频率折算后的等值电路，见图4－25(b)。

附加电阻 $\dfrac{1-s}{s}r_2$ 的物理意义是：在静止的转子电路中，转子电流 $\dot{I}_2$ 流过附加电阻 $\dfrac{1-s}{s}r_2$ 后，损耗的电功率与电动机转子上的总机械功率是等值的。电阻 r_2/s 的物理意义是：在静止的转子电路中，转子电流 $\dot{I}_2$ 流过电阻 r_2/s 后，损耗的电功率与电动机定子传递到转子上的电磁功率是等值的。

2．绕组折算

进行频率折算后，还不能把转子电路与定子电路联接起来，须把转子绕组的参数折算到定子绕组，即把相数、匝数和绕组系数折成与定子绕组相同，这种运算方法称为绕组的折算。

折算是一种等值变换，这应该体现在折算前后电机内部的电磁关系和功率平衡关系保持不变。当我们从定子边看转子时，只有转子磁势 $\dot{F}_2$ 对定子磁势 $\dot{F}_1$ 在产生作用。因此，只要保持转子磁势的大小、相位不变，则电机内部的电磁关系和功率关系均不会发生变化。所以，保持 $\dot{F}_2$ 不变是进行绕组折算时的依据。折算过的物理量上面都加上撇。

1) 电流的折算

折算前后应保持 $\dot{F}_2$ 不变，则有

$$0.45\, m_2\, \frac{N_2 K_{w2}}{p}\dot{I}_2 = 0.45\, m_1\, \frac{N_1 K_{w1}}{p}\dot{I}_2',$$

$$\dot{I}_2' = \frac{m_2}{m_1}\frac{N_2 K_{w2}}{N_1 K_{w1}}\dot{I}_2 = \frac{1}{K_i}\dot{I}_2, \tag{4-30}$$

式中，K_i——电流折算系数，$K_i = \dfrac{m_1}{m_2} \dfrac{N_1 K_{w1}}{N_2 K_{w2}}$。

经折算后，磁势平衡方程可简化为

$$\dot{I}_1 + \dot{I}_2' = \dot{I}_0。 \tag{4-31}$$

2）电势的折算

折算前后气隙主磁通 Φ_m 不变。由于等值转子绕组和定子绕组具有相同的绕组参数，因而，主磁通 Φ_m 在等值转子绕组中的感应电势 $\dot{E}_2'$ 和在定子绕组中感应电势 $\dot{E}_1$ 是相同的。即

$$\dot{E}_2' = \dot{E}_1, \tag{4-32}$$

则

$$\frac{\dot{E}_2'}{\dot{E}_2} = \frac{\dot{E}_1}{\dot{E}_2} = \frac{-\mathrm{j}4.44 f_1 N_1 K_{w1} \Phi_m}{-\mathrm{j}4.44 f_2 N_2 K_{w2} \Phi_m} = \frac{N_1 K_{w1}}{N_2 K_{w2}},$$

得

$$\dot{E}_2' = \frac{N_1 K_{w1}}{N_2 K_{w2}} \dot{E}_2 = K_U \dot{E}_2, \tag{4-33}$$

式中，K_U——电势折算系数，$K_U = \dfrac{N_1 K_{w1}}{N_2 K_{w2}}$。

3）阻抗的折算

折算前后转子电阻铜耗不变。即

$$m_1 I_2'^2 \cdot r_2' = m_2 I_2^2 \cdot r_2,$$

$$r_2' = \frac{m_2}{m_1} \frac{I_2^2}{I_2'^2} \cdot r_2 = K_U K_i r_2。 \tag{4-34}$$

折算前后转子电路的功率因数不变，则

$$\tan\varphi_2 = \frac{x_2'}{r_2'} = \frac{x_2}{r_2},$$

$$x_2' = \frac{r_2'}{r_2} \cdot x_2 = K_U K_i x_2。 \tag{4-35}$$

4）异步电动机的等值电路

折算后的基本方程组为

$$\begin{cases} \dot{U}_1 = -\dot{E}_1 + \dot{I}_1(r_1 + \mathrm{j}x_1), \\ \dot{E}_1 = -\dot{I}_0(r_m + \mathrm{j}x_m), \\ \dot{E}_1 = \dot{E}_2' = K_U \dot{E}_2, \\ \dot{E}_2' = \dot{I}_2'\left(\dfrac{r_2'}{s} + \mathrm{j}x_{20}'\right), \\ \dot{I}_1 + \dot{I}_2' = \dot{I}_0。 \end{cases} \tag{4-36}$$

式中，r_m——励磁电路的电阻，

x_m——励磁电路的电抗。

根据式（4-36）可绘出异步电动机的 T 形等值电路，如图 4-26 所示。

工程上为了进一步简化计算，常把励磁阻抗支路移到定子漏抗的前边，使得等值电路变为一个单纯的并联支路，使计算更为简单，如图 4-27 所示。

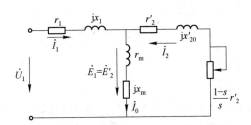

图 4-26　异步电动机 T 形等值电路图

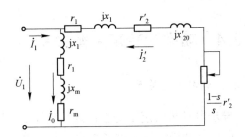

图 4-27　异步电动机近似等值电路图

利用简化等值电路算得的定子、转子电流比用 T 形等值电路算出的值稍大，但对一般异步电动机来讲，这个误差在工程上是允许的。

例 4-3　一台三相异步电动机，已知其额定数据和参数为：$P_N = 10\ \text{kW}$，$U_N = 380\ \text{V}$，$n_N = 1\ 455\ \text{r/min}$；定子绕组 $r_1 = 1.37\ \Omega$，$x_1 = 2.43\ \Omega$；转子绕组折算值 $r_2' = 1.04\ \Omega$，$x_2' = 4.4\ \Omega$；励磁绕组 $r_m = 8.34\ \Omega$，$x_m = 82.6\ \Omega$；定子绕组为△接法。用 T 形等值电路，求额定运行时的定子电流、功率因数、输入功率及效率。

解　额定运行时的转差率为

$$s_N = \frac{n_1 - n_N}{n_1} = \frac{1\ 500 - 1\ 455}{1\ 500} = 0.03。$$

转子阻抗折算值为

$$Z_2' = \frac{r_2'}{s_N} + \mathrm{j}x_2' = \frac{1.04}{0.03} + \mathrm{j}4.4 = 34.67 + \mathrm{j}4.4 = 34.95\angle 7.23°(\Omega)。$$

励磁阻抗为

$$Z_m = r_m + \mathrm{j}x_m = 8.34 + \mathrm{j}82.6 = 83\angle 84.2°(\Omega)。$$

Z_2' 与 Z_m 的并联值为

$$\frac{Z_2' Z_m}{Z_2' + Z_m} = \frac{34.95\angle 7.23° \times 83\angle 84.2°}{34.67 + \mathrm{j}4.4 + 8.34 + \mathrm{j}82.6} = 29.9\angle 27.68° = 26.5 + \mathrm{j}13.9(\Omega)。$$

定子相电流为

$$\dot{I}_1 = \frac{\dot{U}_1}{Z_1 + \dfrac{Z_2' Z_m}{Z_2' + Z_m}} = \frac{380\angle 0°}{1.375 + \mathrm{j}2.43 + 26.5 + \mathrm{j}13.9} = 11.76\angle(-30.3°)(\text{A})。$$

定子线电流有效值为

$$\sqrt{3}\,I_1 = \sqrt{3} \times 11.76 = 20.4(\text{A})。$$

功率因数为

$$\cos\varphi_1 = \cos(-30.3°) = 0.86(\text{滞后})。$$

输入功率为

$$P_1 = 3U_1 I_1 \cos\varphi_1 = 3 \times 380 \times 11.76 \times 0.86 = 11.53\ (\text{kW})。$$

效率为

$$\eta = \frac{P_2}{P_1} \times 100\% = \frac{10}{11.53} = 86.7\%。$$

4.3.4　功率和转矩平衡关系

1. 功率平衡关系

异步电动机由定子绕组输入电功率，从转子轴上输出机械功率。但与直流电动机不同的是，异步电动机的气隙磁场基本上与负载无关，故无所谓电枢反应的问题，且它的电磁功率是在定子绕组中发生的，然后经由气隙送给转子，扣除一些损耗后，在轴上以机械功率形式输出。在能量的变换过程中，不可避免地会产生一些损耗，其内部功率传递全过程可用功率流程图 4 – 28 表示。其中各项说明如下。

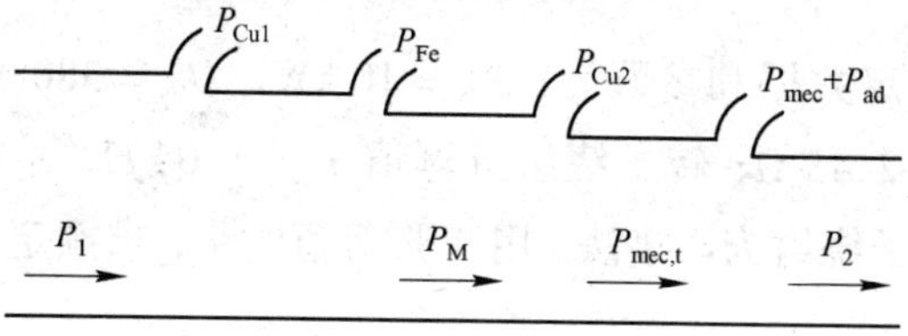

图 4 – 28　异步电动机的功率流程图

① P_1 为异步电动机输入功率。对电网来说，异步电动机是它的一个对称三相负载，电网输出的电功率就是异步电动机输入的电功率，其计算公式为

$$P_1 = 3 U_1 I_1 \cos\varphi_1 = \sqrt{3}\, U_1 I_1 \cos\varphi_1,$$

式中，U_1，I_1——分别是定子的相电压、相电流，
　　　U_1，I_1——分别是定子的线电压、线电流，
　　　$\cos\varphi_1$——每相的功率因数。

② P_{Cu1} 为异步电动机定子铜损功率，即

$$P_{\text{Cu1}} = 3 I_1^2 r_1。$$

③ P_{Fe} 为异步电动机铁损功率，即

$$P_{\text{Fe}} = P_{\text{Fe1}} = 3 I_0^2 r_{\text{m}}。$$

电动机铁损功率 P_{Fe} 是指定子铁心中的磁滞损耗和涡流损耗的功率。异步电动机正常运行时，转子转速接近同步转速，转子铁心中磁通变化的频率是很低的，再加上转子铁心是用 0.5 mm 厚的硅钢片叠压而成，使得转子铁心中的磁滞和涡流损耗都很小，所以转子铁损耗很小，一般可忽略不计。

④ P_{M} 为异步电动机电磁功率。从图 4 – 28 知道，输入功率 P_1 减去定子铜损耗 P_{Cu1}、铁损耗 P_{Fe}，即为传递到转子上的电磁功率 P_{M}，且

$$P_{\text{M}} = P_1 - P_{\text{Cu1}} - P_{\text{Fe}}。$$

从异步电动机 T 形等值电路上看，传递到转子上的电磁功率 P_{M} 等于转子回路全部电阻 r_2'/s 上的功率，即

$$P_{\text{M}} = 3(I_2')^2 \cdot \frac{r_2'}{s} = 3(I_2')^2 \left[r_2' + \frac{1-s}{s} r_2' \right]。$$

⑤ P_{Cu2} 为异步电动机转子铜损功率。即

$$P_{\text{Cu2}} = 3(I_2')^2 \cdot r_2'。$$

此公式说明，当电磁功率 P_{M} 一定时，转子铜损耗功率 P_{Cu2} 与转差率 s 的大小成正比。为此，转子铜损耗功率又称转差功率。

⑥ $P_{\text{mec, t}}$ 为异步电动机转子上总的机械功率。电磁功率 P_{M} 减去转子铜损耗功率 P_{Cu2}，就是电动机气隙旋转磁势通过电磁感应传递到转子上的总的机械功率，即

$$P_{\text{mec, t}} = P_{\text{M}} - P_{\text{Cu2}} = P_{\text{M}} - sP_{\text{M}} = (1 - s) P_{\text{M}} \circ$$

从异步电动机 T 形等值电路上看，传递到转子上的总机械功率等于转子回路附加电阻 $\dfrac{1 - s}{s} r_2'$ 上的功率。所以

$$P_{\text{mec,t}} = 3(I_2')^{2} \frac{1 - s}{s} r_2' \circ$$

⑦ P_{mec} 为异步电动机机械损耗功率

电动机运行时，还必须克服摩擦、风阻等，这也要损耗一部分功率。这部分功率叫做机械损耗功率，用 P_{mec} 表示。

⑧ P_{ad} 为异步电动机附加损耗功率。由于定子、转子开有槽及定子、转子磁势中含有高次谐波分量，这也要损耗一部分功率，这部分损耗叫做附加损耗功率，用 P_{ad} 表示。P_{ad} 一般不易计算，往往根据经验估算，在大型异步电动机中，约占额定输出功率的 0.5%，而在小型异步电动机中，约占额定输出功率的 1% ~ 3%。

⑨ P_2 为异步电动机输出功率。异步电动机输出功率是指电动机轴上输出的机械功率。电机转子上总的机械功率 $P_{\text{mec,t}}$ 减去机械损耗功率 P_{mec} 和附加损耗功率 P_{ad} 后，就是异步电动机转子轴上输出的机械功率。即

$$P_2 = P_{\text{mec, t}} - P_{\text{mec}} - P_{\text{ad}} \circ$$

⑩ η 为异步电动机的效率。即

$$\eta = \frac{P_2}{P_1} \circ$$

综上所述，三相异步电动机功率平衡方程为

$$P_1 = P_2 + P_{\text{Cu1}} + P_{\text{Fe}} + P_{\text{Cu2}} + P_{\text{mec}} + P_{\text{ad}} \circ \tag{4 - 37}$$

由图 4 - 28 还可以写出

$$P_{\text{M}} = P_2 + P_{\text{Cu2}} + P_{\text{mec}} + P_{\text{ad}}, \tag{4 - 38}$$

$$P_{\text{mec, t}} = P_2 + P_{\text{mec}} + P_{\text{ad}} \circ \tag{4 - 39}$$

使用时，应根据需要灵活运用。

2. 转矩平衡方程

我们知道，旋转体上的机械功率 P 等于作用在旋转体上的转矩 T 与它的机械角速度 Ω 的乘积。据此，设三相异步电动机运行时，转子旋转角速度为 $\Omega \left(\Omega = \dfrac{2\pi n}{60} \right)$，将式 (4 - 39) 两边同除以 Ω，则可得出对应的转矩平衡方程为

$$\frac{P_{\text{mec,t}}}{\Omega} = \frac{P_2}{\Omega} + \frac{P_{\text{mec}} + P_{\text{ad}}}{\Omega} \circ$$

令　$T = \dfrac{P_{\text{mec,t}}}{\Omega}$，称为电动机电磁转矩，

$T_2 = \dfrac{P_2}{\Omega}$，称为电动机输出转矩，

$T_0 = \dfrac{P_{mec} + P_{ad}}{\Omega}$，称为电动机空载转矩。

则三相异步电动机的转矩平衡方程为

$$T = T_2 + T_0。 \tag{4-40}$$

这里须说明一下，为什么电磁转矩 T 的计算是用机械功率 $P_{mec,t}$，而不是用电磁功率 P_M 呢？因异步电动机的特性与直流电机不同，在其中存在着两个转速，一个是旋转磁场的转速 Ω_1，另一个是转子的转速 Ω。电磁转矩 T 既可以用转子的总机械功率 $P_{mec,t}$ 除以转子的机械角速度 Ω 来计算，也可以用电磁功率 P_M 除以旋转磁场的同步角速度 Ω_1 来计算。即

$$T = \frac{P_{mec,t}}{\Omega} = \frac{(1-s)P_M}{\dfrac{2\pi n}{60}} = \frac{P_M}{\dfrac{2\pi n_1}{60}} = \frac{P_M}{\Omega_1}。 \tag{4-41}$$

4.3.5　异步电动机的参数测定

异步电动机等值电路中的参数，可以通过计算和试验的方法确定。下面讨论通过异步电动机的空载与短路试验，确定异步电动机参数的方法。

1．空载试验

空载试验是指在额定电压和额定频率下，轴上不带任何负载时运行。其目的是测定异步电动机的空载电流 I_0 和空载功率 P_0，进而求得异步电动机的励磁阻抗 r_m 和 x_m，并分离出铁耗 P_{Fe} 和机械损耗 P_{mec}。异步电动机空载试验接线如图 4-29 所示。线路中将三相自耦调压器原边（输入）接至三相电源，副边（输出）接至异步电动机的定子三相绕组端。采用自耦调压器的目的，一是用来控制电动机起动时的冲击电流值，二是用以调节定子端电压的范围（$0.5\,U_N \sim 1.2\,U_N$），并测取对应的空载电流 I_0 与空载功率 P_0。试验时一般测取 6~8 组数据，可绘得 $I_0 = f(U_1)$ 和 $P_0 = f(U_1)$ 两条特性曲线，如图 4-30 所示。从空载特性曲线上求取额定电压下的空载电流与空载损耗。

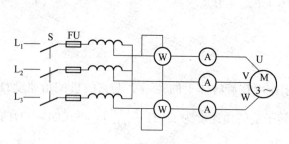

图 4-29　异步电动机空载试验接线图

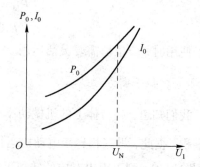

图 4-30　异步电动机的空载特性曲线

空载试验前，一般应先进行绝缘电阻检查与绕组直流电阻测定，试验时应注意三相电流是否对称。

空载时，输出功率 $P_2 = 0$。同时因转子电流很小，转子铜耗 P_{Cu2} 可略去不计，且附加损耗 P_{ad} 也略去不计，所以输入功率 P_1 除消耗定子铜耗 P_{Cu1} 外，其余为铁耗 P_{Fe} 和机械损耗 P_{mec}。

由式(4 – 37)可知

$$P_0 = P_1 - P_{Cu1} = P_{Fe} + P_{mec}。$$

式中，P_{Fe} 近似与电压的平方成正比，而 P_{mec} 大小仅与转速有关，而与电压无关。为了正确分解出 P_0 中的铁心损耗 P_{Fe} 与机械损耗 P_{mec}，试验时应保证转速基本不变，利用两损耗与电压的关系，绘出 $P_0 = f(U_1^2)$ 曲线，如图 4 – 31 所示。实际上，$P_0 = f(U_1^2)$ 近似为一直线，若延长直线与纵轴相交于 O' 点，从 O' 点作横轴平行线，所截线段 $\overline{OO'}$，即为机械损耗 P_{mec} 值，求得 P_{mec} 后，可以求当 $U_1 = U_N$ 时的 P_{Fe} 值的大小。

空载时，$s \approx 0$，则 T 形等值电路中的附加电阻 $\dfrac{1-s}{s} r_2' \approx \infty$，则等值电路呈开路状态，$I_2 \approx 0$，相当于转子开路，其等值电路为定子漏阻抗和励磁阻抗的串联。根据空载试验，将测得当 $U_1 = U_N$ 时的 I_0 和 P_1 值，可得励磁参数如下：

$$\begin{cases} r_m = \dfrac{P_1 - P_{mec}}{3 I_0^2}; \\[2mm] |Z_0| = \dfrac{U_1}{I_0}。 \end{cases} \qquad (4 - 42)$$

式中，Z_0——空载等值阻抗(Ω)。

因 $Z_0 = Z_m + Z_1$，且 $Z_m \gg Z_1$；则 $Z_0 \approx Z_m$，且

$$x_m = \sqrt{|Z_m|^2 - r_m^2}。 \qquad (4 - 43)$$

2．短路试验

短路试验是在异步电动机 T 形等值电路中的附加电阻 $\dfrac{1-s}{s} r_2' = 0$ 的状态下进行的。在这种情况下，$s = 1$，$n = 0$，即电动机在外施电压作用下处于静止状态。因此短路试验必须在电动机堵转情况下进行，故短路试验又称为堵转试验。短路试验的目的是测取异步电动机的短路阻抗，即定子、转子绕组的漏阻抗及短路特性。试验的接线如图 4 – 32 所示。

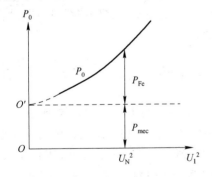

图 4 – 31　机械损耗的分解作图法

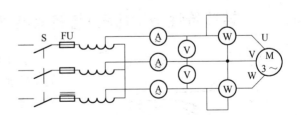

图 4 – 32　三相异步电动机短路试验接线图

试验时，为了使短路电流不致太大，应降低电压进行试验，一般为 $0.4 U_N$ 以下。定子加额定频率的三相对称电压，测得不同电压下的电流和功率，绘出短路特性，找出对应额定电流的短路电压和功率。

短路试验时，转子支路的阻抗远小于励磁支路的阻抗，试验电压很低，励磁支路的电流

可以忽略，铁心损耗可以不计，认为输入功率全部消耗在定子、转子的铜耗上。

短路参数为

$$|Z_{sh}| = \frac{U_{sh}}{I_{sh}}; \quad r_{sh} = \frac{P_{sh}}{3I_{sh}^2}; \quad x_{sh} = \sqrt{|Z_{sh}|^2 - r_{sh}^2}, \qquad (4-44)$$

式中，I_{sh}——短路电流，常取 $I_{sh} = I_{1N}$；

　　　U_{sh}——短路试验时定子相电压(与 $I_{sh} = I_{1N}$时相对应的)；

　　　P_{sh}——短路试验时定子输入功率。

定子绕组电阻 r_1，可用电桥法测取，而转子电阻 $r_2' = r_{sh} - r_1$。在大中型电动机中，可以认为 $x_1 \approx x_2' \approx x_{sh}/2$。而对 $P_N < 100$ kW 的电机，$2p \le 6$ 时，$x_2' = 0.67 x_{sh}$；$2p > 8$ 时，$x_2' = 0.57 x_{sh}$。然后将电阻 r_2' 和 x_2' 进行反归算，以便取得异步电动机转子绕组中的实际参数。

而异步电动机的短路特性指的是 $I_{sh} = f(U_{sh})$，$P_{sh} = f(U_{sh})$。由于短路试验时，外施电压低于额定电压值，为了顾及其实际运行状况，有关数据必须换算到额定电压时的量。

由于输入功率与外施电压的平方成正比，所以

$$P_{shN} = P_{sh}\left(\frac{U_N}{U_{sh}}\right)^2, \qquad (4-45)$$

式中，P_{shN}——在额定电压下，堵转时的输入功率。

对一台电机而言，认为其短路阻抗是基本不变的，因此短路电流与短路电压成正比，而额定电压下的短路电流为

$$I_{shN} = I_{sh}\frac{U_N}{U_{sh}}。 \qquad (4-46)$$

4.4　三相异步电动机的工作特性

三相异步电动机的工作特性是指在额定功率、额定电压下，电动机的转速 n、定子电流 I_1、电磁转矩 T、功率因数 $\cos\varphi_1$ 和效率 η 与输出功率 P_2 的关系曲线。这些曲线可以通过直接加负载时测取，也可利用等效电路中参数计算来求得。

4.4.1　转速特性 $n = f(P_2)$ 与转矩特性 $T = f(P_2)$

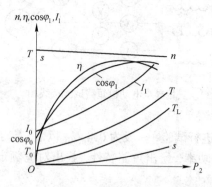

图 4-33　三相异步电动机的运行特性

异步电动机空载运行时，转子转速 n 接近于同步转速 n_1。随负载增大，由于阻转矩暂时大于电磁转矩，而使转速降低，随后转子电势、电流增大，以产生较大的电磁转矩与增大的负载阻转矩相平衡；但损耗也会因电流增大而增加。所以在应用中，为了减小损耗，一般转差率 s 取得很小，就是在负载时，也只有 $0.02 \sim 0.06$。因此，转速特性是一条稍向下倾斜的曲线，如图 4-33 中的 n 曲线所示，和直流他励电动机一样，称之为硬特性。

而转矩特性，由负载转矩 $T_L = P_2/\Omega$ 可知，考虑到 P_2 增大时，Ω 稍有下降，所以 $T_L = f(P_2)$ 曲线将略向上弯曲。T_0 主要由机械损耗和附加损耗等引起，其值很小，且认为它和输出功率 P_2 无关，为一常值。因而，转矩特性 T 的起点为 T_0，且略向上弯曲，如图 4 – 33 中的 T，T_L 曲线所示。

4.4.2　电流特性 $I_1 = f(P_2)$ 和功率因数特性 $\cos\varphi_1 = f(P_2)$

异步电动机空载时，$P_2 = 0$，$s \approx 0$，转子电流 $\dot{I}_2' \approx 0$。这时，定子电流 $\dot{I}_1 \approx \dot{I}_0$，几乎全部用以励磁。随着负载的增大，转子转速下降，s 增大，使 E_2'，I_2' 增大，由 $\dot{I}_1 = \dot{I}_0 + (-\dot{I}_2')$ 关系可知，为维持磁势平衡，I_1 随之增大，故电流特性为一上升曲线，起点为 I_0。曲线形状见图 4 – 33 中的 I_1。

关于异步电动机的功率因数特性，若三相绕组外施电压一定时，其主磁通基本不变，则建立磁场所需的无功电流基本不变。由于电机空载时 $P_2 = 0$，有功电流分量很小，此时功率因数很低，一般小于 0.2。随负载增大，输出功率增大，即有功分量增大，$\cos\varphi_1$ 随之增加。若负载继续增加，由于转速降低、转差增加，转子功率因数下降较多，使定子电流中与之平衡的无功分量也增大，功率因数有所下降。一般电动机在额定功率附近，将达到最大功率因数。额定功率因数为 0.70 ~ 0.93。因此，如电动机选择不当，长期处于轻载或空载运行，这是不经济的。曲线见图 4 – 33 中的 $\cos\varphi_1$。

4.4.3　效率特性 $\eta = f(P_2)$

异步电动机效率特性形状与直流电动机基本相同。即

$$\eta = \frac{P_2}{P_1} \times 100\% = \frac{P_1 - \sum P}{P_1} \times 100\% = \left(1 - \frac{\sum P}{P_1}\right) \times 100\%, \qquad (4-47)$$

式中，$\sum P$——总损耗。$\sum P = P_{Cu1} + P_{Cu2} + P_{mec} + P_{Fe} + P_{ad}$，前两项为可变损耗，后三项为不变损耗。

当负载很小时，可变损耗很小，这时效率迅速上升。随着负载继续增大，可变损耗增大，直到不变损耗与可变损耗相等时，效率达到最高。一般中小型电机约在 3 / 4 额定负载时效率最高。若继续增大负载，由于可变损耗增加较快，效率又开始下降。

由此可知，效率曲线和功率因数曲线都是在额定负载附近达到最高，因此选用电动机容量时，应注意其容量与负载量要相当。

小结

● 三相异步电动机的转动原理，是由于定子旋转磁场交链转子绕组，使之感应电流，产生转矩。转子与旋转磁场转速之间具有一定的转差，它是异步电动机工作的必要条件。

● 绕组为电机的心脏部分，绕组中通以电流将产生磁场，这是研究单相与三相绕组磁势的性质、大小和波形的基础。单相绕组产生的磁势是脉振磁势；对称多相绕组通以对称多相电流时产生的合成磁势是圆形旋转磁势，不论脉振频率与磁势转速都决定于电流的频率。

- 电势和磁势都是同一绕组中发生的电磁现象，绕组的短距分布同样影响到电势和磁势的大小与波形，这是共性。电势的大小与波形仅随时间变化；而磁势既随时间变化，又随空间绕组安置而异，这是两者的特殊性。

- 异步电动机的基本原理和分析方法与变压器极为类似，但也必须注意它们之间的差别。

相似性：①都是单边励磁的电气设备，二次侧都是靠电磁感应产生电势和电流，而且外施电压与频率一定时，它们的主磁通 Φ_m 与负载的大小基本无关；②异步电机的定子、转子的磁场是相对静止的，而变压器一、二次脉振磁场也是相对静止的，即均以合成磁场为工作主磁场，都存在着磁势平衡、电势平衡关系；③它们电磁基本关系是相同的，即负载变化时，副边电流变化必将导致原边电流随之变化。

特殊性：①异步电动机的主磁场为旋转磁场，而转子中的电势频率不仅与电源频率有关，还取决于转子的转速，与转差率有关；②异步电动机中除能量传递之外，还把电能转化成机械能输出；③异步电动机是分布短距绕组，感应电势计算中绕组系数 $K_{w1} < 1$，此外，由于气隙的存在，使空载电流变大，空载损耗也大；④分析异步电动机时，除和变压器一样，须经过匝数折算外，还须经过频率折算，用一个等效静止的转子去代替实际的旋转转子；而等效电路中的负载用与总机械功率相当的纯电阻 $\dfrac{1-s}{s}r'_2$ 上功率代替。

- 异步电动机是进行能量转换的机构，在能量转换过程中必然会有损耗，从电网供给电动机的总功率中除去总损耗，便是轴上所输出的机械功率。其中，电磁功率是借助电磁感应作用，经气隙从定子传至转子的功率。转子铜耗取决于 sP_M，而总机械功率 $P_{mec,t}$ 等于 $(1-s)P_M$。

- 当电动机负载变化时，电动机的转差率、效率、功率因数、输出转矩、定子电流随输出功率而变化的曲线，称为异步电动机的工作特性。

思考与练习

4-1 简述三相异步电动机的主要结构及各部分的作用。

4-2 交流异步电动机的频率、极数和同步转速之间有什么关系？试求额定转速为 1 460 r/min 的异步电动机的极数和转差率。

4-3 解释异步电动机"异步"两字的由来，为什么异步电动机在作电动运行时的转速不能等于和大于同步转速？

4-4 什么是对称三相绕组？什么是对称三相电流？旋转磁场形成的条件是什么？

4-5 简述异步电动机的工作原理。

4-6 旋转磁场的转动方向是由什么决定的？如何使三相异步电动机反转？

4-7 三相异步电动机若只接两相电源，能否转动起来，为什么？

4-8 单相交流绕组和三相交流绕组所产生的磁势有何主要区别？与直流绕组磁势比较又有何区别？

4-9 异步电动机的感应电势公式和变压器感应电势公式有何区别？

4-10 比较变压器的折算和异步电动机的折算有哪些相同之处和不同之处？

4－11　异步电动机定子绕组和转子绕组之间没有直接的联系,为什么输出负载转矩增加时,定子电流和输入功率会自动增加?

4－12　三相异步电动机从空载运行到额定负载运行,其主磁通变化是否很大? 为什么?

4－13　一台三相异步电动机, $P_N = 3$ kW, $U_N = 380$ V, $n_N = 957$ r/min, Y 接法。$r_1 = 2.08\,\Omega$, $x_1 = 3.12\,\Omega$, $r'_2 = 1.525\,\Omega$, $x'_2 = 4.25\,\Omega$, $r_m = 4.12\,\Omega$, $x_m = 62\,\Omega$,试用 T 形和近似等值电路求定子电流 I_1 和转子电流 I'_2。

4－14　型号为 Y160－4 的三相异步电动机,铭牌数据如下:

$P_N = 15$ kW, $n_N = 1460$ r/min, $U_N = 360$ V, $I_N = 30.3$ A, $\cos\varphi_N = 0.85$, △接法。试求:(1)额定转差率 s_N;(2)额定时输入功率 P_{1N};(3)额定时的效率 η_N;(4)额定转矩 T_{2N}。

4－15　已知一台三相异步电动机,额定转速 $n_N = 980$ r/min,电源频率 $f_1 = 50$ Hz,试求额定运行时:(1)定子旋转磁场的同步转速;(2)转子电流的频率;(3)转子旋转磁场相对转子的转速;(4)转子旋转磁场相对定子的转速。

4－16　一台三相四极异步电动机, $P_N = 5.5$ kW, $n_N = 1460$ r/min, $f_1 = 50$ Hz;在额定负载运行条件下,测得定子铜损耗为 341 W,转子铜耗为 237.5 W,铁损耗为 167.5 W,机械损耗为 45 W,附加损耗为 29 W。试求:(1)画出功率流程图,并标明各功率和损耗;(2)计算 P_1, P_M, $P_{mec,t}$ 的值;(3)计算电机的效率 η。

4－17　条件同上题,试求额定条件下:(1)电磁转矩 T;(2)空载转矩 T_0;(3)输出转矩 T_2。

4－18　一台三相异步电动机,在额定状态下运行,其参数为 $U_N = 380$ V, $f_1 = 50$ Hz, $P_N = 7.5$ kW, $n_N = 962$ r/min,△接法, $\cos\varphi_N = 0.827$, $P_{Cu1} = 470$ W, $P_{Fe} = 234$ kW, $P_{mec} = 45$ W, $P_{ad} = 80$ W。试求额定运行时:(1)转差率 s_N;(2)转子电流频率 f_2;(3)机械功率 $P_{mec,t}$;(4)输入功率 P_{1N};(5)效率 η;(6)定子电流 I_{1N}。

4－19　条件同上题,试求:(1)电磁转矩 T;(2)空载转矩 T_0;(3)输出转矩 T_2。

4－20　一台三相异步电动机的输入功率为 8.6 kW,定子铜耗为 425 W,铁耗为 210 W,转差率 $s = 0.034$。试求:(1)电磁功率 P_M;(2)转子铜耗 P_{Cu2};(3)机械功率 $P_{mec,t}$。

第5章 三相异步电动机的拖动特性

- **知识目标** 掌握三相异步电动机的机械特性；
  掌握三相异步电动机的起动、调速、制动的基本概念、物理过程和特点。
- **能力目标** 学会三相异步电动机起动、调速、制动方法；
  学会维修拖动过程中出现的一些常见故障。
- **学习方法** 结合实验、录像、CAI 课件等进行学习，并注意与直流电动机拖动性能进行比较。

5.1 三相异步电动机的机械特性

5.1.1 机械特性方程

三相异步电动机的机械特性是指在一定条件下，电动机的转速与转矩之间的关系，即 $n = f(T)$。因为异步电动机的转速 n 与转差率 s 之间存在一定的关系，异步电动机的机械特性也可用 $T = f(s)$ 的形式表示，称 $T - s$ 曲线。

对于三相异步电动机，由式(4 – 41)得

$$T = \frac{P_M}{\Omega_1} = \frac{P_M}{\dfrac{2\pi n_1}{60}} = \frac{p}{2\pi f_1} \times 3(I_2')^2 \frac{r_2'}{s}。$$

同时，根据三相异步电动机的简化等效电路得

$$I_2' = \frac{U_1}{\sqrt{\left(r_1 + \dfrac{r_2'}{s}\right) + (x_1 + x_2')^2}}。$$

将 I_2' 代入 T 的公式，整理后可得异步电动机的机械特性方程的参数表达式为

$$T = \frac{3p}{2\pi f_1} U_1^2 \frac{\dfrac{r_2'}{s}}{\left(r_1 + \dfrac{r_2'}{s}\right)^2 + (x_1 + x_2')^2}, \tag{5-1}$$

式中，U_1——外施电源电压；

$\quad f_1$——电源频率；

$\quad r_1$，x_1——电机定子绕组参数；

$\quad r_2'$，x_2'——电机转子绕组参数。

由式(5 – 1)可知，机械特性方程为一个二次方程，当 s 为某一数值时，电磁转矩有一最大值 T_m。由数学知识可知，令 $dT/ds = 0$，即可求得此时的转差率，用 s_m 表示，即

$$s_{\mathrm{m}} = \frac{r_2'}{\sqrt{r_1^2 + (x_1 + x_2')^2}}。 \tag{5-2}$$

将式(5-2)代入式(5-1)，得对应的最大电磁转矩，即

$$T_{\mathrm{m}} = \frac{3p}{4\pi f_1} U_1^2 \frac{1}{r_1 + \sqrt{r_1^2 + (x_1 + x_2')^2}}。 \tag{5-3}$$

我们将产生最大电磁转矩 T_{m} 所对应的转差率 s_{m} 称为临界转差率。

由式(5-2)和式(5-3)可见：

① 当电源的频率及电机的参数不变时，最大电磁转矩 T_{m} 与定子绕组电压 U_1 的平方成正比；

② 最大电磁转矩 T_{m} 和临界转差率 s_{m} 都与定子电阻 r_1 及定子、转子漏抗 x_1，x_2' 有关；

③ 最大电磁转矩 T_{m} 和转子回路中的电阻 r_2' 无关，而临界转差率 s_{m} 则与 r_2' 成正比；所以，调节转子回路的电阻，可使最大转矩在任意 s 时出现。

电磁转矩的参数表达式便于分析参数变化对电机运行性能的影响。

5.1.2　固有机械特性方程

异步电动机的固有机械特性是指在额定电压和额定频率下，按规定方式接线，定子、转子外接电阻为零时，电磁转矩 T 与转差率 s 的关系，即 $T = f(s)$ 曲线。

当 $U = U_{\mathrm{N}}$，$f = f_{\mathrm{N}}$ 时，固有机械特性曲线如图 5-1 所示。

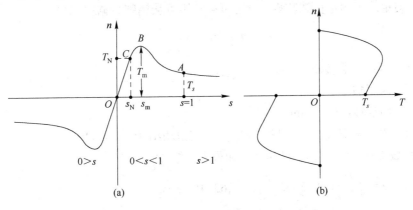

图 5-1　异步电动机的固有机械特性曲线

1. 曲线形状分析

① AB 段。因 s 较大，且异步电动机中 $r_1 + r_2' \ll x_1 + x_2'$，$T \approx \dfrac{3p U_1^2 \dfrac{r_2'}{s}}{2\pi f_1 (x_1 + x_2')^2}$，近似为双曲线。随着 s 的减小，T 反而增大。

② BO 段。因 s 很小，$T \approx \dfrac{3p U_1^2}{2\pi f_1 \dfrac{r_2'}{s}} = \dfrac{3p U_1^2 s}{2\pi f_1 r_2'}$，近似为直线。随着 s 的减小，T 亦减小。

2．曲线的几个特殊点的分析

① 起动点 A。电动机接入电网，在开始转动的瞬间，轴上产生的转矩叫电动机起动转矩（又称堵转转矩）。此时 $n = 0$，$s = 1$，$T = T_s = \dfrac{3pU_1^2 r_2'}{2\pi f_1 [(r_1 + r_2')^2 + (x_1 + x_2')^2]}$。只有当起动转矩 T_s 大于负载转矩 T_L 时，电动机才能起动。通常称起动转矩与额定电磁转矩的比值为电机的起动转矩倍数，用 K_T 表示，$K_T = T_s / T_N$。它表示起动转矩的大小，是异步电动机的一项重要指标，对于一般的鼠笼式异步电动机，起动转矩倍数 K_T 约为 $0.8 \sim 1.8$。

② 同步点 O。在理想电动机中，$n = n_1$，$s = 0$，$T = 0$。

③ 临界点 B。一般电动机的临界转差率约为 $0.1 \sim 0.2$，在 s_m 下，电动机产生最大电磁转矩 T_m。

④ 额定点 C。$T - s$ 曲线中的 AB 段为电动机运行的不稳定区，BO 段是稳定运行区，即异步电动机稳定运行区域为 $0 < s < s_m$。为了使电动机能够适应在短时间内过载而不停转，电动机必须留有一定的过载能力，额定运行点不宜靠近临界点，一般 s_N 为 $0.02 \sim 0.06$。

电动机经常工作在不超过额定负载的情况下。但在实际运行中，负载免不了会发生波动，出现短时超过额定负载转矩的情况。如果最大电磁转矩大于波动时的峰值，电动机还能带动负载，否则便不行了。最大转矩 T_m 与额定转矩 T_N 之比称为过载能力，用 λ 表示，即 $\lambda = T_m / T_N$。它也是异步电动机的一个重要指标，一般 λ 为 $1.6 \sim 2.2$。

异步电动机额定电磁转矩等于空载转矩加上额定负载转矩，因空载转矩比较小，有时认为额定电磁转矩等于额定负载转矩。额定负载转矩可从铭牌数据中求得，即

$$T_N = 9\,550\,\frac{P_N}{n_N}, \tag{5-4}$$

式中，T_N——额定负载转矩（N·m）；

P_N——额定功率（kW）；

n_N——额定转速（r／min）。

例 5-1 有一台鼠笼式三相异步电动机，额定功率 $P_N = 40\,\text{kW}$，额定转速 $n_N = 1\,450\,\text{r/min}$，过载系数 $\lambda = 2.2$，求额定转矩 T_N 和最大转矩 T_m。

解 $T_N = 9\,550\,\dfrac{P_N}{n_N} = 9\,550 \times \dfrac{40}{1\,450} = 263.45\,(\text{N·m})$，

$T_m = \lambda T_N = 2.2 \times 263.45 = 579.59\,(\text{N·m})$。

5.1.3 人为机械特性方程

人为机械特性就是人为地改变电源参数或电机参数而得到的机械特性。三相异步电动机的人为机械特性主要有以下两种。

1. 降低定子电压的人为机械特性

由公式（5-1）可知，当定子电压 U_1 降低时，电磁转矩与 U_1^2 成正比地降低，则最大电磁转矩 T_m 与起动转矩 T_s 都随电压平方降低。同步点不变。临界转差率与电压无关，即 s_m 也

保持不变。其特性曲线如图 5 - 2 所示。

　　2．转子串电阻的人为机械特性

　　此法适用于绕线式异步电动机。在转子回路内串入三相对称电阻时，同步点不变。s_{m} 与转子电阻成正比变化，而最大电磁转矩 T_{m} 因与转子电阻无关而不变，其机械特性如图 5 - 3 所示。

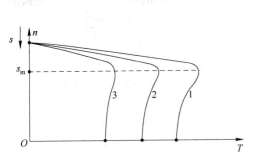

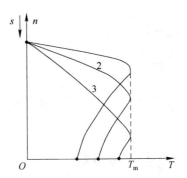

　　图 5 - 2　降低电压的人为机械特性曲线　　　　图 5 - 3　转子串电阻的人为机械特性
　　　　　（ $U_1 > U_2 > U_3$ ）　　　　　　　　　　　　　（ $r_1 < r_2 < r_3$ ）

5.2　生产机械的负载特性

　　生产机械的负载特性是指生产机械的转速 n 与负载转矩 T_{L} 之间的关系，即 $n = f(T_{\mathrm{L}})$。各种生产机械按负载特性的不同，大致可分为恒转矩负载、恒功率负载、通风机型负载三类。

5.2.1　恒转矩负载

　　恒转矩负载是指负载转矩 T_{L} 的大小不随转速的改变而改变的生产机械。它可分为反抗性恒转矩负载和位能性恒转矩负载两种。

　　1．反抗性恒转矩负载

　　反抗性恒转矩负载是指负载转矩的大小不变，但负载转矩的方向始终与生产机械运动的方向相反。例如生产机械的摩擦转矩，当转动方向改变时，摩擦转矩也随之反向。如图 5 - 4 所示。

　　2．位能性恒转矩负载

　　位能性恒转矩负载是指不论生产机械运动的方向变动与否，负载转矩的大小和方向始终不变。例如起重装置的吊钩及重物所产生的转矩。如图 5 - 5 所示。

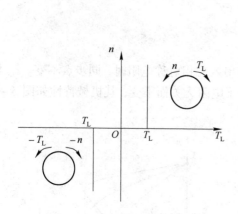

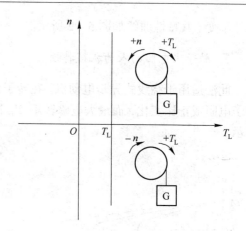

图 5 - 4　反抗性恒转矩负载特性　　　　　　　图 5 - 5　位能性恒转矩负载特性

5.2.2　恒功率负载

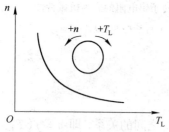

恒功率负载是指负载所需的功率为恒定值。因 $P_L = T_L \cdot \left(\dfrac{2\pi n}{60}\right) = \left(\dfrac{2\pi}{60}\right) T_L \cdot n$，所以负载转矩与转速成反比，如图 5 - 6 所示。例如车床的切削加工，粗加工时，切削量大，用低速；精加工时，切削量小，用高速。

图 5 - 6　恒功率负载特性

5.2.3　通风机型负载

通风机型负载是指负载转矩 T_L 的大小与转速 n 的平方成正比的生产机械，即 $T_L = Kn^2$。例如鼓风机、水泵、油泵等的叶片所受的阻转矩。负载特性如图 5 - 7 所示。

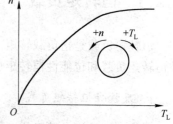

5.3　三相异步电动机的起动

三相异步电动机的起动就是转子转速从零开始到稳定运行为止的这一过程。衡量异步电动机起动性能的好坏要从起

图 5 - 7　通风机型负载特性

动电流、起动转矩、起动过程的平滑性、起动时间及经济性等方面来考虑，其中最主要的是：电动机应有足够大的起动转矩；在保证一定大小的起动转矩的前提下，起动电流越小越好。

异步电动机在刚起动时 $s = 1$，若忽略励磁电流，则起动电流为

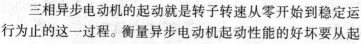

$$I_s \approx \frac{U_1}{\sqrt{(r_1 + r_2')^2 + (x_1 + x_2')^2}} \text{。} \tag{5-5}$$

由式(5 - 5)可见，起动电流即短路电流，其数值很大，一般用起动电流倍数 K_I 来表示。

起动电流倍数是指电动机的起动电流与额定电流的比值，约为 5 ~ 8 倍，即 $K_I = I_s / I_N$。这样大的起动电流，一方面在电源和线路上产生很大的压降，影响其他用电设备的正常运行，使电灯亮度减弱，电动机的转速下降，欠电压继电保护动作而将正在运转的电气设备断电。另一方面电流很大将引起电机发热，特别是对频繁起动的电动机，其发热更为厉害。

那么起动电流大时，起动转矩又如何呢？起动时虽然电流很大，但定子绕组阻抗压降变大，电压为定值，则感应电势将减小，主磁通 Φ_m 将减小，并且起动时电机的功率因数很小，所以起动转矩并不大。

从上面的分析可以看出，要改善起动性能，限制起动电流，可以采取降压或增大电机参数的起动方法。为了增大起动转矩，由式(5 - 1)可知，可适当加大转子回路的电阻。下面介绍几种异步电动机的常用起动方法。

5.3.1　鼠笼式异步电动机的起动

1．直接起动

直接起动是最简单的起动方法。起动时用闸刀开关、磁力起动器或接触器将电动机定子绕组直接接到电源上，其接线图如图 5 - 8 所示。直接起动时，起动电流很大，一般选取保险丝的额定电流为电机额定电流的 2.5 ~ 3.5 倍。

对于一般小型鼠笼式异步电动机，如果电源容量足够大时，应尽量采用直接起动方法。对于某一电网，多大容量的电动机才允许直接起动，可按经验公式来确定，即

$$K_I = \frac{I_s}{I_N} \leqslant \frac{1}{4}\left[3 + \frac{电源总容量(kVA)}{电动机额定功率(kW)}\right]。 \tag{5 - 6}$$

电动机的起动电流倍数 K_I 须符合式(5 - 6)中电网允许的起动电流倍数，才允许直接起动，否则应采取降压起动。一般 10 kW 以下的电动机都可以直接起动。随电网容量的加大，允许直接起动的电动机容量也变大。

2．降压起动

降压起动是指电动机在起动时降低加在定子绕组上的电压，起动结束后加额定电压运行的起动方式。

降压起动虽然能降低电动机起动电流，但由于电动机的转矩与电压的平方成正比，因此降压起动时电动机的转矩也减小较多，故此法一般适用于电动机空载或轻载起动。降压起动的方法有以下几种。

1) 定子串接电抗器的降压起动

方法：起动时，将电抗器(或电阻)接入定子电路，从而起到降压的目的；起动后，切除所串的电抗器(或电阻)，电动机在全压下正常运行。

三相异步电动机定子边串入电抗器(或电阻)起动时，定子绕组实际所加电压降低，从而减小了起动电流。但定子边串电阻起动时，能耗较大，实际应用不多。

2) Y - △起动

方法：起动时将定子绕组接成 Y 形，起动结束运行时定子绕组则改接成△形，其接线图

如图 5 – 9 所示。对于运行时定子绕组为 Y 形的鼠笼式异步电动机则不能采用 Y – △ 起动方法。

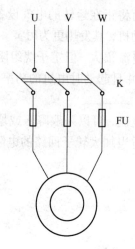

图 5 – 8　异步电动机直接起动接线图

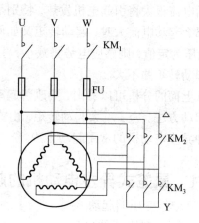

图 5 – 9　Y – △ 起动原理图

　　Y – △ 起动时的起动电流 I_s' 与直接起动时的起动电流 I_s 的关系(注:起动电流是指线路电流而不是指定子绕组的电流)如何呢?

　　设电动机直接起动时,定子绕组接成 △ 形,如图 5 – 10(a)所示,每相绕组所加电压大小为 $U_1 = U_N$,电流为 $I_\triangle$,则电源输入的线电流为 $I_s = \sqrt{3}\,I_\triangle$。

　　若采用 Y 形起动时,如图 2 – 16(b)所示,每相绕组所加电压为 $U_1' = \dfrac{U_1}{\sqrt{3}} = \dfrac{U_N}{\sqrt{3}}$,电流为

$$I_s' = I_Y;$$

$$\frac{I_s'}{I_s} = \frac{I_Y}{\sqrt{3}\,I_\triangle} = \frac{U_N/\sqrt{3}}{\sqrt{3}\,U_N} = \frac{1}{\sqrt{3}} \cdot \frac{1}{\sqrt{3}} = \frac{1}{3};$$

所以
$$I_s' = \frac{1}{3} I_s。 \tag{5 – 7}$$

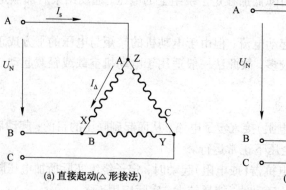

(a) 直接起动(△ 形接法)

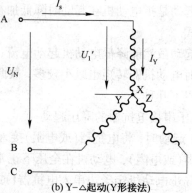

(b) Y – △起动(Y形接法)

图 5 – 10　Y – △ 起动电流分析图

由式 5 – 7 可知，Y – △ 起动时，对供电变压器造成冲击的起动电流是直接起动时的 1 / 3。

Y – △ 起动时起动转矩为 T_s' 与直接起动时起动转矩为 T_s 的关系又如何呢？

因为

$$\frac{T_s'}{T_s} = \left(\frac{U_1'}{U_1}\right)^2 = \frac{1}{3}, \qquad (5-8)$$

即

$$T_s' = \frac{1}{3} T_s,$$

所以由式(5 – 8)可知，Y – △ 起动时起动转矩也是直接起动时的 1 / 3。

Y – △ 起动比定子串电抗器(或电阻)起动性能要好，且方法简单，价格便宜，因此在 $T_L \leqslant \dfrac{T_s}{1.1} = \dfrac{T_s}{1.1 \times 3} = 0.3 \, T_s$ 的轻载或空载情况下，应优先采用。我国采用 Y – △ 起动方法的电动机的额定电压都是 380 V，绕组采用 △ 接法。

3）自耦变压器起动

方法：自耦变压器也称起动补偿器。起动时将电源接在自耦变压器初级，次级接电动机。起动结束后切除自耦变压器，将电源直接加到电动机上运行。

三相鼠笼式异步电动机采用自耦变压器降压起动的接线如图 5 – 11 所示，其起动的一相线路如图 5 – 12 所示。

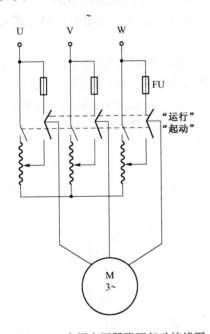

图 5 – 11　自耦变压器降压起动接线图

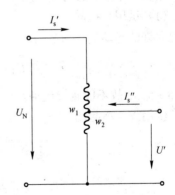

图 5 – 12　自耦变压器降压起动的一相线路

设自耦变压器变比为 $K = \dfrac{w_1}{w_2} > 1$，则直接起动时定子绕组的电压 U_N、电流 I_s 与降压起动时承受的电压 U'、电流 I_s' 关系为

$$\frac{U_N}{U'} = \frac{w_1}{w_2} = K;$$

$$\frac{I_s}{I_s''} = \frac{U_N}{U'} = K_\circ$$

而所谓的起动电流是指电网供给线路的电流，即自耦变压器原边的电流 I_s'，它与副边起动时电流 I_s'' 关系为

$$\frac{I_s''}{I_s'} = \frac{w_1}{w_2} = K_\circ$$

因此降压起动电流 I_s' 与直接起动电流 I_s 的关系为

$$I_s' = \left(\frac{1}{K}\right)^2 I_{s\circ} \tag{5-9}$$

而自耦变压器降压起动时转矩 T_s' 与直接起动时转矩 T_s 的关系为

$$\frac{T_s'}{T_s} = \left(\frac{U'}{U_N}\right)^2 = \left(\frac{1}{K}\right)^2, \tag{5-10}$$

即

$$T_s' = \left(\frac{1}{K}\right)^2 T_{s\circ}$$

　　可见，采用自耦变压器降压起动，起动电流和起动转矩都降为直接起动的 $(1 / K)^2$ 倍。自耦变压器一般有 2～3 组抽头，其电压可以分别为原边电压 U_1 的 80%，65% 或 80%，60%，40%。

　　该种方法对定子绕组采用 Y 形或 △ 形接法都可以使用，缺点是设备体积大，投资较大。

　　例 5-2　已知一台 J02-93-6 鼠笼式异步电动机的技术数据为：额定容量 $P_N = 55\,kW$，△ 接线，全压起动电流倍数 $K_I = 6$，起动转矩倍数 $K_T = 1.25$，电源容量为 1 000 kVA。若电动机带额定负载起动，试问应采用什么方法起动？并计算起动电流和起动转矩。

　　解　（1）试用直接起动
　　电源允许的起动电流倍数为

$$K_1 \leqslant \frac{1}{4}\left[3 + \frac{1\,000}{55}\right] = 5.3,$$

而 $K_1 = 6 > 5.3$，故不能直接起动。

　　（2）试用 Y-△ 起动

$$I_{sY} = \frac{1}{3} I_{s\triangle} = \frac{1}{3} \times 6 I_N = 2 I_N,$$

$$K_1 = \frac{I_{sY}}{I_N} = 2 < 5.3,$$

$$T_{sY} = \frac{1}{3} T_s = \frac{1}{3} \times K_T T_N = \frac{1}{3} \times 1.25 T_N = 0.42 T_N < T_{N\circ}$$

起动电流可以满足要求，但起动转矩太小，故不能使用 Y-△ 起动。

　　（3）试用自耦变压器起动
　　选用抽头，使其变比为 K，则用自耦变压器起动时的起动电流 I_{sZ} 为

$$I_{sZ} = K^2 I_s = K^2 \times 6 I_{N\circ}$$

因起动电流倍数小于电源允许起动电流倍数,有

$$\frac{I_{sZ}}{I_N} = 6K^2 < 5.3,$$

$$K < 0.94,$$

同时,

$$T_{sZ} = K^2 T_s = K^2 K_T T_N > T_N;$$

有

$$K^2 \cdot K_T > 1,$$

$$K > \sqrt{\frac{1}{K_T}} = \sqrt{\frac{1}{1.25}} = 0.894;$$

所以自耦变压器的抽头 $0.894 < K < 0.94$。

例 5 – 3　有一台 Y250M – 4 异步电动机,其 $P_N = 55\ \text{kW}$, $I_N = 103\ \text{A}$, $K_I = 7$, $K_T = 2$。若带有 0.6 倍额定负载转矩起动,宜采用 Y – △ 起动还是自耦变压器(抽头为 65% 和 80%)起动?

解　(1) 若选用 Y – △ 起动,则

起动电流为

$$I_{sY} = \frac{1}{3} I_s = \frac{1}{3} \times 7 I_N = 2.33 I_N;$$

起动转矩为

$$T_{sY} = \frac{1}{3} T_s = \frac{1}{3} \times 2 T_N = 0.667 T_N > 0.6 T_N。$$

(2) 若选用自耦变压器起动,用 65% 抽头,则

起动电流为

$$I_{s65} = 0.65^2 I_s = 0.65^2 \times 7 I_N = 2.96 I_N;$$

起动转矩为

$$T_{s65} = 0.65^2 T_s = 0.65^2 \times 2 T_N = 0.845 T_N > 0.6 T_N。$$

二者比较后可以看出,起动转矩均能满足要求,但 Y – △ 起动时起动电流相对较小,所以宜选用 Y – △ 起动。

4) 延边三角形起动

延边三角形降压起动如图 5 – 13 所示,它介于自耦变压器起动与 Y – △ 起动方法之间。

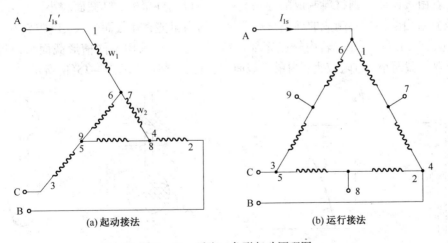

(a) 起动接法　　　　　　　　　　(b) 运行接法

图 5 – 13　延边三角形起动原理图

如果将延边三角形看成一部分为 Y 形接法,另一部分为 △ 形接法,则 Y 形部分比重越大,起动时电压降得越多。根据分析和试验可知,Y 形和 △ 形的抽头比例为 1:1 时,电动机每相电压是 268 V;抽头比例为 1:2 时,每相绕组的电压为 290 V。可见,延边三角形可采用

不同的抽头比，来满足不同负载特性的要求。

延边三角形起动的优点是节省金属，重量轻；缺点是内部接线复杂。

3．深槽式与双鼠笼式电动机

从鼠笼式电动机的起动情况看，若采用全压起动，则起动电流过大，既影响电网电压，又不利于电机本身；若采用降压起动，虽然可以减少起动电流，但起动转矩也相应减小。根据式(5－1)可知，若适当增加转子电阻，就可以在一定范围内提高起动转矩、减小起动电流。为此，人们通过改进鼠笼结构，利用趋肤效应来实现转子电阻的自动调节，即起动时电阻较大，正常运转时电阻变小，以达到改善起动性能的目的。具有这种改善起动性能的鼠笼式电动机有深槽式和双鼠笼式两种。

1）深槽式异步电动机

这种电机的转子槽做得又深又窄，如图5－14(a)所示。当转子绕组有电流时，槽中漏磁通分布是越靠底边导体所链的漏磁通越多，槽漏抗越大。

在起动时，转子频率高($f_2 = f_1$)，漏抗在阻抗中占主要部分。这时，转子电流的分布基本上与漏抗成反比，电流密度 j 沿槽高 h 的分布如图5－14(b)所示，其效果犹如导体有效高度及截面积的缩小，增大了转子电阻 r'_2，因而可以增大起动转矩，改善电机的起动性能。这种在频率较高时，电流主要分布在转子的上部的现象，称之为趋肤效应。

正常运转时，转子电流频率很小，相应漏抗减少，这时导体中电流分配主要取决于电阻，且均匀分布，趋肤效应消失，转子电阻减小，于是深槽式电动机获得了与普通鼠笼式电动机相近的运行特性。但深槽式电机由于其槽狭而深，故正常工作时漏抗较大，致使电机功率因数、过载能力稍有降低。

2）双鼠笼式异步电动机

双鼠笼式电动机的结构特点是转子铁心上有两套分开的短路绕组。位于转子外表的槽内，放置着由黄铜或青铜材料制成的导条与端环组成的外鼠笼，其截面较小，电阻较大；而内层则放置着由紫铜材料制成的导条与端环组成的内鼠笼，其截面较大，电阻较小。转子槽形结构如图5－15(a)所示。若内外鼠笼都用铸铝材料，可采用不同槽形截面来取得不同阻值，即外鼠笼截面小，电阻较大；内鼠笼截面大，电阻较小，如图5－15(b)所示。

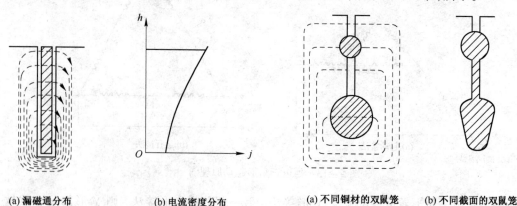

(a) 漏磁通分布　　　(b) 电流密度分布　　　(a) 不同铜材的双鼠笼　　　(b) 不同截面的双鼠笼

图5－14　深槽式转子的趋肤效应　　　　图5－15　双鼠笼式电机的绕组

起动时，转子电流频率高，漏抗大于电阻，内鼠笼电抗大，电流趋肤效应明显，使转子有效截面积减小，电阻变大，可产生较大的起动转矩。因起动时外鼠笼起主要作用，故称其为起动笼。

正常运转时，转子电流频率很低，此时漏抗很小，外鼠笼、内鼠笼电流分配决定于它们的电阻。因外鼠笼电阻大，于是电流大部分在内鼠笼流过，产生正常运行时的转矩，所以把内鼠笼称为运行笼。

双鼠笼式电动机起动性能比深槽式电动机还好，它与一般电动机相比，由于工作绕组位于转子铁心深处，漏感抗较大，功率因数和过载能力都比较低。

5.3.2　绕线式异步电动机的起动

在分析异步电动机的机械特性时已经说明，适当增加转子回路的电阻可以提高起动转矩。绕线式异步电动机正是利用这一特性，起动时在转子回路中串入电阻器或频繁变阻器来改善起动性能。

1. 转子串接电阻器起动

方法：起动时，在转子回路中串接起动电阻器，借以提高起动转矩，同时因转子回路中电阻的增大也限制了起动电流；起动结束，切除转子回路所串电阻。为了在整个起动过程中得到比较大的起动转矩，须分几级切除起动电阻。起动接线图和特性曲线如图 5-16 所示。

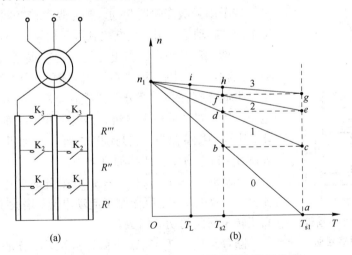

图 5-16　绕线式电动机起动接线图和特性曲线

起动过程如下。

① 断开接触器触点 K_1，K_2，K_3，电动机定子绕组接额定电压，转子绕组每相串入全部电阻。如正确选取电阻器的电阻值，使转子回路的总电阻值 $R_2' \approx x_{20}$，则由式（5-2）可知，此时 $s_m = 1$，即最大转矩产生在电动机起动的瞬间，如图 5-14 中曲线 0 中的 a 点，起动转矩为 T_{s1}。

② 由于 $T_{s1} > T_L$，电机加速到 b 点时，$T = T_{s2}$。为了加速起动过程，接触器 K_1 闭合，

切除起动电阻 R'，特性变为曲线 1。因机械惯性，转子转速瞬时不变，则工作点水平过渡到 c 点，使该点 $T = T_{s1}$。

③ 因 $T_{s1} > T_L$，转速沿曲线 1 继续上升，到 d 点时 K_2 闭合，R'' 被切除，电动机运行点从 d 转变到特性曲线 2 上的 e 点……依次类推，直到切除全部电阻，电动机便沿着固有特性曲线 3 加速，经 h 点，最后运行于 i 点（$T = T_L$）。

上述起动过程中，电阻分三级切除，故称为三级起动。这种起动方法需要计算起动电阻的阻值。

根据式（5－2）可知，$s_m \propto r_2' + R$，说明临界转差率 s_m 总是与转子回路总电阻（$r_2' + R$）成正比。同时，为了简化计算，在 $0 < s < s_m$ 范围内，我们可将机械特性近似看成一条直线。则当转矩一定时，转子回路串入不同数值电阻 R 后，$s \propto s_m \propto r_2' + R$。

由此可得

$$\frac{r_2'}{s_0} = \frac{r_2' + R'}{s_1} = \frac{r_2' + R''}{s_2} = \frac{r_2' + R'''}{s_3} = \cdots = 常数 \qquad (5-11)$$

上述分析过程是计算起动电阻的依据，在实际中起动电阻可用做图法和解析法计算。

转子串电阻起动，在整个起动过程中产生的转矩都是比较大的，适合于重载启动，广泛用于桥式起重机、卷扬机、龙门吊车等重载设备。其缺点是所需起动设备较多，起动时有一部分能量消耗在起动电阻上，起动级数也较少。

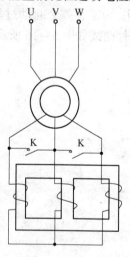

图 5－17　异步电动机
串频敏变阻器起动

2. 转子串频敏变阻器起动

转子串频敏变阻器起动，能克服串接变阻器起动中分级切除电阻、起动不平滑、触点控制可靠性差等缺点。

所谓频敏变阻器，实质上是一台铁损很大的电抗器。它是一个三相铁心线圈，其铁心不用硅钢片而用厚钢板叠成。铁心中产生涡流损耗和一部分磁滞损耗，铁心损耗相当于一个等值电阻，其线圈又是一个电抗，其电阻和电抗都随频率变化而变化，故称频敏变阻器。它与绕线式异步电动机的转子绕组相接，如图 5－17 所示，其工作原理如下。

起动时，$s = 1$，$f_2 = f_1 = 50$ Hz，此时频敏变阻器的铁心损耗大，等效电阻大，既限制了起动电流，增大了起动转矩，又提高了转子回路的功率因数。

随着转速 n 升高，s 下降，f_2 减小，铁心损耗和等效电阻也随之减小，相当于逐渐切除转子电路所串的电阻。起动结束时，$n = n_N$，$f_2 = s_N f_1 (\approx 1 \sim 3)$ Hz，此时频敏变阻器基本上已不起作用，可以闭合接触器触点 K，予以切除。

频敏变阻器起动具有结构简单、造价便宜、维护方便、无触点、运行可靠、起动平滑等优点。但与转子串电阻起动相比，在同样的起动电流下，因它具有一定的线圈电抗，功率因数较低，起动转矩要小一些，故一般适用于电机的轻载起动。

5.4　三相异步电动机的调速

在近代工业生产中，为提高生产率和保证产品质量，常要求生产机械能在不同的转速下进行工作，但三相异步电动机的调速性能远不如直流电动机。近年来，随着电力电子技术的发展，异步电动机的调速性能大有改善，交流调速应用日益广泛，在许多领域有取代直流调速系统的趋势。

调速是指在生产机械负载不变的情况下，人为地改变电动机定子、转子电路中的有关参数，来达到速度变化的目的。

从异步电动机的转速关系式 $n = n_1(1 - s) = \dfrac{60f_1}{p}(1 - s)$ 可以看出，异步电动机调速可分为以下三大类。

① 改变定子绕组的磁极对数 p——变极调速。

② 改变供电电网的频率 f_1——变频调速。

③ 改变电动机的转差率 s。方法有改变电压调速、绕线式电机转子串电阻调速和串级调速。

5.4.1　变极调速

在电源频率不变的条件下，改变电动机的极对数，电动机的同步转速 n_1 就会发生变化，从而改变电动机的转速。若极对数减少一半，同步转速就提高一倍，电动机转速也几乎升高一倍。

变极一般采用反向变极法，即通过改变定子绕组的接法，使之半绕组中的电流反向流通，极数就可以改变。这种因极数改变而使其同步转速发生相应变化的电机，我们称之为多速电动机。其转子均采用鼠笼式转子，因其感应的极数能自动与定子变化的极数相适应。

下面以 U 相绕组为例来说明变极原理。先将其两半相绕组 $1U_1$ 和 $1U_2$ 与 $2U_1$ 和 $2U_2$ 采用顺向串联，绕组中电流方向如图 5 - 18 所示。显然，此时产生的定子磁场是四极的。

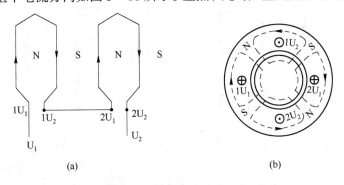

$$(a) \qquad\qquad\qquad (b)$$

图 5 - 18　三相四极电动机定子 U 相绕组

若将 U 相绕组中的半相绕组 $1U_1$ 和 $1U_2$ 反向，再将两绕组串联，如图 5 - 19(a)所示；或将两绕组并联，如图 5 - 19(b)所示。改变接线方法后的电流方向如图 5 - 19(c)所示。显然，此时产生的定子磁场是二极的。

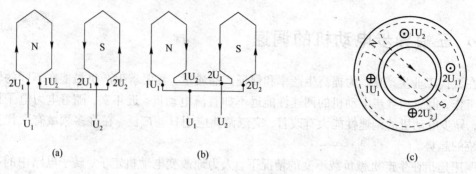

图 5-19　三相二极电动机定子 U 相绕组

常用的多极电机定子绕组联接方式有两种。一种是从星形改成双星形，写作 Y／YY，如图 5-20 所示。该方法可保持电磁转矩不变，适用于起重机、传输带运输等恒转矩的负载。另一种是从三角形改成双星形，写作△／YY，如图 5-21 所示。该方法可保持电机的输出功率基本不变，适用于金属切削机床类的恒功率负载。这两种接法都可使电机极数减少一半。注意：在绕组改接时，为了使电机转向不变，应把绕组的相序改接一下。

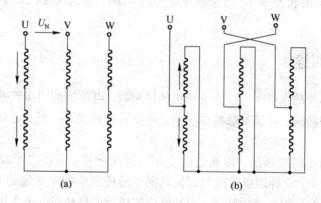

图 5-20　异步电动机 Y／YY 变极调速接线图

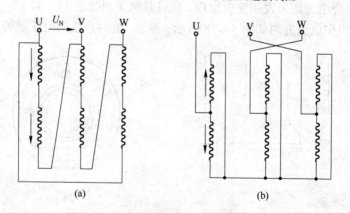

图 5-21　三相异步电动机△／YY 变极调速图

变极调速所需设备简单、体积小、重量轻，具有较硬的机械特性，稳定性好。但这种调速是有级调速，且绕组结构复杂、引出头较多，调速级数少。

5.4.2　变频调速

随着晶闸管整流和变频技术的迅速发展，异步电动机的变频调速应用日益广泛，有逐步取代直流调速的趋势，它主要用于拖动泵类负载，如通风机、水泵等。

从公式 $n_1 = \dfrac{60f_1}{p}$ 可知，在定子绕组极对数一定的情况下，旋转磁场的转速 n_1 与电源频率 f_1 成正比，所以连续地调节频率就可以平滑地调节异步电动机的转速。

在变频调速中，由定子电势方程式 $U_1 \approx E_1 = 4.44 f_1 N_1 K_{w1} \Phi_m$ 可以看出，当降低电源频率 f_1 调速时，若电源电压 U_1 不变，则磁通 Φ_m 将增加，使铁心饱和，从而导致励磁电流和铁损耗大量增加，电机升温过高，这是不允许的。因此在变频调速的同时，为保持磁通 Φ_m 不变，就必须降低电源电压，使 U_1 / f_1 为常数。另在变频调速中，为保证电机的稳定运行，应维持电机的过载能力 λ 不变。

变频调速的主要优点：一是能平滑无级调速、调速范围广、效率高；二是因特性硬度不变，系统稳定性较好；三是可以通过调频改善起动性能。主要缺点是系统较复杂、成本较高。

5.4.3　改变转差率调速

1. 改变定子电压调速

此法适用于鼠笼式异步电动机。对于转子电阻大、机械特性曲线较软的鼠笼式异步电动机，如所加在定子绕组上的电压发生改变，则负载转矩 T_L 对应于不同的电源电压 U_1，U_2，U_3，可获得不同的工作点 a_1，a_2，a_3，从而获得不同的转速。如图 5 - 22 所示，显然电动机的调速范围很宽。缺点是低压时机械特性太软，转速变化大，可采用带速度负反馈的闭环控制系统来解决该问题。

过去改变电源电压调速都采用定子绕组串电抗器来实现，这种方法损耗较大，目前已广泛采用晶闸管交流调压线路来实现。

2. 转子串电阻调速

此法只适用于绕线式异步电动机。绕线式异步电动机转子串电阻的机械特性如图 5 - 23 所示。转子串电阻时最大转矩不变，临界转差率加大。所串电阻越大，则运行段机械特性的斜率越大。若带恒转矩负载，原来运行在固有特性上的 a 点，转子串电阻 R_1 后，就运行于 b 点，转速由 n_a 变为 n_b，依次类推。

根据式(5 - 11)可知，在转子串电阻 R_1 前后，有 $\dfrac{r_2}{s_a} = \dfrac{r_2 + R_1}{s_b} =$ 常数，因而绕线式异步电动机转子串电阻调速时，调速电阻的计算公式为

$$R_1 = \left(\frac{s_b}{s_a} - 1 \right) r_2, \tag{5 - 12}$$

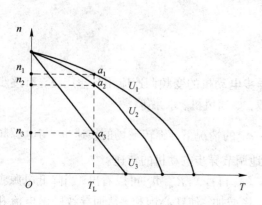

图 5-22　鼠笼式异步电动机调压调速　　　　　图 5-23　转子串电阻调速的机械特性

式中，s_a——转子串电阻前电机运行的转差率；

$\qquad s_b$——转子串入电阻 R_1 后新稳态时电机的转差率；

$\qquad r_2$——转子一相绕组电阻，$r_2 = \dfrac{s_N E_{2N}}{\sqrt{3}\, I_{2N}}$。

如果是已知转子串入的电阻值，要求调速后的电动机转速，则只要将式(5-12)稍加变换，先求出 s_b，再求转速 n_b。

由于在异步电动机中，电磁功率 P_M、机械功率 $P_{mec,\,t}$ 与转子铜损 P_{Cu2} 三者之间的关系为

$$P_N : P_{mec,\,t} : P_{Cu2} = 1 : (1-s) : s ; \qquad\qquad (5-13)$$

所以，若转速越低，转差率 s 越大，则转子损耗就越大。可见低速运行时电动机效率并不高。

转子串电阻调速的优点是方法简单，主要用于中、小容量的绕线式异步电动机，如桥式起动机等。

例 5-4　一台绕线式异步电动机：$P_N = 75\ \text{kW}$，$n_N = 1\,460\ \text{r/min}$，$U_{1N} = 380\ \text{V}$，$I_{1N} = 144\ \text{A}$，$E_{2N} = 399\ \text{V}$，$I_{2N} = 116\ \text{A}$，$\lambda = 2.8$，试求：

(1) 转子回路串入 $0.5\ \Omega$ 电阻时，电机运行的转速为多少？

(2) 额定负载转矩不变，要求把转速降至 $500\ \text{r/min}$，转子每相应串入多大电阻？

解　(1) 额定转差率为 $s_N = \dfrac{n_1 - n_N}{n_1} = \dfrac{1\,500 - 1\,460}{1\,500} = 0.027$。

转子每相电阻为 $\qquad r_2 = \dfrac{s_N E_{2N}}{\sqrt{3}\, I_{2N}} = \dfrac{0.027 \times 399}{\sqrt{3} \times 116} = 0.053\,6\ \Omega$。

当串入电阻 $R_1 = 0.5\ \Omega$ 时，电机此时转差率 s_b 为

$$s_b = \frac{r_2 + R_1}{R_1} s_N = \frac{0.053\,6 + 0.5}{0.5} \times 0.027 = 0.029\,9 ,$$

转速为 $\qquad n_b = (1 - s_b) n_1 = (1 - 0.029\,9) \times 1\,500 = 1\,455\ \text{r/min}$。

(2) 转子串电阻后转差率为

$$s_b' = \frac{n_1 - n}{n_1} = \frac{1\,500 - 500}{1\,500} = 0.667 。$$

转子每相所串电阻为

$$R_1 = \left(\frac{s_b'}{s_N} - 1 \right) r_2 = \left(\frac{0.667}{0.027} - 1 \right) \times 0.053\,6 = 1.27\ \Omega。$$

3．串级调速

所谓串级调速，就是在异步电动机的转子回路串入一个三相对称的附加电势 $\dot{E}_f$，其频率与转子电势 $\dot{E}_{2s}$ 相同，改变 $\dot{E}_f$ 的大小和相位，就可以调节电动机的转速。它也只适用于绕线式异步电动机。

1）低同步串级调速

若 $\dot{E}_f$ 与 $\dot{E}_{2s}$ 相位相反，则转子电流 I_2 为

$$I_2 = \frac{sE_{20} - E_f}{\sqrt{r_2^2 + (sx_2)^2}}。$$

电动机的电磁转矩 T 与电流 I_2 的大小是成正比的。可见，当电动机拖动恒转矩负载时，因串入相反的 $\dot{E}_f$ 后，电流 I_2 减小，电磁转矩 T 也就减小了，使得电动机转速降低。串入附加电势越大，转速降得越多。这种引入 $\dot{E}_f$ 后，使电动机转速降低，称为低同步串级调速。

2）超同步串级调速

若 $\dot{E}_f$ 与 $\dot{E}_{2s}$ 同相位，则转子电流 I_2 为

$$I_2 = \frac{sE_{20} + E_f}{\sqrt{r_2^2 + (sx_2)^2}}。$$

电流 I_2 增大，则总电磁转矩 T 也增大，电动机转速上升。这种当拖动恒转矩负载时，因引入与 $\dot{E}_{2s}$ 同相的 $\dot{E}_f$ 后，导致转速升高，称为超同步串级调速。

串级调速性能比较好，过去由于附加电势 $\dot{E}_f$ 的获得比较难，长期以来没能得到推广。近年来，随着可控硅技术的发展，串级调速有了广阔的发展前景。现已日益广泛地用于水泵和风机的节能调速，应用于不可逆轧钢机、压缩机等很多生产机械。

5.5　三相异步电动机的反转与制动

5.5.1　三相异步电动机的反转

由三相异步电动机的工作原理可知，电动机的旋转方向取决于定子旋转磁场的旋转方向。因此，只要改变旋转磁场的旋转方向，就能使三相异步电动机反转。图 5－24 是利用倒顺开关 S 来实现电动机正、反转的原理线路图。

当 S 向上合闸时，定子绕组分别接通 U，V，W 三相电，电动机正转。当 S 向下合闸时，则分别接通 V，U，W 三相电，即将电动机任意两相绕组与电源接线互调，则旋转磁场反向，电动机跟着反转。

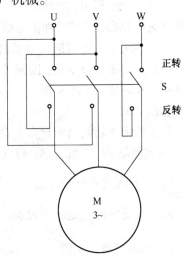

图 5－24　异步电动机正、反转原理线路图

5.5.2 三相异步电动机的制动

电动机除了上述电动状态外，在下述情况运行时，则属于电动机的制动状态。

① 在负载转矩为位能性负载转矩的机械设备中(例如起重机下放重物时，运输工具在下坡运行时)使设备保持一定的运行速度。

② 在机械设备需要减速或停止时，电动机能实现减速和停止。

三相异步电动机的制动方法主要有机械制动和电气制动两类。机械制动是利用机械装置使电动机从电源切断后能迅速停转。它的结构有好几种形式，应用较普遍的是电磁抱闸，它主要用于起重机械上吊重物时，使重物能迅速而又准确地停留在某一位置上。

电气制动是使异步电动机所产生的电磁转矩 T 和电动机转子的转速 n 的方向相反。电气制动通常可分为能耗制动、反接制动和回馈制动三类。

1. 能耗制动

方法：将运行着的异步电动机的定子绕组从三相交流电源上断开后，立即接到直流电源上，如图 5 – 25 所示，通过断开 S_1，闭合 S_2 来实现。

当定子绕组接通直流电源时，在电机中将产生一个恒定磁场。当转子因机械惯性而按原转速方向继续旋转时，转子导体会切割这一恒定磁场，从而在转子绕组中产生感应电势和电流。转子电流又和恒定磁场相互作用产生电磁转矩 T，根据右手定则可以判断电磁转矩的方向与转子转动的方向相反，则 T 为一制动转矩。在制动转矩作用下，转子转速将迅速下降，当 $n = 0$ 时，$T = 0$，制动过程结束。这种制动方法是将转子的动能转变为电能，并消耗在转子回路的电阻上，所以称为能耗制动。

如图 5 – 26 所示，电动机正常正向运行时工作在固有机械特性 1 上的 a 点。当定子绕组改接直流电源后，机械特性由曲线 1 变为曲线 2(因为，由上面分析可知，此时电磁转矩 T 与转速 n 方向相反，所以能耗制动时机械特性位于第 II 象限)。又因为机械惯性，电机在此瞬间的转速并未来得及变化，因而工作点由 a 点平移至 b 点。因 b 点对应的电磁转矩 $T < 0$，则电机将不断减速，转速 n 变小，电机的运行点也从 b 点沿曲线 2 下移直至 O 点，此刻 $T = 0$，制动过程结束。

对于采用能耗制动的异步电动机，既要求有较大的制动转矩，又要求定子、转子回路中电流不能太大而使绕组过热。根据经验，能耗制动时对鼠笼式异步电动机取直流励磁电流为 $(4 \sim 5) I_0$，对绕线式异步电动机取 $(2 \sim 3) I_0$。取制动时所串电阻 $R = (0.2 \sim 0.4) \dfrac{E_{2N}}{\sqrt{3} I_{2N}}$。

能耗制动的优点是制动力强，制动较平稳。缺点是需要一套专门的直流电源供制动用。

2. 反接制动

反接制动分为电源反接制动和倒拉反接制动两种。

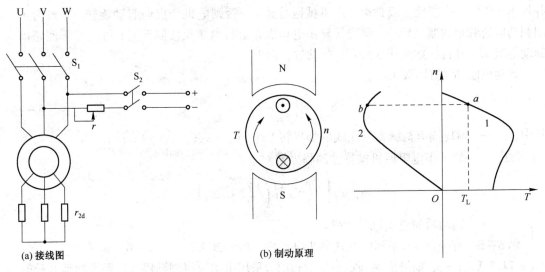

<table>
<tr><td>(a) 接线图</td><td>(b) 制动原理</td></tr>
</table>

图 5 – 25　能耗制动原理图　　　　　图 5 – 26　能耗制动的机械特性图

　　　　　　　　　　　　　　　　　　　　　　1—固有机械特性；2—能耗制动机械特性

1）电源反接制动

　　方法：改变电动机定子绕组与电源的联接相序，如图 5 – 27 所示，断开 K_1，接通 K_2 即可。当电源的相序发生变化，旋转磁场 n_1 立即反转，从而使转子绕组中的感应电势、电流和电磁转矩都改变方向。因机械惯性，转子转向未发生变化，则电磁转矩 T 与转子的转速 n 方向相反，电机进入制动状态，这个制动过程我们称为电源反接制动。

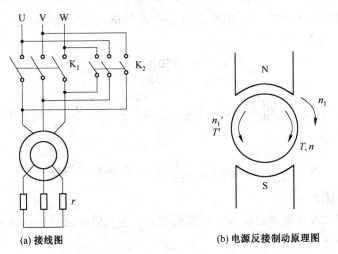

(a) 接线图　　　　　　　(b) 电源反接制动原理图

图 5 – 27　绕线式异步电动机电源反接制动图

　　电源反接制动的机械特性如图 5 – 28 所示。制动前，电机工作在曲线 1 的 a 点，电源反接制动时，由上面分析可知，旋转磁场的同步转速 $n_1 < 0$，转子的转速 $n > 0$，相对应的转差率 $s = \dfrac{-n_1 - n}{-n_1} > 1$，且此刻电磁转矩 $T < 0$，机械特性如图 5 – 28 中曲线 2 所示。因机械惯性转速瞬时不变，工作点由 a 点平移至 b 点，逐渐减速，当到达 c 点时 $n = 0$，此时可切断电源

并停车。如果是位能性负载必须使用机械抱闸装置，否则电机会反向起动旋转。一般为了限制制动电流和增大制动转矩，绕线式异步电动机在进行电源反接制动时，可在转子回路串入制动电阻 R，其特性如曲线 3 所示，制动过程同上。

制动电阻 R 的计算，即

$$R = \left(\frac{s'_m}{s_m} - 1 \right) r_2, \tag{5-14}$$

其中，s_m——对应固有机械特性曲线的临界转差率，$s_m = s_N \left(\lambda + \sqrt{\lambda^2 - 1} \right)$；

s'_m——转子串电阻后机械特性的临界转差率，

$$s'_m = s \left[\frac{\lambda T_N}{T} + \sqrt{\left(\frac{\lambda T_N}{T} \right)^2 - 1} \right];$$

s——制动瞬间电动机转差率。

例 5-5　有一台 YR 系列绕线式异步电动机，$P_N = 20 \text{ kW}$，$n_N = 720 \text{ r/min}$，$E_{2N} = 197 \text{ V}$，$I_{2N} = 74.5 \text{ A}$，$\lambda = 3$。如果拖动额定负载运行时，采用电源反接制动停车，要求制动开始时最大制动转矩为 $2T_N$，求转子每相串入的制动电阻值。

解　(1) 计算固有机械特性的 s_N，s_m，r_2，即

$$s_N = \frac{n_1 - n_N}{n_1} = \frac{750 - 720}{750} = 0.04;$$

$$s_m = s_N \left(\lambda + \sqrt{\lambda^2 - 1} \right) = 0.04 \times \left(3 + \sqrt{3^2 - 1} \right) = 0.233;$$

$$r_2 = \frac{s_N E_{2N}}{\sqrt{3} I_{2N}} = \frac{0.04 \times 197}{\sqrt{3} \times 74.5} = 0.061 \text{ }(\Omega).$$

(2) 计算电源反接制动时转子串入制动电阻 R 后的人为机械特性的 s'_m。制动时瞬间转差率为

$$s = \frac{-n_1 - n}{-n_1} = \frac{750 + 720}{750} = 1.960;$$

则

$$s'_m = s \left[\frac{\lambda T_N}{T} + \sqrt{\left(\frac{\lambda T_N}{T} \right) - 1} \right] = 1.96 \times \left[\frac{3}{2} + \sqrt{\left(\frac{3}{2} \right)^2 - 1} \right] = 5.131.$$

(3) 转子所串电阻为

$$R = \left(\frac{s'_m}{s_m} - 1 \right) r_2 = \left(\frac{5.131}{0.233} - 1 \right) \times 0.061 = 1.343 \text{ }(\Omega).$$

2）倒拉反接制动

方法：当绕线式异步电动机拖动位能性负载时，在其转子回路中串入很大的电阻。其机械特性如图 5-29 所示。

当异步电动机提升重物时，其工作点为曲线 1 上的 a 点。如果在转子回路串入很大的电阻，机械特性变为斜率很大的曲线 2，因机械惯性，工作点由 a 点移至 b 点。此时电磁转矩小于负载转矩，转速下降。当电机减速至 c 点时，$n = 0$，电磁转矩仍小于负载转矩，在位能负载的作用下，电动机反转，工作点从 c 点继续下移。此时因 $n < 0$，电机进入制动状态，直至电磁转矩等于负载转矩，电机才稳定运行于 d 点。因这一制动过程是由于重物倒拉引起的，所以称为倒拉反接制动(或称倒拉反接运行)，其转差率为

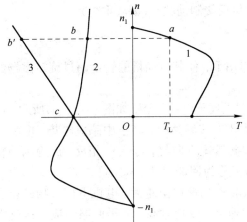

图 5 - 28　电源反接制动的机械特性

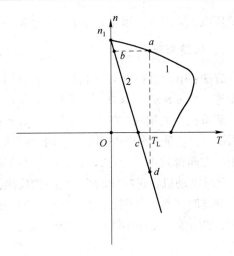

图 5 - 29　倒拉反接制动的机械特性

$$s = \frac{n_1 - (-n)}{n_1} = \frac{n_1 + n}{n_1} > 1 。$$

与电源反接制动一样，转差率 s 都大于 1。

绕线式异步电动机和倒拉反接制动状态，常用于起重机低速下放重物。

例 5 - 6　电动机参数同例 5 - 5，负载为额定值，即 $T_L = T_N$。求：

（1）电动机欲以 300 r/min 的速度下放重物，转子每相应串入多大的电阻？

（2）当转子串入电阻为 $R = 9r_2$ 时，电动机转速多大？运行在什么状态？

（3）当转子串入电阻为 $R = 39r_2$ 时，电动机转速多大？运行在什么状态？

解　（1）由例 5 - 5 知，$r_2 = 0.061\ \Omega$。

起重机下放重物，则 $n = -300\ \text{r/min} < 0$，$T = T_L > 0$，所以工作点位于第 IV 象限，如图 5 - 29 中 c 点。有

$$s = \frac{n_1 - n}{n_1} = \frac{750 - (-300)}{750} = 1.4 。$$

当 $T_L = T_N$ 时，$s_N = 0.04$；
所以，转子应串电阻为

$$R = \left(\frac{s}{s_N} - 1\right) r_2 = \left(\frac{1.4}{0.04} - 1\right) \times 0.061 = 2.074\ (\Omega) 。$$

（2）当 $R = 9r_2$，$T_L = T_N$ 时，转差率为

$$s = \frac{R + r_2}{r_2} s_N = \frac{(9 + 1) r_2}{r_2} \times 0.04 = 0.4 ；$$

电动机转速为　　　　$n = n_1 (1 - s) = 750 \times (1 - 0.4) = 450\ (\text{r/min}) > 0 。$

所以，工作点在第 I 象限，电动机运行于正向电动状态(提升重物)。

（3）当 $R = 39r_2$ 时，转差率为

$$s = \frac{R + r_2}{r_2} s_N = \frac{(39 + 1) r_2}{r_2} \times 0.04 = 1.60 ；$$

电动机转速为　　　　$n = n_1 (1 - s) = 750 \times (1 - 1.60) = -450\ (\text{r/min}) < 0 。$

所以，工作点在第ⅠⅤ象限，电动机运行于倒拉反接制动状态(下放重物)。

3. 回馈制动

方法：电动机在外力(如起重机下放的重物)作用下，使其电动机的转速超过旋转磁场的同步速，即 $n > n_1$，$s < 0$，如图5-30所示。

起重机下放重物。在下放开始时，$n < n_1$，电动机处于电动状态，如图5-30(a)所示。可以看出，在位能性转矩的作用下，电动机的转速大于同步转速时，转子中感应电势、电流和转矩的方向都发生了变化，如图5-30(b)所示，电磁转矩方向与转子转向相反，成为制动转矩。此时电动机将机械能转变为电能馈送电网，所以称为回馈制动。

制动时工作点如图5-31中的 a 点所示，转子回路所串电阻越大，电机下放重物的速度越快，如图5-31中虚线所示 a' 点。为了限制下放速度，以免过高，转子回路不应串入过大的电阻。

例5-7 电动机参数同例5-5。电动机轴上的负载转矩 $T_L = 100 \text{ N·m}$，假定电动机在下列两种情况下，以回馈制动状态运行，求下列两种情况下的运行特性：

(1) 电动机运行在固有机械特性上下放重物；

(2) 转子回路串入制动电阻 $R = 0.112 \ \Omega$。

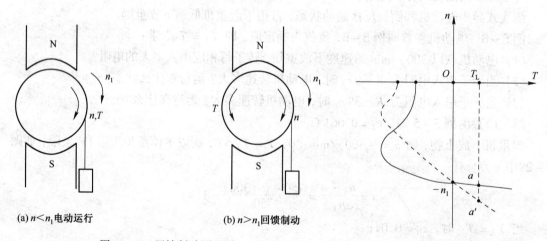

(a) $n < n_1$电动运行　　　　　　(b) $n > n_1$回馈制动

图5-30　回馈制动原理图　　　　　　图5-31　回馈制动机械特性

解 (1) 电动机的额定转矩为

$$T_N = 9\,550 \frac{P_N}{n_N} = 9\,550 \times \frac{20}{720} = 265.3 \ (\text{N·m})。$$

当 $T_L = 100 \text{ N·m}$ 时，在固有机械特性上工作点的转差率(如图5-31中 a 点)为

$$s = -\frac{T}{T_N} s_N = -\frac{100}{265.3} \times 0.04 = -0.015\,1，$$

式中，负号表示反向回馈制动状态。

电动机的转速为

$$n = (-n_1)(1 - s) = (-750) \times (1 + 0.015\,1) = 761 \ (\text{r/min})。$$

(2) 转子串入电阻后，工作点如图5-31中 a' 点。有

$$s' = \frac{R + r_2}{r_2} \cdot s = \frac{0.112 + 0.061}{0.061} \times (-0.015\ 1) = -0.042\ 8 \text{。}$$

电动机的转速为

$$n = (-n_1)(1 - s) = (-750)(1 + 0.042\ 8) = -782\ (\text{r/min}) \text{。}$$

5.5.3　三相异步电动机运行状态小结

1. 机械特性

为了便于学习理解,现将三相异步电动机各种运行状态的机械特性画在一张图中,如图 5 - 32 所示。

2. 各种运行状态时的转差率 s 的数值范围

电动运行状态:$0 < s < 1$。
反接制动状态:$s > 1$。
回馈制动状态:$s < 0$。

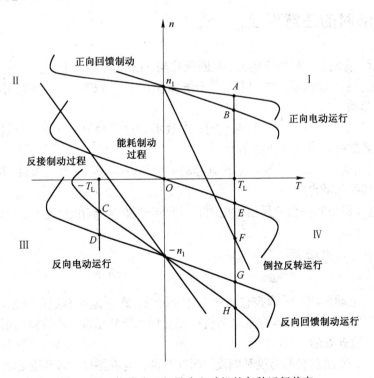

图 5 - 32　绕线式三相异步电动机的各种运行状态

5.6 三相异步电动机故障分析及维护

5.6.1 起动前的准备

对新安装或久未运行的电动机,在通电使用之前必须先做下列检查,以验证电动机能否通电运行。

1. 安装检查　要求电动机装配灵活、螺栓拧紧、轴承运行无阻、联轴器中心无偏移等。
2. 绝缘电阻检查　要求用兆欧表检查电动机的绝缘电阻,包括三相相间绝缘电阻和三相绕组对地绝缘电阻,测得的数值一般不小于 10 MΩ。
3. 电源检查　一般当电源电压波动超出额定值 + 10% 或 − 5% 时,应在改善电源条件后投入运行。
4. 起动、保护措施检查　要求起动设备接线正确(直接起动的中小型异步电动机除外);电动机所配熔丝的型号合适;外壳接地良好。

在以上各项检查无误后,方可合闸起动。

5.6.2 起动时的注意事项

① 合闸后,若电机不转,应迅速、果断地拉闸,以免烧毁电机。
② 电机起动后,应注意观察电机,若有异常情况,应立即停机。待查明故障并排除后,才能重新合闸起动。
③ 鼠笼式异步电动机采用全压起动时,次数不宜过于频繁,一般不超过 3 ~ 5 次。对功率较大的电机要随时注意电动机的温升。
④ 绕线式电动机起动前,应注意检查起动电阻是否接入。接通电源后,随着电动机转速的提高应逐渐切除起动电阻。
⑤ 几台电动机由同一台变压器供电时,不能同时起动,应由大到小逐台起动。

5.6.3 运行中的监视

对运行中的电动机应经常检查它的外壳有无裂纹,螺丝是否有脱落或松动,电动机有无异响或振动等。监视时,要特别注意电动机有无冒烟和异味出现,若嗅到焦糊味或看到冒烟,必须立即停机,检查处理。

对轴承部位,要注意它的温度和响度。温度升高,响声异常,则可能是轴承缺油或磨损。

联轴器传动的电动机,若中心校正不好,会在运行中发出响声,并伴随着发生电动机振动和联轴节螺栓胶垫的迅速磨损。这时应重新校正中心线。皮带传动的电动机,应注意皮带不应过松而导致打滑,但也不能过紧致使电动机轴承过热。

在发生以下严重故障情况时,应立即停机处理:

① 人身触电事故;

② 电动机冒烟;

③ 电动机剧烈振动;

④ 电动机轴承剧烈发热;

⑤ 电动机转速迅速下降,温度迅速升高。

5.6.4　电动机的定期维修

异步电动机定期维修是消除故障隐患、防止故障发生的重要措施。电动机维修分月维修和年维修,俗称小修和大修。前者不拆开电动机,后者须把电动机全部拆开进行维修。

1. 定期小修的主要内容

定期小修是对电动机的一般清理和检查,应经常进行。小修内容包括:

① 清擦电动机外壳,除掉运行中积累的污垢;

② 测量电动机绝缘电阻,测后注意重新接好线,拧紧接线头螺丝;

③ 检查电动机端盖、地脚螺丝是否紧固;

④ 检查电动机接地线是否可靠;

⑤ 检查电动机与负载机械间的传动装置是否良好;

⑥ 拆下轴承盖,检查润滑是否变脏、干涸,及时加油或换油,处理完毕后,注意上好端盖及紧固螺丝;

⑦ 检查电动机附属起动和保护设备是否完好。

2. 定期大修的主要内容

异步电动机的定期大修应结合负载机械的大修进行。大修时,拆开电动机进行以下项目的检查修理。

① 检查电动机各部件有无机械损伤,若有则应作相应修复。

② 对拆开的电动机和起动设备,进行清理,清除所有油泥、污垢。清理中注意观察绕组绝缘状况。若绝缘为暗褐色,说明绝缘已经老化,对这种绝缘要特别注意不要碰撞,以免使它脱落。若发现有脱落,就进行局部绝缘修复和刷漆。

③ 拆下轴承,浸在柴油或汽油中彻底清洗。把轴承架与钢珠间残留的油脂及脏物洗掉后,用干净柴(汽)油清洗一遍。清洗后的轴承应转动灵活,不松动。若轴承表面粗糙,说明油脂不合格;若轴承表面变色(发蓝)则说明已经退火。根据检查结果,对油脂或轴承进行更换,并消除故障原因(如清除油中砂、铁屑等杂物;正确安装电机等)。

轴承新安装时,加润滑油应从一侧加入。油脂占轴承内容积的 $1/3 \sim 2/3$ 即可。油加得太满,会因发热溢出。

④ 检查定子绕组是否存在故障。使用兆欧表测绕组电阻可判断绕组绝缘是否受潮或是否短路。若有,应进行相应处理。

⑤ 检查定子、转子铁心有无磨损和变形,若观察到有磨损处或发亮点,说明可能存在定子、转子铁心相摩擦。应使用锉刀或刮刀把亮点刮低。若有变形应做相应修复。

⑥ 在进行以上各项修理、检查后,对电动机进行装配、安装。

⑦ 安装完毕的电动机，应进行修理后检查，符合要求后，方可带负载运行。

5.6.5　常见故障及排除方法

异步电动机的故障可分机械故障和电气故障两类。机械故障如轴承、铁心、风叶、机座转轴等的故障，一般比较容易观察与发现。电气故障主要是定子绕组、转子绕组、电刷等导电部分出现的故障。电动机不论出现机械故障或电气故障，它都将对电动机的正常运行带来影响。故障处理的关键是通过电动机在运行中出现的种种不正常现象来进行分析，从而找到电动机的故障部位与故障点。由于电动机的结构、型号、质量、使用和维护情况的不同，要正确判断故障，必须先进行认真细致地研究、观察和分析，然后进行检查与测量，找出故障所在，并采取相应的措施予以排除。检查电动机故障的一般步骤如下。

1. 调查　首先了解电机的型号、规格、使用条件及年限，以及电机在发生故障前的运行情况，如所带负荷的大小、温升高低、有无不正常的声音、操作使用情况等，并认真听取操作人员的反映。

2. 察看　察看的方法要根据电机故障情况灵活掌握，有时可以把电动机接上电源进行短时运转，直接观察故障情况再进行分析研究；有时电机不能接电源，可通过仪表测量或观察来进行分析判断，然后再把电机拆开，测量并仔细观察其内部情况，找出其故障所在。

异步电动机常见的故障现象，产生故障的可能原因及故障处理方法如表 5-1 所示。

表 5-1　异步电动机的常见故障及排除方法

故障现象	造成故障的可能原因	处理方法
电源接通后电动机不起动	① 定子绕组接线错误 ② 定子绕组断路、短路或接地，绕线电机转子绕组断路 ③ 负载过重或传动机构被卡阻 ④ 绕线式电动机转子回路断路(电刷与滑环接触不良，变阻器断路，引线接触不良等) ⑤ 电源电压过低	① 检查接线，纠正错误 ② 找出故障点，排除故障 ③ 检查传动机构及负载 ④ 找出断路点，并加以修复 ⑤ 检查原因并排除
电动机温升过高或冒烟	① 负载过重或起动过于频繁 ② 三相异步电动机断相运行 ③ 定子绕组接线错误 ④ 定子绕组接地或匝间、相间短路 ⑤ 鼠笼式电动机转子断条 ⑥ 绕线式电动机转子绕组断相运行 ⑦ 定子、转子相擦 ⑧ 通风不良 ⑨ 电源电压过高或过低	① 减轻负载、减少起动次数 ② 检查原因，排除故障 ③ 检查定子绕组接线，加以纠正 ④ 查出接地或短路部位，加以修复 ⑤ 铸铝转子必须更换，铜条转子可修理或更换 ⑥ 找出故障点，加以修复 ⑦ 检查轴承、转子是否变形，进行修理或更换 ⑧ 检查通风道是否畅通，对不可反转的电机检查其转向 ⑨ 检查原因并予以排除

续表

故障现象	造成故障的可能原因	处理方法
电机振动	① 转子不平衡 ② 皮带轮不平稳或轴弯曲 ③ 电机与负载轴线不对 ④ 电机安装不良 ⑤ 负载突然过重	① 校正平衡 ② 检查并校正 ③ 检查、调整机组的轴线 ④ 检查安装情况及底脚螺栓 ⑤ 减轻负载
运行时有异声	① 定子、转子相擦 ② 轴承损坏或润滑不良 ③ 电动机两相运行 ④ 风叶碰机壳等	① （见上面） ② 更换轴承，清洗轴承 ③ 查出故障点并加以修复 ④ 检查并消除故障
电动机带负载时转速过低	① 电源电压过低 ② 负载过大 ③ 鼠笼式电动机转子断条 ④ 绕线电动机转子绕组一相接触不良或断开	① 检查电源电压 ② 核对负载 ③ （见上面） ④ 检查电刷压力，电刷与滑环接触情况及转子绕组
电动机外壳带电	① 接地不良或接地电阻太大 ② 绕组受潮 ③ 绝缘有损坏，有脏物或引出线碰壳	① 按规定接好地线，消除接地不良处 ② 进行烘干处理 ③ 修理，并进行浸漆处理，消除脏物，重接引出线

小结

• 三相异步电动机的机械特性：三相异步电动机的电磁转矩是转子电流与主磁通作用产生的。电磁转矩的参数表达式为

$$T = \frac{3p U_1^2 \dfrac{r_2'}{s}}{2\pi f_1 \left[\left(r_1 + \dfrac{r_2'}{s} \right)^2 + (x_1 + x_2')^2 \right]} \quad 。$$

参数表达式可分析参数变化对电动机运行性能的影响。

三相异步电动机的机械特性，即 $n = f(T)$ 或 $T = f(s)$ 间的函数关系。机械特性分固有特性和人为特性。前者是在额定电压、额定频率下，按规定方式接线，定子、转子外接电阻为零时的机械特性。要掌握机械特性曲线的大致形状及其 3 个特殊点：起动点 $s = 1$，$T = T_s$；临界点 $s = s_m$，$T = T_m = (1.6 \sim 2.2) T_N$；同步点 $s = 0$，$T = 0$。

人为机械特性是人为改变电源参数或改变电机参数而得到的机械特性。电压降低的机械特性，临界转差率 s_m 不变，电磁转矩随电压成平方降低。转子串电阻的机械特性，s_m 随所串电阻的加大而加大，最大转矩 T_m 不变。

• 三相异步电动机的起动：衡量异步电动机起动性能，最主要的指标是起动电流和起动

转矩。异步电动机直接起动时，起动电流大，一般为额定电流的 4~7 倍。因起动时功率因数低，起动电流虽然很大，但起动转矩却不大。

小容量的异步电动机，要直接起动，须满足下述经验公式，即

$$\frac{I_s}{I_N} \leqslant \frac{1}{4}\left[3 + \frac{电源总容量(kVA)}{电动机额定功率(kW)}\right]$$

三角形接线的异步电动机，在空载或轻载起动时，可以采用 Y–△ 起动，起动电流和起动转矩都减小了 1/3。负载比较重的，可采用自耦变压器起动，自耦变压器有抽头可供选择。绕线式异步电动机转子串电阻起动，起动电流比较小，而起动转矩比较大，起动性能好。

• 三相异步电动机的调速：异步电动机的调速有 3 种方法，即变极、变频和改变转差率。变极调速是改变半相绕组中的电流方向，使极对数成倍地变化，可制成多速电动机。变频调速是改变频率，从而改变同步转速来进行调速，调频的同时电压要相应地变化。改变转差率调速，主要有转子串电阻调速和串级调速两种。

• 三相异步电动机的制动：制动即电磁转矩方向与转子转向相反，电磁制动分为能耗制动、反接制动、回馈制动。制动时的机械特性位于第二和第四象限。

思考与练习

5–1　简述三相异步电动机的工作原理。

5–2　分析三相异步电动机的参数变化如何影响最大转矩？

5–3　一般三相异步电动机的起动转矩倍数、最大转矩倍数、临界转差率及额定转差率的大致范围怎样？

5–4　一台三相异步电动机当转子回路的电阻增大时，给电动机的起动电流、起动转矩和功率因数带来什么影响？

5–5　两台三相异步电动机额定功率都是 $P_N = 40\ kW$，而额定转速分别为 $n_{N1} = 2\,960\ r/min$，$n_{N2} = 1\,460\ r/min$，求对应的额定转矩为多少？说明为什么这两台电动机的功率一样，但在轴上产生的转矩却不同？

5–6　一台三相八极异步电动机参数为：额定容量 $P_N = 260\ kW$，额定电压 $U_N = 380\ V$，额定频率 $f_N = 50\ Hz$，额定转速 $n_N = 722\ r/min$，过载能力 $\lambda = 2.13$。求：(1)额定转差率；(2)最大转矩对应的转差率；(3)额定转矩；(4)最大转矩；(5) $s = 0.02$ 时的电磁转矩。

5–7　一台三相六极鼠笼式异步电动机，定子绕组为 Y 形。$U_N = 380\ V$，$n_N = 975\ r/min$，$f_1 = 50\ Hz$，$r_1 = 2.08\ \Omega$，$x_1 = 3.12\ \Omega$，$r_2' = 1.53\ \Omega$，$x_2' = 4.25\ \Omega$。求该电机的额定转矩 T_N、最大转矩 T_m、过载倍数 λ 和临界转差率 s_m。

5–8　一台三相六极绕线式异步电动机，接在频率为 50 Hz 的电网上运行。已知电机定子、转子总电抗为每相 0.1 Ω，折合到定子边的转子每相电阻为 0.02 Ω。求：(1)最大转矩对应的转速是多少？(2)要求最初起动转矩是最大转矩的 2/3，须在转子中串入多大的电阻(折合到定子边的值，并忽略定子电阻)？

5–9　什么叫三相异步电动机的起动？它存在什么问题？有何危害？

5–10　三相异步电动机直接起动有何特点？

5–11　什么叫三相异步电动机的降压起动？有哪几种常用的方法？各有何特点？

5 – 12　绕线式异步电动机常用起动方法有哪几种？并分别说明其适用的场合。

5 – 13　当三相异步电动机在额定负载下运行时，由于某种原因，电源电压降低了 20%，问此时通入电动机定子绕组中的电流是增大还是减小？为什么？给电动机将带来什么影响？

5 – 14　某三相鼠笼式异步电动机，$P_N = 300\,kW$，定子接 Y 形，$U_N = 380\,V$，$I_N = 527\,A$，$n_N = 1475\,r/min$，$K_I = 6.7$，$K_T = 1.5$，$\lambda = 2.5$。车间变电所允许最大冲击电流为 1 800 A，负载起动转矩为 1 000 N·m，试选择适当的起动方法。

5 – 15　什么叫三相异步电动机的调速？对三相鼠笼式异步电动机，有哪几种调速方法？并分别比较其优缺点。

5 – 16　说明三相绕线式异步电动机常用的调速方法。

5 – 17　在变极调速时，为什么要改变绕组的相序？

5 – 18　在变频调速中，为什么在改变频率的同时还要改变电压，保持 $U / f_1 =$ 常值？

5 – 19　什么是串级调速？为什么在转子电路内引入附加电势能调速？

5 – 20　一台三相四极绕线式异步电动机，$f_1 = 50\,Hz$，$n_N = 1\,485\,r/min$，$r_2 = 0.02\,\Omega$，若定子电压、频率和负载转矩保持不变，要求把转速降到 1 050 r/min，那么要在转子回路中串接多大电阻？

5 – 21　如何改变异步电动机的转向？频繁改变电动机的转向有何害处？

5 – 22　什么叫三相异步电动机的制动？制动方法有哪些？

5 – 23　画出能耗制动的接线图，说明其制动原理。

5 – 24　反接制动为什么要在转子回路中串入制动电阻？

5 – 25　一绕线式异步电动机，$P_N = 60\,kW$，$n_N = 577\,r/min$，$I_{1N} = 133\,A$，$E_{2N} = 253\,V$，$I_{2N} = 160\,A$，$\lambda = 2.9$。若电动机在回馈制动状态下下放重物，$T_L = 0.8\,T_N$，转子串接电阻为 0.06 Ω，求此时电动机的转速。

5 – 26　一台搁置较久的三相鼠笼式异步电动机，应进行哪些准备工作后才能通电使用？

5 – 27　三相异步电动机在通电起动时应注意哪些问题？

5 – 28　三相异步电动机在连续运行中应注意哪些问题？

5 – 29　如发现在三相异步电动机通电后电动机不转动，首先应怎么办？其原因主要有哪些？

5 – 30　三相异步电动机在运行中发出焦臭味或冒烟，应怎么办？其原因主要有哪些？

第6章 三相异步电动机的电气控制

- **知识目标** 掌握三相异步电动机的起动、调速、制动等运行过程的控制方法；

  掌握三相异步电动机控制线路的分析方法；

  掌握短路、过载、过电流、欠压、失压等保护环节作用。

- **能力目标** 能阅读和分析简单的电气控制电路原理图及通用设备电气控制系统图；

  能处理一般通用设备电气控制电路的简单故障；

  具备设计、初步安装和调试简单电气控制电路的能力。

- **学习方法** 结合现场、录像、实验、实训、参观等进行学习。

在工厂电气设备与生产机械电力拖动自动控制线路中，主要以各类电动机或其他执行电器为控制对象。它们的控制线路虽然多种多样，但都是由一些基本控制单元按一定要求组合而成。本章将学习三相异步电动机的起动、运行、调速、制动的基本控制线路和常见的保护环节等。

6.1 三相异步电动机的典型控制

在第1章中我们已经学习了电气控制的基本规律，认识了自锁、互锁等典型控制环节的特点，在此基础上，本节进一步学习其他典型控制电路。

6.1.1 顺序控制电路

在装有多台电动机的生产机械上，各电动机所起的作用是不同的，有时须按一定的顺序起动，才能保证操作过程的合理性和工作的安全可靠。例如：X62W型万能铣床要求主轴电动机起动后，进给电动机才能起动；M7120型平面磨床的冷却泵电动机，要求在砂轮电动机起动后才能起动。像这种要求一台电动机起动后另一台电动机才能起动的控制方式，叫做电动机的顺序控制。

1. 主电路实现的顺序控制

图 6 - 1 所示为主电路实现电动机顺序控制的线路。其特点是：电动机 M_2 的主电路接在电源接触器 KM(或 KM_1)的主触头的下面，保证了只有当 KM(或 KM_1)主触头闭合，电动机 M_1 起动后，M_2 才可能起动。图 6 - 1(a)中，X 接插座。图 6 - 1(b)中，SB_1 为 M_1 起动按钮，SB_2 为 M_2 起动按钮。

2. 控制电路实现的顺序控制

图 6 - 2 所示为几种在控制电路中实现电动机顺序控制的线路。

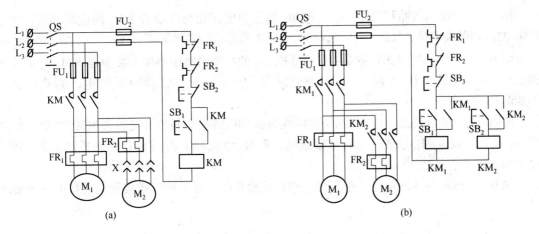

图 6-1 主电路实现的顺序控制电路

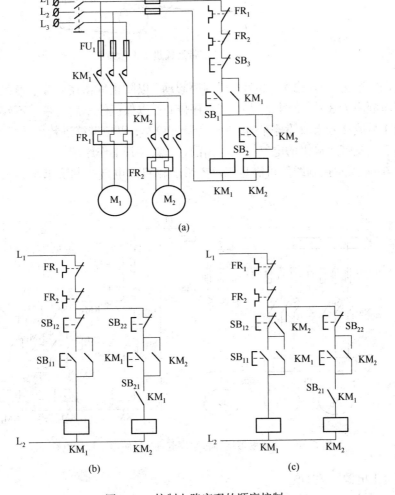

图 6-2 控制电路实现的顺序控制

图 6-2(a)所示线路特点是：电动机 M_2 的控制电路先与接触器 KM_1 的线圈并接，再与 KM_1 的自锁触头串接，保证了 M_1 起动后，M_2 才能起动的顺序要求。

图 6-2(b)所示线路的特点是：在电动机 M_2 的控制电路中串接了接触器 KM_1 的常开辅助触头。显然，只要 M_1 不起动，KM_1 常开触点不闭合，KM_2 线圈就不能得电，M_2 电动机就不能起动。

图 6-2(c)所示线路，是在图 6-2(b)线路的 SB_{12} 的两端并联了接触器 KM_2 的常开辅助触头，从而实现了 M_1 起动后，M_2 才能起动，而 M_2 停止后，M_1 才能停止的控制要求，即顺序起动、逆序停止。

例 6-1 图 6-3 所示是三条皮带运输机的示意图。对于这三条皮带运输机的电气要求是：

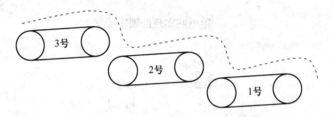

图 6-3　三条皮带运输机工作示意图

(1) 起动顺序为 1 号、2 号、3 号，即顺序起动，以防止货物在皮带上堆积；

(2) 停车顺序为 3 号、2 号、1 号，即逆序停止，以保证停车后皮带上不残存货物；

(3) 当 1 号或 2 号出故障停车时，3 号能随即停车，以免继续进料。

试画出三条皮带运输机的电气控制线路图，并叙述其工作原理。

解 图 6-4 所示控制线路可满足三条皮带运输机的电气控制要求。其工作原理叙述如下。

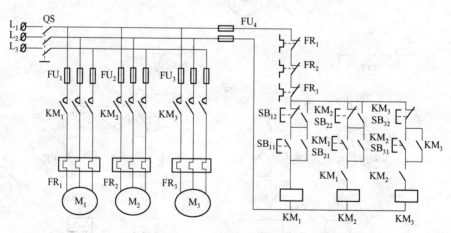

图 6-4　三条皮带运输机顺序起动、逆序停止控制电路

(1) 先合上电源开关 QS。

(2) M_1(1 号)、M_2(2 号)、M_3(3 号)依次顺序起动：

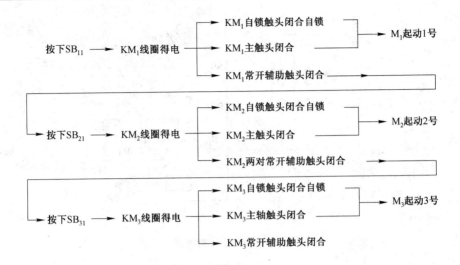

（3）M_3（3 号）、M_2（2 号）、M_1（1 号）依次逆序停止：

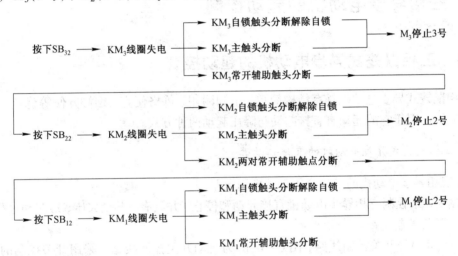

　　三台电动机都用熔断器和热电器作短路和过载保护，三台中任何一台出现过载故障，三台电动机都会停车。

6.1.2　多地控制电路

　　能在两地或多地控制同一台电动机的控制方式叫电动机的多地控制。
　　图 6-5 所示为两地控制的控制线路。其中 SB_{11}，SB_{12} 为安装在甲地的起动按钮和停止按钮；SB_{21}，SB_{22} 为安装在乙地的起动按钮和停止按钮。线路的特点是：两地的起动按钮并联在一起，停止按钮串联在一起。这样就可以分别在甲、乙两地起、停同一台电动机，达到操作方便的目的。
　　对三地控制或多地控制，只要在各地的起动按钮并接，停止按钮串接就可以实现。

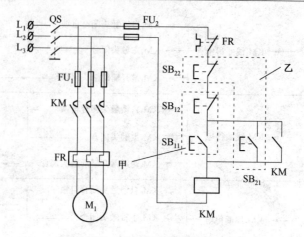

图 6-5　两地控制电路

6.2　三相异步电动机的起动控制

6.2.1　三相鼠笼式异步电动机的起动控制

三相鼠笼式异步电动机具有结构简单、坚固耐用、价格便宜、维修方便等优点,获得了广泛的应用。对于它的起动有直接起动与降压起动两种方式。

1. 三相鼠笼式异步电动机的直接起动

1) 三相异步电动机的单向全压起动控制电路

控制要求:控制三相异步电动机直接起动和停止,并具有零压、欠压、短路和过载保护。

(1) 开关控制电路

图 6-6(a)为开关控制线路,图 6-6(b)为自动开关控制线路。采用开关控制的电路仅适用于不频繁起动的小容量电动机,它不能实现远距离控制和自动控制,也不能实现零压、欠压和过载保护。

(2) 接触器控制电路

图 6-7 为最典型的单向运行全压起动控制线路。由刀开关 QS、熔断器 FU$_1$、接触器 KM 的主触头、热继电器 FR 的热元件与电动机 M 构成主电路。由起动按钮 SB$_2$、停止按钮 SB$_1$、接触器 KM 的线圈及其常开辅助触头、热继电器 FR 的常闭触头和熔断器 FU$_2$ 构成控制回路。

① 电路原理

起动时,合上 QS,引入三相电源。按下 SB$_2$,交流接触器 KM 线圈得电,主触头闭合,电动机接通电源直接起动。同时接触器自锁触头 KM 闭合,实现自锁。

停车时,按下停止按钮 SB$_1$,将控制电路断开即可。此时,KM 线圈失电,KM 的所有触头复位,KM 常开主触头打开,三相电源断开,电动机停止运转。松开 SB$_1$ 后,SB$_1$ 虽能复位,但接触器线圈已不能再依靠自锁触头通电。

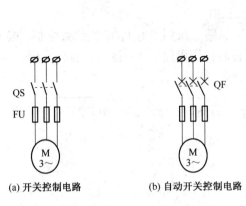

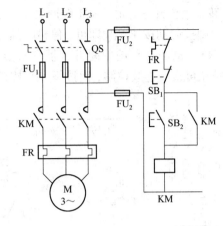

(a) 开关控制电路　　　　(b) 自动开关控制电路

图 6－6　电动机单向旋转控制电路　　　图 6－7　三相异步电动机单向全压起动控制电路

② 保护环节

熔断器 FU 作为电路短路保护，达不到过载保护的目的。因为选择熔断器时，已考虑了电动机的起动电流。

热继电器 FR 具有过载保护作用。由于热继电器的热惯性较大，即使热元件流过几倍的额定电流，热继电器也不会立即动作。因此，在电动机起动时间不太长的情况下，热继电器是经得起电动机起动电流冲击而不动作的。只有在电动机长时间过载时 FR 才动作，断开控制电路，使接触器断电释放，电动机停止运行，实现过载保护。

零压(失压)与欠压保护。电动机正常工作时，电源电压消失会使电动机停转，当电源电压恢复时，如果电动机自行起动，可能造成设备损坏和人身事故。防止电源电压恢复时电动机自行起动的保护称为零压保护。此外，在电动机运行时，电源电压过分低会造成电动机电流增大，引起电动机发热，严重时会烧坏电动机，这就需要设置欠压保护。零压(失压)与欠压保护是依靠接触器本身的电磁机构来实现的，当电源电压由于某种原因严重欠压或失压时，接触器的衔铁自行释放，接触器的触头复位，电动机停止旋转。而当电源电压恢复正常时，接触器线圈也不能自动通电，只有按下起动按钮 SB_2 后电动机才会起动，可防止电动机低压运行或电动机的突然起动而造成设备和人身事故，起到保护的作用。

③ 点动控制电路

所谓点动，即按下按钮时电动机工作，手松开按钮时，电动机即停止工作。点动控制主要用于机床刀架、横梁、立柱的快速移动，机床的调整对刀等。

图 6－8 列出了实现点动控制的几种电气控制线路。图 6－8(a)是最基本的点动控制线路。当按下点动起动按钮 SB 时，接触器 KM 通电吸合，主触头闭合，电动机接通电源。当手松开按钮时，接触器 KM 断电释放，主触头断开，电动机被切断电源而停止旋转。

图 6－8(b)是带手动开关 SA 的点动控制线路。当需要点动时，将开关 SA 打开，按下按钮 SB2 即可实现点动控制。当需要连续工作时合上 SA，将自锁触头 KM 接入，即可实现连续控制。

图 6－8(c)中增加了一个复合按钮 SB_3。点动控制时，按下点动按钮 SB_3，其常闭触头先断开自锁电路，常开触头后闭合，接通起动控制电路，KM 线圈通电，主触头闭合，电动机起

动旋转。当松开 SB₃ 时，KM 线圈失电，主触头断开，电动机停止转动。若需要电动机连续运转，则按起动按钮 SB₂ 即可，停机时须按停止按钮 SB₁。

图 6-8(d)是利用中间继电器实现点动的控制线路。按钮 SB₂ 可实现点动控制，按下 SB₃ 按钮可实现连续控制，而按下 SB₁ 按钮可实现停转。因电路简单，读者可自行分析。

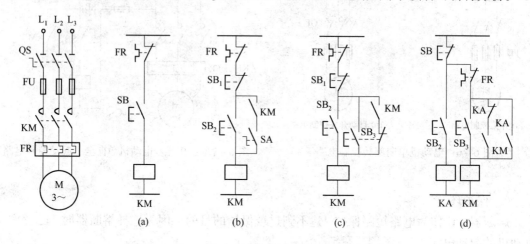

图 6-8　点动控制线路

2）三相异步电动机的正反转控制电路

控制要求：控制三相异步电动机实现正转、反转和直接停止，并具有零压、欠压、短路和过载保护。

在生产加工过程中，要求电动机能够实现可逆运行，即要求电动机可以正反转。如机床工作台的前进与后退、主轴的正转与反转、起重机吊钩的上升与下降等。

由电动机原理可知，若将接至电动机的三相电源进线中的任意两相对调，可使电动机反转。所以，可逆运行控制线路实质上是两个方向相反的单向运行线路，但为了避免误动作引起电源相间短路，又在这两个相反方向的单向运行线路中加设了必要的互锁。按照电动机可逆运行操作顺序的不同，有"正—停—反"和"正—反—停"两种控制线路。

图 6-9 为电动机正反转控制线路。其中，KM₁ 为正转接触器，KM₂ 为反转接触器，SB₂ 为正向起动按钮，SB₃ 为反向起动按钮，SB₁ 为停止按扭。

（1）电动机"正—停—反"控制电路

图 6-9 利用两个接触器的常闭辅助触头 KM₁，KM₂ 的相互控制作用，即利用一个接触器通电时，其常闭辅助触头的断开来控制对方线圈，使其无法得电，实现电气互锁。

图 6-9(a)控制线路中，作正反向操作控制时，必须先按下停止按钮 SB₁，然后再反向起动，因此它是"正—停—反"控制线路。

（2）电动机"正—反—停"控制电路

在生产实际中为了提高劳动生产率，减少辅助工时，要求实现直接正反转的变换控制。由于电动机正转时，在按下反转按钮前应先断开正转接触器线圈线路，待正转接触器释放后再接通反转接触器，于是，对图 6-9(a)控制线路做了改进，采用了两只复合按钮 SB₂，SB₃。其控制线路如图 6-9(b)所示。

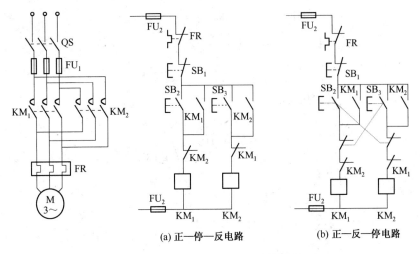

(a) 正—停—反电路　　　　　(b) 正—反—停电路

图 6 – 9　三相异步电动机正反转控制电路

其工作原理为:

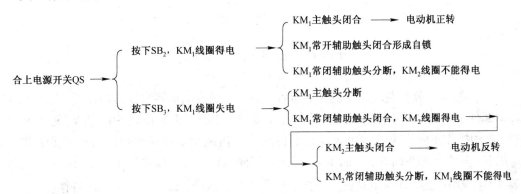

在这个线路中,正转起动按钮 SB$_2$ 的常开触头是用来使正转接触器 KM$_1$ 的线圈瞬时通电,其常闭辅助触头则串联在反转接触器 KM$_2$ 线圈的电路中,用来使之释放。反转起动按钮为 SB$_3$,其工作原理和控制方法的分析与正转时类似。当按下 SB$_2$ 或 SB$_3$ 时,首先是常闭辅助触头断开,然后才是常开触头闭合。这样在需要改变电动机运转方向时,就不必先按 SB$_1$ 停止按钮,可直接操作正反转按钮,即能实现电动机转向的改变。这里 SB$_2$ 和 SB$_3$ 组成复合按钮,实现了控制电路的机械互锁。

图 6 – 9(b)的线路中既有接触器的互锁(电气互锁),又有按钮的互锁(机械互锁),保证了电路可靠地工作。

3) 自动往复行程控制电路

控制要求:按下起动按钮后,电动机根据撞块 1 或 2 可以自动实现正反转的循环运动,并具有零压、欠压、短路和过载保护。

在生产实践中,有些生产机械的工作台需要实现自动往复运动,如龙门刨床、导轨磨床等。图 6 – 10 为最基本的自动往复循环控制线路,它是利用行程开关实现往复运动控制的,通常被叫做行程控制原则。

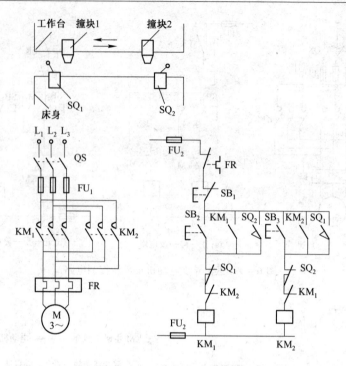

图 6 – 10　自动往复循环控制电路

　　限位开关 SQ_1 放在左端需要反向的位置，而 SQ_2 放在右端需要反向的位置，机械挡铁装在运动部件上。起动时，利用正向或反向起动按钮，如按下正转按钮 SB_2，KM_1 通电吸合并自锁，电动机作正向旋转带动机床运动部件左移。当运动部件移至左端并碰到 SQ_1 时，将 SQ_1 压下，其常闭触头断开，切断 KM_1 接触器线圈电路，同时其常开触头闭合，接通反转接触器 KM_2 线圈电路，此时电动机由正向旋转变为反向旋转，带动运动部件向右移动，直到压下 SQ_2 限位开关，电动机由反转又变成正转，从而驱动运动部件进行往复的循环运动。

　　由上述控制情况可以看出，运动部件每经过一个自动往复循环，电动机要进行两次反接制动过程，就会出现较大的反接制动电流和机械冲击。因此，这种线路只适用于电动机容量较小、循环周期较长、电动机转轴具有足够刚性的拖动系统中。另外，在选择接触器容量时应比一般情况下选择的容量大一些。

　　除了利用限位开关实现往复循环之外，还可利用限位开关控制进给运动到预定点后自动停止的限位保护等电路，其应用相当广泛。

　　2．三相鼠笼式异步电动机的降压起动控制

　　控制要求：实现三相鼠笼式异步电动机降压起动，起动完毕后能自动恢复全压运行状态，并具有零压、欠压、短路和过载保护。

　　较大容量的鼠笼式异步电动机(大于 10 kW)，起动时降低加在定子绕组上的电压，起动后再将电压恢复到额定值，使之在正常电压下运行。常用的降压起动方法有定子回路串电阻(或电抗)、Y – △、自耦变压器及延边三角形降压等起动方法。

　　1）定子回路串电阻降压起动控制电路

电动机起动时在三相电路中串接电阻，使电动机定子绕组电压降低，起动结束后再将电阻短接，电动机在额定电压下正常运行。

图 6 - 11 是定子串电阻降压起动控制线路。图 6 - 11 中，KM_1 为电源接触器，KM_2 为短接电阻接触器，KT 为起动时间继电器，R 为降压起动电阻。

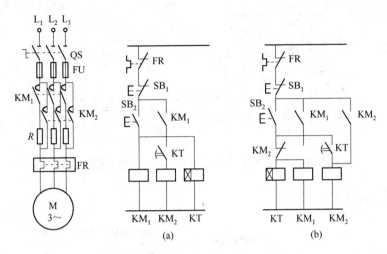

图 6 - 11　定子回路串电阻降压起动控制电路

图 6 - 11(a)电路的工作原理：合上电源开关 QS，按起动按钮 SB_2，KM_1 得电吸合并自锁，电动机串电阻 R 起动。接触器 KM_1 得电同时，时间继电器 KT 得电吸合，其延时闭合常开触点使接触器 KM_2 经延时后得电，主电路电阻 R 被短接，电动机在全压下进入正常稳定运转。从主电路看，只要 KM_2 得电就能使电动机正常运行。但在图 6 - 11(a)中，电动机起动后 KM_1 和 KT 一直得电，这是不必要的，且缩短了元件的使用寿命。图 6 - 11(b)就解决了这个问题。接触器 KM_2 得电后，用其常闭触点将 KM_1 及 KT 的线圈电路切断，同时 KM_2 自锁。这样，在电动机起动后，只有 KM_2 得电，使之正常运行。

电动机定子串电阻减压起动由于不受电动机接线形式的限制，设备简单，因而在中小型生产机械中应用广泛。机床中也常用这种串电阻降压方式来限制起动及制动电流。但是，由于串接电阻起动时，起动转矩较小，仅适用于对起动转矩要求不高的生产机械上。另外，由于起动电阻一般采用电阻丝绕制的板式电阻或铸铁电阻，使控制柜体积增大，电能损耗增大，所以以大容量电动机往往采用定子绕组串接电抗器起动。

2）Y - △降压起动控制电路

凡是正常运行时定子绕组接成三角形的鼠笼式异步电动机，常可采用 Y - △ 的降压起动方法来达到限制起动电流的目的。

图 6 - 12 为三相异步电动机 Y - △ 减压起动控制线路图。KM_1 为电源接触器，KM_2 为三角形连接接触器，KM_3 为 Y 形连接接触器，KT 为起动时间继电器。

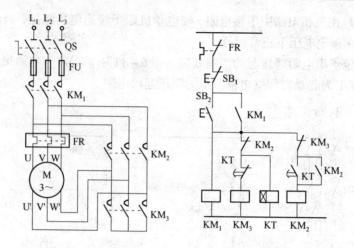

图 6 – 12　三相异步电动机 Y – △ 减压起动控制电路

其工作原理为：

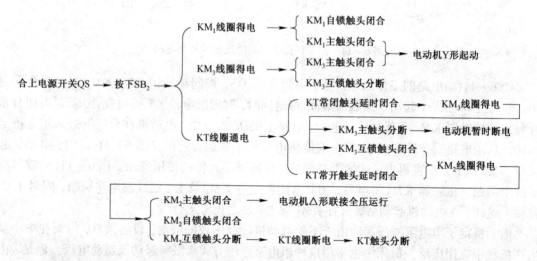

在控制中，利用 KM$_2$ 的常闭辅助触点断开 KT 的线圈，使 KT 退出运行，这样可延长继电器的寿命并节约电能。停止时只要按下停止按钮 SB$_1$，KM$_1$ 和 KM$_2$ 相继断电释放，电动机停转。

三相鼠笼式异步电动机采用 Y – △ 减压起动时，定子绕组星形连接状态下起动电压为三角形连接直接起动电压的 $\frac{1}{\sqrt{3}}$。起动转矩与起动电压的平方成正比，因而起动转矩为三角形连接直接起动转矩的 1/3，起动电流也为三角形连接直接起动的 1/3。与其他降压起动相比，Y – △ 起动投资少、线路简单，但起动转矩小。这种起动方法只适用于空载和轻载状态下起动，且只适用于正常运转时定子绕组接成三角形的鼠笼式异步电动机。

3）自耦变压器降压起动控制电路

在自耦变压器降压起动的控制线路中，电动机起动电流的限制，是依靠自耦变压器的降压作用来实现的。电动机起动的时候，定子绕组得到的电压是自耦变压器的二次电压。一旦起动结束，自耦变压器便被切除，额定电压通过接触器直接加于定子绕组，电动机进入全压运行的正常工作。

图 6 - 13 为自耦变压器降压起动的控制线路。KM_1 为降压接触器，KM_2 为正常运行接触器，KT 为起动时间继电器。

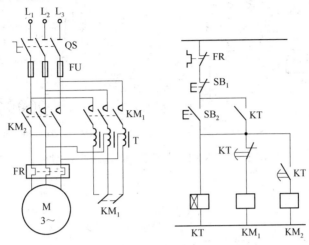

图 6 - 13   自耦变压器降压起动控制线路

电路工作原理   起动时，合上电源开关 QS，按下起动按钮 SB_2，接触器 KM_1 的线圈和时间继电器 KT 的线圈通电，KT 瞬时动作的常开触头闭合，形成自锁，接触器 KM_1 主触头闭合，将电动机定子绕组经自耦变压器接至电源，这时自耦变压器接成星形，电机降压起动。时间继电器延时后，其延时常闭触头打开，使接触器 KM_1 线圈失电，KM_1 主触头断开，从而将自耦变压器从电网上切除。而延时常开触头闭合，使接触器 KM_2 线圈通电，电动机直接接到电网上运行，从而完成了整个起动过程。

该电路的缺点是时间继电器一直通电，耗能多，且缩短了元件寿命，请读者自行分析并设计一断电延时的控制电路。

自耦变压器减压起动方法适用于容量较大的、正常工作时接成星形或三角形的电动机。其起动转矩可以通过改变自耦变压器抽头的连接位置得到改变。它的缺点是自耦变压器价格较贵，而且不允许频繁起动。

一般工厂常用的自耦变压器起动方法是采用成品的补偿降压起动器。这种成品的补偿降压起动器有 XJ01 型和 CTZ 系列等。

XJ 01 型补偿降压起动器适用于 14 ~ 28 kW 电动机，其控制线路见图 6 - 14，工作过程可自行分析。

自耦变压器降压起动常用于电动机容量较大的场合，因无大容量的热继电器，故可采用电流互感器后使用小容量的热继电器来实现过载保护。

4）延边三角形降压起动控制电路

如图 6 - 15 所示。电动机定子绕组作延边三角形连接时，每相绕组承受的电压比三角形连接时低，又比星形连接时高，它介于二者之间。这样既可实现降压起动，又可提高起动转矩。可以说它是 Y - △降压起动的进一步发展。

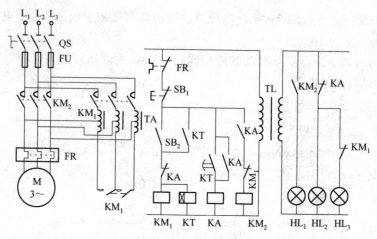

图 6 - 14　XJ01 型补偿器降压起动控制电路

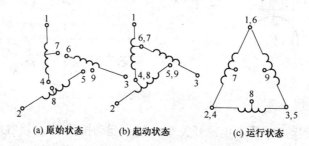

(a) 原始状态　　　(b) 起动状态　　　(c) 运行状态

图 6 - 15　延边三角形起动电动机抽头连接方式

　　延边三角形降压起动是一种既不用起动设备，又能得到较高起动转矩的起动方法。它在电动机起动过程中将绕组接成延边三角形，待起动完毕后，将其绕组接成三角形进入正常运行。

　　图 6 - 16 为延边三角形降压起动控制电路，KM_1 为线路接触器，KM_2 为三角形连接接触器，KM_3 为延边三角形连接接触器，KT 为起动时间继电器。KM_1，KM_3 通电时，电动机接成延边三角形，待起动电流达到一定数值时，KM_3 释放，KM_2 通电，电动机接成三角形正常运转。接触器的换接时间由时间继电器 KT 自动实现。

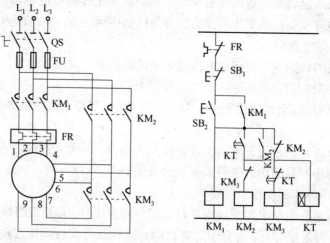

图 6 - 16　延边三角形降压起动控制电路

6.2.2 绕线形异步电动机的起动控制

控制要求：实现绕线形异步电动机串电阻起动或串频敏变阻器起动，起动后能自动地分段切除电阻或切除频敏变阻器，并具有零压、欠压、短路和过载保护。

三相绕线形异步电动机起动控制，通过转子串接电阻或频敏变阻器，从而达到减小起动电流、提高转子电路功率因数和起动转矩的目的，适用于调速及起动转矩要求高的场合。绕线形电动机在起动过程中，按照转子串接装置不同，可分为串电阻起动与串频敏变阻器起动两种控制电路。

1. 转子绕组串电阻起动控制电路

起动前，起动电阻全部接入电路，准备转子串电阻起动。在起动过程中，起动电阻被逐段短接。串接在三相转子回路中的起动电阻，一般都接成星形，根据起动过程中转子电流变化情况及起动时间，可分为按电流原则与按时间原则两种控制电路。

1）时间原则转子串电阻起动控制

图 6 – 17 为时间原则控制转子串电阻起动控制电路。KM_1 为电源接触器；$KM_2 \sim KM_4$ 为短接转子电阻接触器；$KT_1 \sim KT_3$ 为起动时间继电器，自动控制电阻的短接。

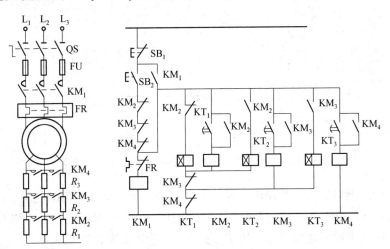

图 6 – 17 时间原则控制转子电路串电阻起动控制电路

电路原理 起动时，转子回路串电阻起动。然后，依靠 KT_1，KT_2，KT_3 三只时间继电器和 KM_2，KM_3，KM_4 三只接触器的相互配合来完成电阻的逐段切除，电阻短接完毕，起动结束。线路中只有 KM_1，KM_4 长期通电；而 KT_1，KT_2，KT_3，KM_2，KM_3 五只线圈的通电时间均被压缩到最低限度。这样，不但节省了电能，更重要的是延长了它们的使用寿命。

图 6 – 17 所示控制线路存在两个问题：一方面，时间继电器一旦损坏，线路将无法实现电动机的正常起动和运行；另一方面，在电动机起动过程中，逐段减小电阻，电流及转矩会突然增大，这容易造成不必要的机械冲击。

2）电流原则转子串电阻起动控制

图 6-18 是电流原则控制转子串接电阻的起动线路。它是利用电动机转子电流大小的变化来控制电阻切除的。KM_1 为电源接触器，$KM_2 \sim KM_4$ 为短接转子电阻接触器；KI_1，KI_2，KI_3 为电流继电器，其线圈串接在电动机转子电路中。这 3 个继电器的吸合电流都一样，但释放电流不一样。其中，KI_1 的释放电流最大，KI_2 次之，KI_3 最小。刚起动时起动电流很大，$KI_1 \sim KI_3$ 都吸合，所以它们的常闭触头断开，这时接触器 $KM_2 \sim KM_4$ 不动作，电阻全部接入。当电动机转速升高后电流减小，KI_1 首先释放，它的常闭触头闭合，使接触器 KM_2 线圈通电，短接第一段转子电阻 R_1。这时转子电流又重新增加，随着转速升高，电流逐渐下降，使 KI_2 释放，接触器 KM_3 线圈通电，短接第二段起动电阻 R_2。如此下去，直到将转子全部电阻短接，电动机起动完毕。

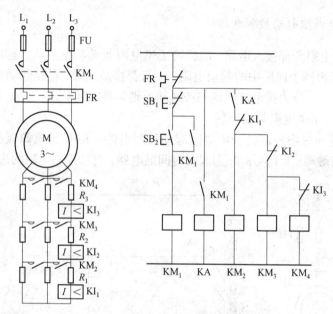

图 6-18　电流原则控制转子电路串电阻起动控制电路

线路中的中间继电器 KA 的作用是保证起动开始时接入全部的起动电阻。由于电动机开始起动时，起动电流由零增大到最大值需一定的时间，这就有可能出现 KI_1 和 KI_2 还未动作，而 KM_1 和 KM_2 通电吸合将电阻 R_1 和 R_2 短接，使电动机直接起动。电路中设置了中间继电器 KA 以后，不管 KI_1，KI_2 有无动作，开始起动时可由 KA 的常开触头来切断 KM_1 和 KM_2 线圈的通电回路，这就保证了起动开始时转子回路可以接入全部的起动电阻。

2. 转子绕组串频敏变阻器起动控制电路

频敏变阻器如图 6-19(a)所示。它由数片 E 形钢板叠成，被制成开启式，并采用星形接法。将其串接在转子回路中。这种起动方式在空气压缩等设备中获得了广泛的应用。

图 6-19(b)是采用频敏变阻器的起动控制线路，该线路可以实现自动和手动控制。自动控制时将开关 SA 扳向"自动"，按下起动按钮 SB_2，利用时间继电器 KT，控制中间继电器 KA 和接触器 KM_2 的动作，在适当的时间将频敏变阻器短接。开关 SA 扳到"手动"位置时，时间继电器 KT 不起作用，利用按钮 SB_3 手动控制中间继电器 KA 和接触器 KM_2 的动作。起

动过程中，KA 的常闭触点将热继电器的发热元件 FR 短接。以免因起动时间过长而使热继电器误动作。

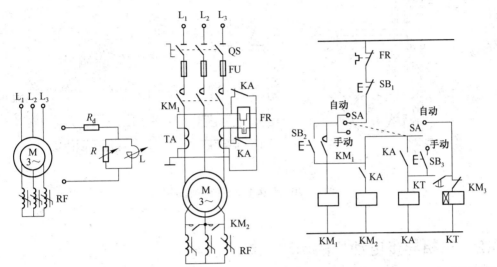

(a) 频敏变阻器的等效电路及其与电动机的联接　　　(b) 绕线式异步电动机转子串频敏变阻器起动控制电路

图 6 - 19　转子串频敏电阻器起动

在使用频敏变阻器的过程中，如遇到下列情况，可以调整匝数或气隙。起动电流过大或过小，可设法增加或减少匝数；起动转矩过大，有机械冲击，且起动完毕后的稳定转速又偏低，可增加上下铁心间的气隙，以使起动电流略微增加，起动转矩略微减小，起动完毕时转矩增大，稳定转速可以得到提高。

6.3　三相异步电动机调速和制动控制

6.3.1　三相异步电动机的变极调速控制

控制要求：通过改变定子绕组的接法，从而实现三相异步电动机转速的改变。

双速电动机起动方法可用双速开关(不能带负荷起动)或交流接触器(连接出线端)控制。图 6 - 20 为接触器实现的双速控制电路，KM₁ 为三角形连接接触器，KM₂ 为双星形连接接触器。

图 6 - 20(a)中 SB₂ 和 SB₃ 为低速和高速的起动按钮。当按下 SB₂ 时，KM₁ 接触器通电，将电动机定子绕组接成三角形，电动机以四极低速运转。若按下 SB₃，则 KM₁ 失电，同时 KM₂ 将电动机定子绕组接成双星形，电动机以双极高速运转。

图 6 - 20(b)是利用时间继电器自动实现从低速到高速转换的控制电路。时间继电器 KT 可以控制起动时间。当按下 SB₂ 时，时间继电器 KT 通电，KT 的瞬时闭合常开触点立即闭合，使接触器 KM₁ 通电，将电动机定子绕组接成三角形起动，并通过中间继电器 KA，使 KT 断电，经过延时后，KT 的常开触点断开，KM₁ 断电，KM₂ 通电，电动机自动切换为双星形运转。

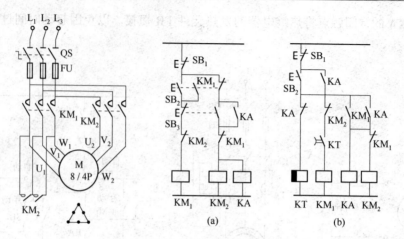

图 6 - 20　双速电动机的控制电路

6.3.2　三相异步电动机的制动控制

制动方法有机械制动和电气制动两种。机械制动一般通过电磁抱闸装置实现。电气制动一般有反接制动和能耗制动。下面重点讨论电气制动。

1. 反接制动控制电路

控制要求：主要控制三相异步电动机在停车时能自动进入反接制动状态(改变任意两相电流相序并接入制动电阻)，实现快速停车，停车后所有线圈均失电，相关触头均处于常态。

反接制动包括负载作用的倒拉反接制动和改变电源相序的反接制动两种方法。这里讨论后者，即通过改变电动机电源的相序，使定子绕组产生相反方向的旋转磁场，从而产生制动转矩的一种制动方法。

由于反接制动时，转子与旋转磁场的相对速度接近于两倍的同步速度，所以定子绕组中流过的反接制动电流相当于全压(直接)起动时电流的两倍。因此，反接制动特点之一是制动迅速，效果好，冲击大，通常适用于 10 kW 以下的小容量电动机。为了减小冲击电流，通常要求在电动机的主电路中串接一定的电阻，以限制反接制动电流。这个电阻称为反接制动电阻。反接制动电阻的接线方法有对称和不对称两种，对称电阻接法可以在限制起动转矩的同时，也限制制动电流。而采用不对称制动电阻的接法，只是限制了制动转矩，未加起动电阻的那一相，仍具有较大的电流。反接制动的另一要求是在电动机转速接近于零时，及时切断电源，以防止反向再起动。

1) 单向反接制动控制电路

反接制动的关键在于电动机电源相序的改变，且当转速下降且接近于零时，能自动将电源切除。为此，采用了速度继电器来自动检测电动机的速度变化。在 120 ~ 3 000 r/ min 范围内速度继电器触头动作，当转速低于 100 r/ min 时，其触头恢复原位。

图 6 - 21 为单向反接制动控制电路。图 6 - 21 中 KM_1 为单向旋转接触器，KM_2 为反接制动接触器，KS 为速度继电器，R 为反接制动电阻。

电路原理　起动时，按下起动按钮 SB_2，接触器 KM_1 通电并自锁，电动机 M 通电运行。电动机正常运转时，速度继电器 KS 的常开触头闭合，为反接制动作好准备。停车时，按下停止按钮 SB_1，KM_1 线圈断电，电动机 M 脱离电源，此时由于电动机的惯性，转速仍较高，KS 的常开触头仍处于闭合状态；所以 SB_1 常开触头闭合时，反接制动接触器 KM_2 线圈得电并自锁，其主触头闭合，使电动机得到相序相反的三相交流电源，进入反接制动状态，转速迅速下降。当转速接近于零时，速度继电器常开触头复位，接触器 KM_2 线圈断电，反接制动结束。

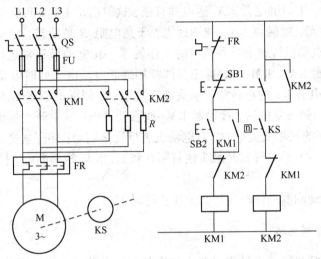

图 6 – 21　电动机单向反接制动控制电路

2）可逆运行反接制动控制电路

图 6 – 22 为具有反接制动电阻的正反向反接制动控制线路，KM_1 为正向电源接触器，KM_2 为反向电源接触器，KM_3 为短接电阻接触器，电阻 R 为反接制动电阻，同时也具有限制起动电流的作用。

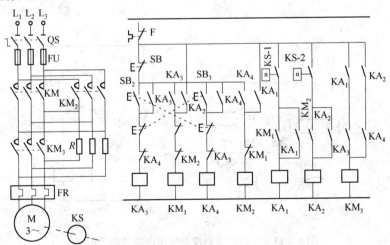

图 6 – 22　电动机可逆运行的反接制动控制电路

电路分析　正向起动时，KM_1 得电，电机串电阻 R 限流起动。起动结束，KM_1，KM_3 同时得电，短接电阻 R，电机全压运行。制动时，KM_1，KM_3 断电，KM_2 得电，电源反接，电机串入制动电阻 R，进入反接制动状态。转速接近于零时，KM_2 自动断电。

电路原理　合上电源开关 QS，按下正转起动按钮 SB_2，中间继电器 KA_3 线圈通电并自锁，其常闭触头打开，互锁中间继电器 KA_4 线圈电路，KA_3 常开触头闭合，使接触器 KM_1 线圈通电，KM_1 的主触头闭合，使定子绕组经电阻 R 接通正序三相电源，电动机开始降压起动。此时虽然中间继电器 KA_1 线圈电路中 KM_1 常开辅助触头已闭合，但是 KA_1 线圈仍无法通电。因为速度继电器 KS 的正转常开触点尚未闭合，当电动机转速上升到一定值时，KS 的正转常开触头闭合，中间继电器 KA_1 通电并自锁，这时由于 KA_1，KA_3 等中间继电器的常开触头均处于闭合状态，接触器 KM_3 线圈通电，于是电阻 R 被短接，定子绕组直接加以额定电压，全压运行，电动机转速上升到稳定的工作转速。在电动机正常运行的过程中，若是按下停止按钮 SB_1，则 KA_3，KM_1，KM_3 三只线圈相继断电。由于此时电动机转子的惯性转速仍然很高，速度继电器 KS 的正转常开触头尚未复原，中间继电器 KA_1 仍处于工作状态，所以接触器 KM_1 常闭触头复位后，接触器 KM_2 线圈便通电，其常开主触头闭合。使定子绕组经电阻 R 获得反序的三相交流电源，对电动机进行反接制动；转子速度迅速下降，当其转速小于 100 r/min 时，KS 的正转常开触头恢复断开状态，KA_1 线圈断电，接触器 KM_2 释放；反接制动过程结束。

电动机反向起动和制动停车过程与上述正转时相似。

2. 能耗制动控制电路

控制要求：主要控制三相异步电动机在停车时能自动进入能耗制动状态（脱离三相交流电接入直流电），实现快速停车，停车后所有线圈均失电，相关触头均处于常态。

1）单向运行能耗制动控制电路

（1）按时间原则的控制电路

图 6-23 为按时间原则控制的单向能耗制动控制线路。KM_1 为正常运行接触器，KM_2 为直流电源接触器，KT 为起动时间继电器。

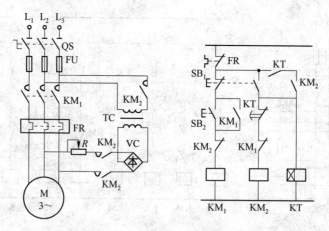

图 6-23　按时间原则控制的单向能耗制动电路

在电动机正常运行的时候，若按下停止按钮 SB_1，电动机由于 KM_1 断电释放而脱离三相交流电源。直流电源则由于接触器 KM_2 线圈通电、主触头闭合而接通定子绕组。时间继电器 KT 线圈与 KM_2 线圈同时通电并自锁，电动机进入能耗制动状态。当其转子的惯性速度接近零时，时间继电器延时打开的常闭触头断开接触器 KM_2 的线圈电路。由于 KM_2 常开辅助触头的复位，时间继电器 KT 线圈的电源也被断开，电动机能耗制动结束。图 6-23 中 KT 的瞬时常开触头的作用是为了考虑 KT 线圈断线或机械卡阻故障时，电动机在按下按钮 SB_1 后能迅速制动，两相的定子绕组不致长期接入能耗制动的直流电流，此时该线路具有手动控制能耗制动的能力，只要使停止按钮 SB_1 处于按下的状态，电动机就能实现能耗制动。

（2）按速度原则的控制电路

图 6-24 为按速度原则控制的单向能耗制动控制线路。该线路与图 6-23 控制线路基本相同，仅是在控制电路中取消了时间继电器 KT 的线圈及其触头电路，而在电动机转轴伸出端安装了速度继电器 KS，并且用 KS 的常开触头取代了 KT 延时打开的常闭触头。这样，该线路中的电动机在刚刚脱离三相交流电源时，由于电动机转子的惯性速度仍很高，速度继电器 KS 的常开触头仍然处于闭合状态，所以，接触器 KM_2 线圈能够依靠 SB_1 按钮的按下通电自锁。于是，两相定子绕组获得直流电源，电动机进入能耗制动。当电动机转子的惯性速度接近零时，KS 常开触头复位，接触器 KM_2 线圈断电而释放，能耗制动结束。

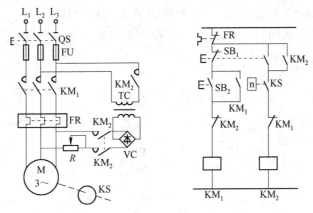

图 6-24 按速度原则控制的单向能耗制动电路

2）可逆运行能耗制动控制电路

图 6-25 为电动机按时间原则控制可逆运行的能耗制动控制线路。KM_1 为正转接触器，KM_2 为反转接触器，KM_3 为制动接触器，SB_2 为正向起动按钮，SB_3 为反向起动按钮，SB_1 为总停止按钮。

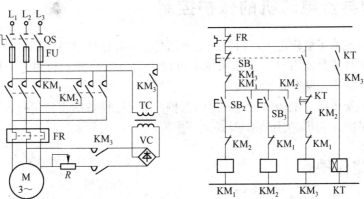

图 6-25 可逆运行能耗制动控制电路

在其正常的正向运转过程中，需要停止时，可按下停止按钮 SB_1，KM_1 断电，KM_3 和 KT 线圈通电并自锁，KM_3 常闭触头断开而锁住电动机起动电路；KM_3 常开主触头闭合，使直流电压加至定子绕组，电动机进行正向能耗制动，转速迅速下降，当其接近零时，时间继电器延时打开的常闭触头 KT 断开接触器 KM_3 线圈电源，电动机正向能耗制动结束。由于 KM_3 常开辅助触头的复位，时间继电器 KT 线圈也随之失电。反向起动与反向能耗制动的过程与上述正向情况相同。

电动机可逆运行能耗制动也可以采用速度原则，用速度继电器取代时间继电器，同样能达到制动目的。请读者自行分析。

3）单管能耗制动电路

上述能耗制动控制电路均有带变压器的桥式整流电路，设备多，成本高。为此，制动要求不高的场合，可采用单管能耗制动线路，该电路设备简单、体积小、成本低。

单管能耗制动电路取消了整流变压器，以单管半波整流器作为直流电源，使得控制设备大大简化，降低了成本。它常在 10 kW 以下的电动机中使用。电路如图 6 - 26 所示，其主电路中直流电源是由电源 L_3→KM_2 主触点→U，V 绕组→W 绕组→KM_2 主触点→二极管 V_D→电阻 R→中线 N，构成半波整流回路，制动时 U，V 绕组被 KM_2 主触点短接。其原理请读者自行分析。

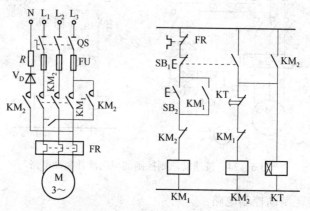

图 6 - 26　单管能耗制动控制电路

6.4　三相异步电动机的保护控制

电气控制系统除了能满足生产机械加工要求外，还应保证设备长期安全、可靠无故障地运行。因此保护环节是所有电气控制系统不可缺少的组成部分。利用它来保护电动机、电网、电气控制设备及人身安全等。

电气控制系统中常对电动机实施一定的保护，以保证设备的正常运行，其形式主要有短路保护、过载保护、零压、欠压保护及弱磁保护等。

6.4.1　短路保护

电机、电器及导线的绝缘损坏或线路发生故障时，都可能造成短路事故。很大的短路电流和电动力可能致使电器设备损坏。因此，在发生短路故障时，保护电器必须立即动作，迅速将电源切断。

常用的短路保护电器是熔断器和自动空气断路器。

6.4.2　过载保护

当电动机负载过大，起动操作频繁或缺相运行时，会使电动机的工作电流长时间超过其额定电流，电动机绕组过热，温升超过其允许值，导致电动机的绝缘材料变脆，寿命缩短，严重时会使电机损坏。因此，当电动机过载时，保护电器应动作，切断电源，使电动机停转，避免电动机在过载下运行。

常用的过载保护元件是热继电器。由于热惯性的原因，热继电器不会受到电动机短时过载冲击电流的影响而瞬时动作，所以在使用热继电器作过载保护的同时，还必须有短路保护，并且选为短路保护的熔断器熔体的额定电流不应超过 4 倍热继电器发热元件的额定电流。

6.4.3　过流保护

如果在直流电动机和交流绕线式异步电动机起动或制动时，限流电阻被短接，将会造成很大的起动或制动电流。另外，负载的加大也会导致电流增加。过大的电流将会使电动机或机械设备损坏。因此，对直流电动机或绕线式异步电动机常采用过流保护。

过流保护常用电磁式过电流继电器实现。当电动机过流达到电流继电器的动作值时，继电器动作，使串接在控制电路中的常闭触头断开，切断控制电路，电动机随之脱离电源并停转，达到了过流保护的目的。一般过电流的动作值为起动电流的 1.2 倍。

短路、过流、过载保护虽然都是电流保护，但由于故障电流、动作值及保护特性、保护要求和使用元件的不同，它们之间是不能相互取代的。

6.4.4　欠压保护

当电网电压降低时，电动机便在欠压下运行。由于电动机的负荷没有改变，所以欠压下电动机转速下降，定子绕组中的电流增加。因为电流增加的幅度尚不足以使熔断器和热继电器动作，所以两种电器起不到保护作用。如不采取保护措施，时间一长将会使电动机过热损坏。另外，欠电压将引起一些电器释放，使电路不能正常工作。因此，应避免电动机在欠压下运行。

实现欠压保护的电器是接触器和电磁式电压继电器。在机床电气控制线路中，只有少数线路专门设了电磁式电压继电器。而大多数控制线路，由于接触器已兼有欠压保护功能，所以不再加设欠压保护器。一般当电网电压降低到额定电压 85% 以下时，接触器(或电压继电器)触头会释放。

6.4.5　零压保护(失压保护)

生产机械在工作时，如果由于某种原因而发生电网突然停电，那么在电源电压恢复时，电动机便会自行起动运转，导致人身和设备事故，并引起电网过电流和瞬时网络电压下降。为了防止在此种情况下出现电动机自行起动而实施的保护叫做零电压保护。

常用的失压保护电器是接触器和中间继电器。当电网停电时，接触器和中间继电器触头复位，切断主电路和控制电源。当电网恢复供电时，若不重新按下起动按钮，电动机就不会自行起动，实现了失压保护。

例6-1 图6-27所示是电动机常用保护电路，指出各电器元件所起的保护作用。

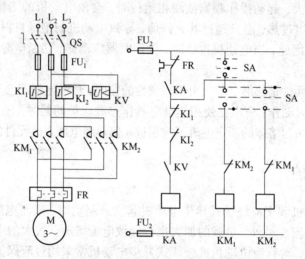

图6-27 电动机的常用保护线路

解 各元件所起的保护作用如下：

短路保护——熔断器 FU；

过载保护——热继电器 FR；

过流保护——热电流继电器 KI_1，KI_2；

零压保护——中间继电器 KA，接触器 KM_1，KM_2；

欠压保护——欠电压继电器 KV，接触器 KM_1，KM_2；

联锁保护——通过 KM_1，KM_2 互锁点实现。

6.5 电控线路故障诊断与维修

电气设备的维修包括日常维护保养和故障检修两方面的工作。

6.5.1 电气设备的维护和保养

各种电气设备在运行过程中会产生各种各样的故障，致使设备停止运行而影响生产，严重的还会造成人身或设备事故。引起电气设备故障的原因，除部分是由于电器元件的自然老化外，还有相当部分的故障是因为忽视了对电气设备的日常维护和保养，以致使小毛病发展成大事故，还有些故障则是由于电气维修人员在处理电气故障时操作方法不当，或因缺少配件，凑合行事，或因误判断、误测量而扩大了事故范围所造成。所以，为了保证设备正常运行，以减少因电气修理而造成的停机时间，提高劳动生产率，必须十分重视对电气设备的维护和保养。另外根据各厂设备和生产的具体情况，应储备部分必要的电器元件和易损配件等。

电力拖动电路和机床电路的日常维护对象有电动机，控制、保护电器及电气线路本身。维护内容如下。

1．检查电动机

定期检查电动机各相绕组之间、绕组对地之间的绝缘电阻；电动机自身转动是否灵活；空载电流与负载电流是否正常；运行中的温升和响声是否在限度之内；传动装置是否配合恰当；轴承是否磨损、缺油或油质不良；电动机外壳是否清洁。

2．检查控制和保护电器

检查触点系统吸合是否良好，触点接触面有无烧蚀、毛刺和穴坑；各种弹簧是否疲劳、卡阻；电磁线圈是否过热；灭弧装置是否损坏；电器的有关整定值是否正确。

3．检查电气线路

检查电气线路接头与端子板、电器的接线桩接触是否牢靠，有无断落、松动，腐蚀、严重氧化；线路绝缘是否良好；线路上是否有油污或脏物。

4．检查限位开关

检查限位开关是否能起限位保护作用，重点是检查滚轮传动机构和触点工作是否正常。

6.5.2　电控线路的故障检修

控制线路是多种多样的，它们的故障又往往和机械、液压、气动系统交错在一起，较难分辨。不正确的检修会造成人身事故，故必须掌握正确的检修方法。一般的检修方法及步骤如下。

1．检修前的故障调查

故障调查主要有问、看、听、摸几个步骤。

问：首先向机床的操作者了解故障发生的前后情况，故障是首次发生还是经常发生；是否有烟雾、跳火、异常声音和气味出现；有何失常和误动；是否经历过维护、检修或改动线路等。

看：观察熔断器的熔体是否熔断；电器元件有无发热、烧毁、触点熔焊、接线松动、脱落及断线等。

听：倾听电机、变压器和电器元件运行时的声音是否正常。

摸：电机、变压器和电磁线圈等发生故障时，温度是否显著上升，有无局部过热现象。

2．根据电路、设备的结构及工作原理直观地查找故障

弄清楚被检修电路、设备的结构和工作原理是循序渐进、避免盲目检修的前提。检查故

障时，先从主电路入手，看拖动该设备的几个电动机是否正常。然后逆着电流方向检查主电路的触点系统、热元件、熔断器、隔离开关及线路本身是否有故障。接着根据主电路与二次电路之间的控制关系，检查控制回路的线路接头、自锁或联锁触点、电磁线圈是否正常，检查并确定制动装置、传动机构中工作不正常的范围，从而找出故障部位。如能通过直观检查发现故障点，如线头脱落、触点、线圈烧毁等，则检修速度更快。

3．从控制电路动作顺序检查故障

通过直接观察无法找到故障点时，在不会造成损失的前提下，切断主电路，让电动机停转。然后通电并检查控制电路的动作顺序，观察各元件的动作情况。如某元件该动作时不动作，不该动作时乱动作，动作不正常，行程不到位，虽能吸合但接触电阻过大，或有异响等，则故障点很可能就在该元件中。当认定控制电路工作正常后，再接通主电路，检查控制电路对主电路的控制效果，最后检查主电路的供电环节是否有问题。

4．仪表测量检查

利用各种电工仪表测量电路中的电阻、电流、电压等参数，并进行故障判断。常用方法有如下几种。

1）电压测量法

电压测量法是根据电压值来判断电器元件和电路的故障所在，检查时把万用表旋到交流电压 500 V 挡位上。它有分阶测量、分段测量、对地测量三种方法。介绍如下。

（1）分阶测量法

如图 6－28 所示，若按下起动按钮 SB$_2$，接触器 KM$_1$ 不吸合，说明电路有故障。

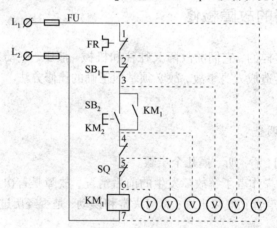

图 6－28　电压的分阶测量法

检修时，首先用万用表测量 1 和 7 两点电压，若电路正常，应为 380 V。然后按下起动按钮 SB$_2$ 不放，同时将黑色表棒接到 7 点，红色表棒依次接 6，5，4，3，2 点，分别测 7－6，7－5，7－4，7－3，7－2 各阶电压。电路正常时，各阶电压应为 380 V。如测到 7－6 之间无电压，说明是断路故障，可将红色表棒前移，当移到某点电压正常时，说明该点以后的触头或接线断路，一般是此点后第一个触头或连线断路。

（2）分段测量法

分段测试如图 6-29 所示，即先用万用表测试 1-7 两点电压，电压为 380 V，说明电源电压正常。然后逐段测量相邻两点 1-2，2-3，3-4，4-5，5-6，6-7 的电压。如电路正常，除 6-7 两点电压等于 380 V 外，其他任意相邻两点间的电压都应为零。如测量某相邻两点电压为 380V，说明两点所包括的触头、及其连接导线接触不良或断路。

（3）对地测量法

机床电气控制线路接在 220 V 电压且零线直接接在机床床身时，可采用对地测量法来检查电路的故障。

如图 6-30 所示，用万用表的黑表棒逐点测试 1，2，3，4，5，6 等各点，根据各点对地电压来检查线路的电气故障。

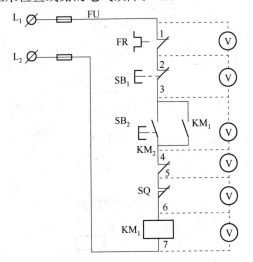

图 6-29　电压的分段测量法

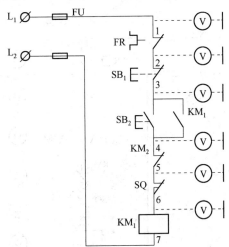

图 6-30　电压的对地测量法

2）电阻测量法

（1）分阶电阻测量法

如图 6-31 所示，按起动按钮 SB_2，若接触器 KM_1 不吸合，说明电气回路有故障。

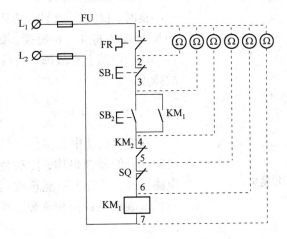

图 6-31　分阶电阻测量法

检查时，先断开电源，按下 SB_2 不放，用万用表电阻挡测量 1 – 7 两点电阻。如果电阻无穷大，说明电路断路；然后逐段测量 1 – 2，1 – 3，1 – 4，1 – 5，1 – 6 各点的电阻值。若测量某点的电阻突然增大时，说明表棒跨接的触头或连接线接触不良或断路。

（2）分段电阻测量法

如图 6 – 32 所示，检查时切断电源，按下 SB_2，逐段测量 1 – 2，2 – 3，3 – 4，4 – 5，5 – 6 两点间的电阻。如测得某两点间电阻很大，说明该触头接触不良或导线断路。

（3）短接法

短接法即用一根绝缘良好的导线将怀疑的断路部位短接。有局部短接法和长短接法两种。图 6 – 33 所示为局部短接法，用一绝缘导线分别短接 1 – 2，2 – 3，3 – 4，4 – 5，5 – 6 两点，当短接到某两点时，接触器 KM_1 吸合，则断路故障就在这里。

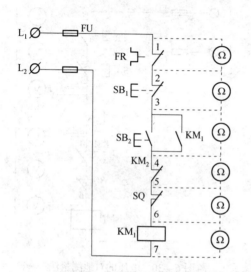

图 6 – 32　分段电阻测量法

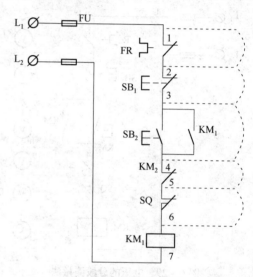

图 6 – 33　局部短接法

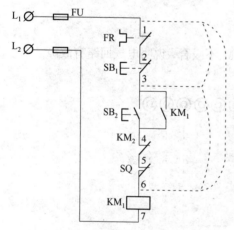

图 6 – 34　长短接法

图 6 – 34 所示为长短接法，它一次短接两个或多个触头，与局部短接法配合使用，可缩小故障范围，迅速排除故障。如：当 FR，SB_1 的触头同时接触不良时，仅测 1 – 2 两点电阻会造成判断失误。而用长短接法将 1 – 6 短接，如果 KM_1 吸合，说明 1 – 6 这段电路上有故障；然后再用局部短接法找出故障点。

5．机械故障检查

在电力拖动中有些信号是机械机构驱动的，如机械部分的联锁机构、传动装置等发生故障，即使电路正常，设备也不能正常运行。在检修中，应注意机械故障的特征和现象，找出故障点，并排除故障。

小结

· 本章主要论述了电气控制系统的基本线路——三相异步电动机的起停、正反转、制动、调速等控制线路。它们是分析和设计机械设备电气控制线路的基础。

正确分析和阅读各类电气控制系统图。

电气原理图的分析程序是：主电路—控制电路—辅助电路—联锁、保护环节—特殊控制环节，先化整为零进行分析，再集零为整，进行总体检查。最基本的分析方法是查线分析法。

· 连续运转与点动控制的区别仅在于自锁触头是否起作用。

· 常用的制动方式有反接制动和能耗制动，制动控制线路设计应考虑限制制动电流和避免反向再起动。前者是，在主电路中串限流电阻，采用速度继电器进行控制。后者通入直流电流产生制动转矩，采用时间继电器进行控制。制动方法及特点见表 6-1。

表 6-1　异步电动机的制动方法及特点

类　型	制动方法	使用场合	特　点
鼠笼式电动机	能耗制动	要求平稳制动	制动能耗小，制动准确度不高，需直流电源，设备费用高
	反接制动	制动要求迅速，系统惯性大，制动不频繁的场合	设备简单，调整方便，制动迅速，价格低，制动冲击大，准确性差，能耗大，不宜频繁制动，须加装速度继电器
绕线电动机	能耗制动	电动机单向运行	制动准确度不高，需直流电源
	反接制动	电动机可逆运行	采用一级制动电阻，按速度原则控制

· 电动机的控制原则。

电动机的起动、调速、反向与制动等，按不同参数的变化来实现自动控制，称为电力拖动自动控制原则。主要有时间原则、速度原则、行程原则等。各种控制原则、特点和使用场合见表 6-2。选择控制原则时，除考虑其本身特点外，还应考虑电力拖动系统的基本要求，如工艺要求、安全可靠性、操作维修等因素。

表 6-2　电动机的控制原则

控制原则	使用场合	特　点
时间原则	交直流电动机的起动、能耗制动及按一定时间动作的控制电路	电路简单，不受电压、电流影响，对任何型号电动机都适合
速度原则	直流电动机与鼠笼式电动机的反接制动	电路简单，控制加速时受电网电压影响，制动时则无影响
电流原则	绕线电动机的分级起动、制动及电路的过流、欠流保护	电路联锁较复杂，可靠性差，受各种电路参数影响
行程原则	反应运动部件运动位置的控制	电路简单，不受各种参数影响，只反映运动部件的位置

• 电气控制电路的保护环节。

生产机械要正常、安全、可靠地工作，必须有完善的保护环节，控制电路常用保护环节及其实现方法如表6-3所示。应该注意，短路保护、过载保护、过电流保护虽然都是电流保护，但由于故障电流、动作值、保护特性和使用元件的不同，它们之间是不能相互替代的。

表6-3　控制电路常用保护环节及其实现方法

保 护 环 节	采 用 电 器	保 护 环 节	采 用 电 器
短路保护	熔断器、自动开关、过电流继电器	零压保护	电压继电器、自动开关、按钮接触器控制并具有自锁的电路
过载保护	热继电器、自动开关	欠压保护	欠电压继电器、自动开关
过电流保护	过电流继电器	限位保护	行程开关
欠电流保护	欠电流继电器	弱磁保护	欠电流继电器

思考与练习

6-1　电气原理图中 QS，FU，FR，KM，KA，KI，KT，SB，SQ 分别是什么电器元件的文字符号。

6-2　电动机有哪些保护环节？分别由什么元件来实现？

6-3　分析图6-35中各控制电路，并按正常操作时出现的问题加以改进。

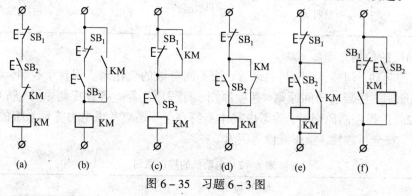

图6-35　习题6-3图

6-4　画出带有热继电器过载保护的鼠笼式异步电动机正常起动运转的控制线路。

6-5　如图6-36所示，控制电路各有什么错误？应如何改正？

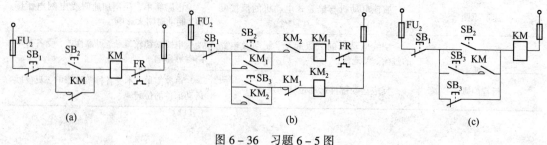

图6-36　习题6-5图

6－6　将图 6－11 所示电路改为正常工作时，只有 KM_2 通电工作，并用断电延时时间继电器替代通电延时时间继电器。

6－7　画出鼠笼式异步电动机用自耦变压器起动的控制线路。

6－8　画出具有双重互锁的异步电动机正、反转控制线路。

6－9　设计一个控制线路，要求第一台电动机起动 10 s 后，第二台电动机自动起动。运行 5 s 后，第一台电动机停止并同时使第三台电动机自行起动，再运行 15 s 后，电动机全部停止。

6－10　为两台异步电动机设计一个控制线路，其要求如下：

（1）两台电动机互不影响地独立工作；

（2）能同时控制两台电动机的起动与停止；

（3）当一台电动机发生故障时，两台电动机均停止。

6－11　有一台四级皮带运输机，分别由 M1，M2，M3，M4 四台电动机拖动，其动作顺序如下：

（1）起动要求按 M1→M2→M3→M4 顺序起动；

（2）停车要求按 M4→M3→M2→M1 顺序停车；

（3）上述动作要求有一定时间间隔。

6－12　设计一小车运行的控制线路，小车由异步电动机拖动，其动作程序如下：

（1）小车由原位开始前进，到终端后自动停止；

（2）在终端停留 2 min 后自动返回原位停止；

（3）要求能在前进或后退途中任意位置停止或起动。

6－13　现有一双速电动机，试按下述要求设计控制线路：

（1）分别用两个按钮操作电动机的高速起动和低速起动，用一个总停按钮操作电动机的停止；

（2）起动高速时，应先接成低速然后经延时后再换接到高速；

（3）应有短路保护与过载保护。

第7章 其他种类的电机

- **知识目标** 掌握单相异步电动机的基本工作原理、结构及其运行特点；
  掌握同步电机的基本结构、工作原理及其运行特点；
  掌握伺服电机、步进电机的工作原理及其应用。
- **能力目标** 学会单相异步电动机的常见故障维修；
  能掌握同步电机的并联运行原则和方法；
  学会伺服、步进等控制电机的基本控制方法。
- **学习方法** 结合实物、实验、参观实习等进行学习。

7.1 单相异步电动机

尽管在相同的容量下，单相异步电动机比三相异步电动机体积大、成本高、效率低，但因单相异步电动机用电电源方便，所以其应用范围较广，特别是小功率单相异步电动机被广泛用于家用电器、医疗器械及自动控制系统等。

7.1.1 单相异步电动机的机械特性

因单相异步电动机只有一相绕组，转子为鼠笼式。当定子绕组通入单相交流电后，在气隙中将产生一随时间作正弦变化的脉振磁势 $\dot{F}$（具体内容见 4.2.4）。通过严格的数学方法，证明可将这一脉振磁势分解为两个旋转方向相反的圆形旋转磁势 $\dot{F}_+$ 和 $\dot{F}_-$。它们的大小均为脉振磁势最大幅值的一半，转速的大小均为同步转速 $n_1 = \dfrac{60f_1}{p}$。为了直观起见，我们通过图解法来说明上述结论的正确性，如图 7-1 所示。

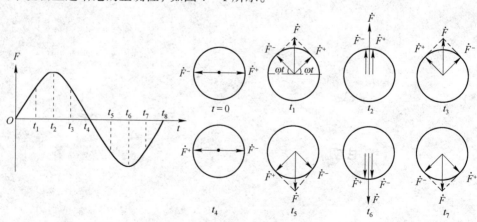

图 7-1 脉振磁势的合成

图 7-1 中画出了脉振磁势大小随时间变化的正弦波和不同瞬时由 $\dot{F}_+$ 和 $\dot{F}_-$ 合成的磁势 $\dot{F}$。从图 7-1 中可以看出，任何瞬间 $\dot{F}_+$ 加 $\dot{F}_-$ 都等于 $\dot{F}$。转子在脉振磁势 $\dot{F}$ 的作用下所受的电磁转矩 T 也就等于两个旋转磁势分别作用下所受电磁转矩 T_+ 与 T_- 的合成。其机械特性，即为两个方向相反的、与三相异步电动机的情况一样的圆形旋转磁势电动机机械特性的叠加，如图 7-2 所示。图中 $T = f(s)$ 是由对称的 $T_+ = f(s)$ 和

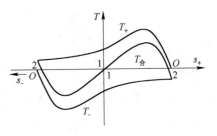

图 7-2 单相异步电动机的机械特性

$T_- = f(s)$ 叠加而成，也就是单相绕组通电时的电机机械特性曲线，如图 7-2 所示。它具有如下几个特点。

① 当转速 $n = 0$ 时，电磁转矩 $T = 0$，即电动机无起动转矩，不能自行起动。

2) 当 $n > 0$，$T > 0$ 时，机械特性在第 I 象限，属拖动性质转矩。换句话说，若由于某种原因使电动机正转后，电磁转矩能使电动机继续正转运行。

3) 当 $n < 0$，$T < 0$ 时，机械特性在第 III 象限，T 仍为拖动性质的转矩。同样，若电动机已经反转了，则仍能继续反转。

不能自行起动是单相异步电动机的主要缺点。因此，解决其起动问题的方法是它必须有两相绕组。

7.1.2 两相异步电动机

在单相异步电动机的定子铁心上装有两个绕组，一个是主绕组 A，也称运行绕组；另一个是副绕组 B，也称起动绕组。两个绕组在定子中嵌放的空间位置相差 90°电角度。当主副绕组通入时间的相位差为 90°的电流(称为对称电流)，应用三相异步电动机相同的分析方法，可知气隙中产生的也为一个圆形旋转磁势，形成圆形的旋转磁场，运行情况与三相异步电动机相同，电机就能够转起来。但是，如果对称条件破坏，例如，出现两相绕组不垂直、两相电流幅值不相等或两相电流相位差不是 90°，则气隙中的磁场将变为椭圆形旋转磁势，形成一椭圆形旋转磁场，其平均转速仍为同步速 n_1。

从理论上可以证明，椭圆形旋转磁势可以分解为两个放置方向相反、幅值不同的圆形旋转磁势 $\dot{F}_+$ 加 $\dot{F}_-$，转速的大小均为同步速 n_1。图 7-3 为椭圆形旋转磁势的形成示意图。

其机械特性仍为两圆形旋转磁势电动机机械特性的叠加。不过，由于两个圆形旋转磁势幅值不等，因此正、反转的特性曲线并不对称。如图 7-4 所示。从图 7-4 中可以看出，两相异步电动机 $s = 1$(即 $n = 0$)时，$T_合 \neq 0$，说明该电机有自行起动能力。

7.1.3 单相异步电动机的起动方法

实际使用的单相异步电动机有两套绕组，且两套绕组接同一个电源。为使流入两套绕组中的电流相位不同，需要人为地使它们的阻抗不同，这种方法称为分相。分相的结果是使电机气隙中出现了椭圆形旋转磁场，从而使电机具有一定的自行起动能力。

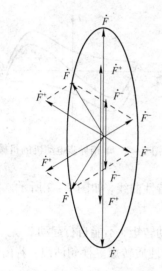

图 7-3　椭圆形旋转磁势的形成

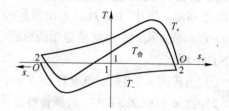

图 7-4　两相绕组通电时的机械特性

1. 电容分相的单相异步电动机

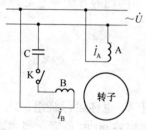

图 7-5　电容分相起动
的单相异步电动机

图 7-5 所示为电容分相起动的单相异步电动机。起动串接电容 C 和离心开关 K，电容 C 的接入使两相电流分相。起动时，K 处于闭合状态，电动机两相起动。当转速达到一定数值时，离心开关 K 由于机械离心作用而断开，使电动机进入单相运行。由于起动绕组 B 为短时运行，所以电容可采用交流电解电容器。

另一种是在副绕组只串接电容器，在运行全过程中始终参加工作。采用这种分相方法的电动机称为电容运转的单相异步电动机。

2. 电阻分相的单相异步电动机

如果电动机的起动绕组采用较细的导线绕制，则它与工作绕组的电阻值不相等，两套绕组的阻抗值也就不等，流过这两套绕组的电流也就存在着一定的相位差，从而达到分相起动的目的。通常起动绕组按短时运行设计，所以起动绕组要串接离心开关 K。

欲使分相电机反转，只要将任意一套绕组的两个接线端交换接入电源即可。

3. 罩极式单相异步电动机

罩极式单相异步电动机的定子为硅钢片叠成的凸极式，工作绕组套在凸极的极身上。每个极的极靴上开有一个槽，槽内放置有短路铜环，铜环罩住整个极面的三分之一左右，如图 7-6 所示。当工作绕组接入单相交流电源后，磁极内即产生一脉振磁场。脉振磁场的交变，使短路环产生感应电势和感应电流，根据楞次定律可知，环内将出现一个阻碍原来磁场变化的新磁场，从而使短路环内的合磁场变化总是在相位上落后于环外脉振磁场的变化。可以把环内、环外的磁场设想为两相有相位差的电流所形成，这样分相的结果，使气隙中出现椭圆形旋转磁场。由于这种分相方法的相位差并不大，因此起动转矩也不大。所以，罩极式单相异步电动机只适用于负载不大的设备，如电唱机、电风扇等。

7.1.4　三相异步电动机的单相运行

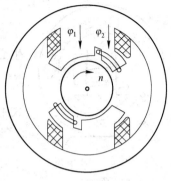

图 7 - 6　罩极式单相异步电动机

若三相异步电动机在起动前有一相断路，如图 7 - 7(a)所示，在 A 相和 B 相绕组中将通过单相电流，在电机中产生脉振磁场，无起动转矩，电动机就不能起动，电流很大，时间一长会烧坏电机。

若在运行过程中有一相断路而成单相运行。由于负载不变，假定功率因数和效率不变，则输入功率也基本不变。三相异步电动机运行时，$P_1 = \sqrt{3}\, UI\cos\varphi \cdot \eta$；单相运行时 $P_1 = UI\cos\varphi \cdot \eta$，可见单相时电流较三相工作时大 $\sqrt{3}$ 倍。负载较轻，单相时可运行；若负载较重，单相时电流大，时间一长就会使电机过热而烧坏。

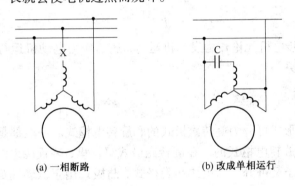

(a) 一相断路　　　　　　　　(b) 改成单相运行

图 7 - 7　三相异步电动机的单相运行

有时遇到有三相电动机，而只有单相电源，可以将三相电动机改成单相异步电动机使用。接线如图 7 - 7 所示，将三相电机中任意两相绕组反向串起来作为工作绕组，另一相串以适当电容作为起动绕组，接在单相电源上就成为一台分相电动机了，其输出功率约等于三相额定功率的 70%，运行性能较差。

*7.2　同步电机

同步电机是交流电机的一种，它与异步电动机不同，它的转速与电流频率之间有着严格的关系，广泛用于需要恒速的机械设备。同步电机可作为发电机、电动机和调相机使用。而微型同步电动机在一些自动装置中也有广泛的应用。

7.2.1　同步电机的基本工作原理和结构

1. 同步电机的基本工作原理

同步电机也是由定子和转子两大部分构成。定子铁心槽中嵌放三相绕组，转子上装有磁极和励磁绕组，如图 7 - 8 所示。

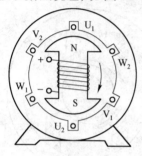

图 7 - 8　同步电机
结构原理图

作为发电机运行时，其励磁绕组中通以直流电，建立一恒定磁场，用原动机拖动转子以同步速旋转，则在三相绕组中感应产生交变的电势，其频率为

$$f = \frac{pn}{60} \qquad (7 - 1)$$

式中，f——频率(Hz)；

$\quad\quad p$——电机极对数；

$\quad\quad n$——转子转速(r/ min)。

作为电动机运行时，在其定子绕组中施以三相交流电。由 4.1.1 内容可知，三相对称绕组流过三相对称电流产生一旋转磁场；同时转子绕组中通以直流电励磁，产生一恒定磁场。根据磁极间异性相吸的原理，转子便被定子拉着同向、同速旋转，其转速为

$$n = \frac{60f}{p} \qquad (7 - 2)$$

由上述可知，同步电机无论作为发电机运行，还是作为电动机运行，其转速与频率之间都保持严格不变的关系。

2．同步电机的结构

同步电机按结构形式可分为旋转磁极式的和旋转电枢式。一般都是旋转磁极式的，只有小容量的同步电机是旋转电枢式的。在旋转磁极式结构里，装置绕组的电枢是定子，磁极装在转子上。根据其转子又可分为凸极式和隐极式，凸极式用于低转速($2p > 4$)，隐极式用于高转速($2p = 2$)，如图 7 - 9 所示。

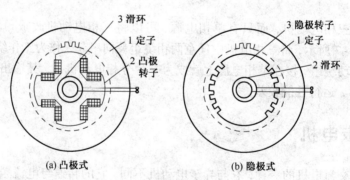

图 7 - 9　旋转磁极式同步电机

旋转磁极式同步电机定子包括机座、定子铁心和绕组。定子铁心也是由硅钢片叠成，其槽中嵌放三相对称绕组。

转子由转子铁心、励磁绕组等组成。直流励磁电流由电刷和滑环引入励磁绕组。

7.2.2　同步发电机的并联运行

同步发电机是现代电力工业的主要发电设备。而在电力系统中，常用到多台发电机的并联运行。它的优点是：可以根据负荷的变化来调节投入运行的机组数，提高机组的运行效率；另外也便于轮流检修，提高供电的可靠性，减少电机检修和事故的备用容量。对于由火电厂和水电厂联合组成的电力系统，并联运行还可起到合理调度电能，充分利用水能，降低发电成本的目的。当许多电厂并联在一起，形成强大的电网，负载变化对电压和频率的影响就会很小，从而提高供电的质量。

1．并联运行的条件

同步发电机与电网并联合闸时，为了避免产生巨大的冲击电流，防止电机受到损坏，需要满足下列条件。

① 三相发电机的相序要与电网的相序一致。该条件一般在安装发电机时，首先须根据发电机的转向确定相序，以使其得到满足。

② 发电机的电压与电网电压应具有相同的幅值和相位。因为在频率相同的情况下，若它们的电压不等，在并联投入时将产生环流。环流的暂态值可达额定电流的 4 ~ 6 倍，其所产生的冲击电磁力可能损伤电机。

③ 发电机的频率要与电网的频率相等。若频率不等时，发电机和电网的电压相量将有相对运动，此时发电机与电网之间将出现大小和相位均不断变化的电压差。并联投入后，将产生一个大小和相位不断变化的环流，使得有时电机向电网输出功率，有时电网向电机输入功率，致使在电网内引起一定的功率振荡。

2．并联投入的方法

并联投入的方法有两种：一是准整步法，即把发电机调整到完全合乎并联条件后投入电网；二是自整步法，即用原动机把同步发电机拖动到接近同步转速，在励磁绕组经电阻短接的情况下把发电机投入电网，然后再立即加上励磁，这时依靠磁场间形成的整步转矩把转子牵入同步。

相比较而言，自整步法操作简便、迅速，不需要复杂的并车设备；缺点是合闸冲击电流较大。常用于紧急情况下的并车。

7.2.3　同步电动机

同步电动机可以拖动大容量恒转速的机械负载，优点是它的功率因数可调。但在使用中同步电动机却存在着起动问题。原因是：如果把同步电动机的定子绕组直接投入电网，定子旋转磁场为同步速，即 $n_1 = 60\,f/p$。而在起动过程中，转子转速则是从零开始逐渐增大的，二者间处于非同步状态。如果转子加励磁电流后，定子、转子磁场间有相对运动，一会儿相吸，一会儿相斥，平均转矩为零，转子无法起动。

同步电动机不能自行起动，这给使用带来不便。为解决起动问题，常采用异步起动法。

在同步电动机转子极靴上安装起动绕组（阻尼绕组），当同步电动机定子绕组接通电源后，通过起动绕组产生转矩，使转子旋转。此过程和异步电动机完全相同。当转子达到一定转速后，接通励磁回路，转子便很快被拖入同步速度旋转，进入稳定运行。这种方法分异步起动和牵入同步两个阶段。

同步电动机起动原理如图 7 – 10 所示。具体操作步骤如下。

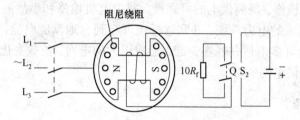

图 7 – 10　同步电动机的起动原理图

① 起动前，励磁绕组不接直流电源，而是串入一适当大小的电阻后闭合。否则，由于励磁绕组匝数很多，起动时定子的旋转磁场将在励磁绕组中产生很高的感应电势，可能破坏绝缘，且对人身也是不安全的。

② 将定子绕组接三相交流电源，这时定子绕组电流将在转子上的起动绕组中感应一电流，此电流与定子旋转磁场相互作用而产生电磁转矩，使转子转动。

③ 当同步电动机转速达到同步转速的 95% 左右时，将励磁绕组所串电阻切除并与直流电源接通，通入直流励磁电流。这时转子磁场和定子旋转磁场的相互吸引力能将转子拉住，使转子跟随定子磁场以同步转速旋转，即拖入同步，整个起动过程结束。

同步电动机起动时，为减小起动电流，可根据电动机容量、负载的性质、电源的情况，采取直接起动或降压起动的方法。

7.2.4　同步电动机功率因数的调节及同步调相机

同步电动机在正常状态下，定子电流和电源电压同相，此时，$\cos\varphi = 1$，同步电动机只从电网吸收有功功率，不吸收无功功率，相当于电阻性负载；当励磁电流小于正常励磁电流时，即在欠励状态下，同步电动机除吸收有功功率外，还吸收感性的无功功率，或者说向电网送出容性无功功率，相当于感性负载；当励磁电流大于正常励磁电流时，即在过励状态下，同步电动机从电网吸收有功功率和容性的无功功率，或者说向电网送出感性无功功率，相当于容性负载。

由于电网所带负载大多为感性（如异步电动机、变压器等），若使同步电动机工作在过励状态，从电网吸收容性的无功功率，便可减轻电网负担，从而改善整个电网的功率因数。

综上所述，同步电动机拖动恒定负载时，改变它的励磁电流，就能改变功率因数，这是同步电动机的主要特点之一。

同步电动机如果不带负载，只工作在过励状态，专门用来调节电网的无功功率，改善电网的功率因数，起着电容器的作用，这时称同步电动机为同步补偿机，也称为同步调相机。

*7.3　控制电机

7.3.1　伺服电动机

1.　交流伺服电动机

交流伺服电动机与直流伺服电动机相同，在自控系统中常被用做执行元件，即将输入的电讯号转换为转轴上的机械传动。

1）交流伺服电动机的结构

交流伺服电动机结构与两相异步电动机相同。它的定子铁心上放置着空间位置相差为 90°电角度的两相分布绕组，一相称为励磁绕组 L，另一相则称为控制绕组 K，如图 7 – 11 所示。两相绕组通电时，必须保持频率相同。

转子采用鼠笼式转子。为了达到快速响应的特点，其鼠笼式转子比普通异步电动机的转子细而长，以减小它的转动惯量。有时鼠笼式转子还做成非磁性薄壁杯形，安放在外定子与内定子所形成的气隙中，如图 7 – 12 所示。杯形转子可以看成为无数导条并联而成的鼠笼式转子，因此，工作原理与鼠笼式转子相同。该电机因气隙增大，因此励磁电流增大，效率降低。

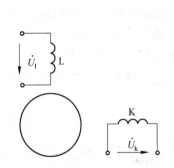

图 7 – 11　交流伺服电动机线路图

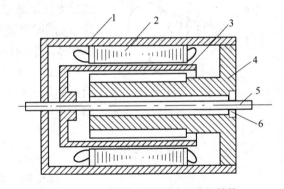

图 7 – 12　薄壁杯形转子电动机结构
1—定子绕组；2—外定子；
3—杯形转子；4—内定子；5—转轴；6—轴承

2）交流伺服电动机的工作原理

交流伺服电动机的工作原理与两相异步电动机工作原理相同。但交流伺服电动机会出现"自转现象"。本来旋转着的交流伺服电动机，当控制讯号电压 U_k 为零时，要求伺服电动机的转速相应为零。但是实际上当控制电压为零时，因励磁绕组依然接通交变励磁电压，此时，电机处于单相运行状态。根据单相异步电动机的运行原理可知，电动机仍能继续运转，这就是"自转现象"。它将严重影响交流伺服电动机工作的精确度。

消除"自转现象"的方法就是大大增加转子回路的电阻值。图 7 – 13 显示了转子回路电阻值高时，交流伺服电动机单相运行的机械特性。从图 7 – 13 中可以看出，因转子回路电阻增加，根据异步电动机机械特性方程的特点可知，T_+ 和 T_- 的临界工作点 s_m，将分别由第

Ⅰ、Ⅲ象限移至第Ⅱ、Ⅳ象限，从而使 $T_合$ 曲线工作在第Ⅱ、Ⅳ象限，则 $T_合$ 与 n 转向相反，$T_合$ 对 n 起阻尼作用，使电动机停转，"自转现象"消除。

3）交流伺服电动机的控制方法

改变交流伺服电动机控制电压的大小或改变控制电压与励磁电压之间的相位角，都能使电机气隙中的正转磁场与反转磁场及合成转矩发生变化，从而达到改变伺服电动机转速的目的。

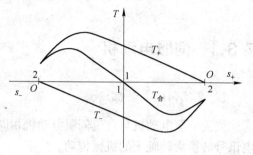

图 7-13 转子回路高阻值时的机械特性图

交流伺服电动机的控制方式有如下三种。

（1）幅值控制

这种控制方式是通过调节控制电压的大小来调节电动机的转速，而控制电压与励磁电压的相位保持90°电角度不变。当控制电压 $U_k = 0$ 时，电机停转，即 $n = 0$。

（2）相位控制

这种控制方式是通过调节控制电压的相位（即调节控制电压与励磁电压之间的相位角 β）来改变电机的转速，而控制电压的幅值始终保持不变。当 $\beta = 0$ 时，电机停转，$n = 0$。

（3）幅相控制

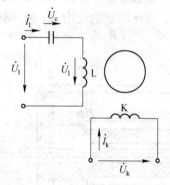

图 7-14 幅相控制接线图

幅相控制也称电容移相控制。这种控制方式是将励磁绕组串电容 C 后接到励磁电源 U_1 上，其接线如图 7-14 所示。这种方法既通过电容 C 来改变控制电压和励磁电压间的相位角 β，同时又通过改变控制电压的大小来共同达到调速的目的，称为幅相控制。虽然这种控制方式的机械特性及调节特性的线性度不如上述两种方法，但它不需要复杂的移相装置，设备简单、成本低，所以它已成为自控系统中常用的一种控制方式。

2. 直流伺服电动机

1）直流伺服电动机的结构

常见的直流伺服电动机实际上就是一台微型他励直流电动机，其结构和原理均与他励直流电动机相同。

直流伺服电动机按磁极的种类可分为两种：一种是永磁式，它的磁极是永久性磁铁；另一种是电磁式，它的磁极是电磁铁，磁极外面套着他励励磁绕组。

2）直流伺服电动机的控制方式

直流伺服电动机是利用电压信号来控制转速大小和转向的。它有两种控制方式：一种叫电枢控制，是改变电枢绕组电压 U_a 的大小和方向的控制方式；另一种叫磁场控制，是改变励磁绕组电压 U_1 的大小和方向的控制方式。

电枢控制的主要优点是：当没有控制讯号时，电枢电流 I_a 等于零，电枢中没有损耗，只有不大的励磁损耗；机械特性和调节特性都是线性的；控制电路的电感小，电磁过程快，响应迅速。而磁场控制的优点是控制功率小。在自动控制系统中，多采用电枢控制方式。

3）直流伺服电动机电枢控制的运行特性

（1）机械特性

机械特性是指励磁电压 U_1 恒定，电枢的控制电压 U_a 为某一个定值时，电动机的转速 n 和电磁转矩 T 之间的关系，即 $n = f(T)$。根据 2.2.2 内容可得直流伺服电动机的机械特性方程为

$$n = \frac{U_a}{C_e \Phi} - \frac{R_a}{C_e C_T \Phi^2} T。\tag{7-3}$$

可见，当电枢电压大小不同时，机械特性为一组平行的直线，如图 7-15 所示。当 U_a 大小一定时，电磁转矩 T 与转速 n 呈反比关系。

（2）调节特性

调节特性是指在一定的转矩下，转速 n 与电枢控制电压 U_a 之间的关系，即 $n = f(U_a)$。调节特性也可以从机械特性获得，由式 7-3 可知，当 T 为定值时，调节特性是一直线方程。在理想情况下，即当 $T = 0$ 时，它是一条过原点的直线，如图 7-16 所示的曲线 1。

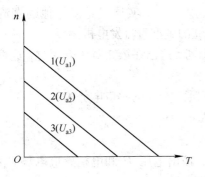
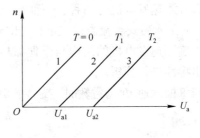

图 7-15　电枢控制的机械特性图（$U_{a1} > U_{a2} > U_{a3}$）　图 7-16　电枢控制时的调节特性（$T_2 > T_1 > 0$）

从调节特性上看出：当 T 一定时，控制电压 U_a 高时，转速 n 也高，控制电压与转速之间成正比关系。但也可看出，当 $n = 0$ 时，不同的转矩 T 所需要的控制电压也不同；例如，当 $T = T_1$ 时，$U_a = U_{a1}$。它表示只有当控制电压 $U_a > U_{a1}$ 时，电动机才能转动，而当 U_a 属于 $[0，U_{a1}]$ 时，电动机不转，我们称 $0 \sim U_{a1}$ 区间为"死区"或失灵区，称 U_{a1} 为始动电压。T 不同，始动电压也不同，T 大，始动电压也大。$T = 0$ 时，即电动机为理想空载状态时，始动电压也为零，这说明此时只要有控制电压 U_a，电动机就能转动。

由以上分析知道，电枢控制的直流伺服电动机的机械特性和调节特性都是一组平行的直线，这是直流伺服电动机很可贵的优点。

7.3.2　测速发电机

测速发电机在自动控制系统中用做检测元件，它的基本任务是将机械转速转换为电气信号。

测速发电机的电势与转速成正比，即

$$E = C_1 n = C_2 \Omega = C_2 \frac{d\alpha}{dt}，\tag{7-4}$$

式中，C_1，C_2——比例常数；

Ω——机械角速度；

α——角位移。

式 7 - 4 说明：测速发电机的输出电压与机械转角对时间的一次导数成正比。因而测速发电机还可以作为计算装置中的微分或积分元件，或在控制系统中作为获得加速和减速信号的元件。

测速发电机分直流和交流两类。直流测速发电机的结构复杂，价格也较贵，有滑动接触，刷下火花会引起电磁干扰，但它的特性是线性度好，且不受负载影响，应用相当广泛。交流测速发电机结构简单，运行可靠，无滑动接触，输出特性稳定，主要缺点是存在相位误差和剩余电压，输出特性随负载性质不同而有所不同，主要用于交流伺服系统和计算装置中。其中杯形转子的交流异步测速发电机精度较高，目前应用也比较广泛。

1. 直流测速发电机

直流测速发电机有两种：一种是电磁式直流测速发电机，实质上是微型他励直流发电机；一种是永磁式直流测速发电机，即磁极为永久磁铁的微型直流发电机。

直流测速发电机的结构与原理都与直流发电机相同，这已在第 2 章中介绍过，这里仅对其输出特性进行分析。

当每极磁通 Φ 为常数时，旋转的电枢绕组切割磁通，产生的感应电势为

$$E_a = C_e \Phi n = C'_e n \tag{7-5}$$

式中，C'_e 为常数。

在空载时，即电枢电流 $I_a = 0$，直流测速发电机的输出电压 U 和电枢感应电势 E_a 相等，因此输出电压 U 与转速 n 成正比，如图 7 - 17 中直线 1 所示。

有负载时，设负载电阻为 R_L，电枢绕组电阻为 R_a，因电枢电流 $I_a \neq 0$，则直流测速发电机的输出电压为

$$U = E_a - I_a R_a = E_a - \frac{U}{R_L} R_a,$$

$$U = \frac{E_a}{1 + \dfrac{R_a}{R_L}} = \frac{C_e \Phi}{1 + \dfrac{R_a}{R_L}} n = C''_e n_\circ \tag{7-6}$$

在理想情况下(不计电枢反应和电刷接触电阻)，R_L，R_a 和 Φ 均为常数，那么直流测速发电机带负载时的输出特性仍然是直线，如图 7 - 17 中直线 2 所示。对于不同的负载电阻，输出特性的斜率不同，它将随负载电阻的减小而降低。

若考虑到直流测速发电机负载时电枢反应的去磁作用，则电机的气隙磁通 Φ 将减小，输出电压 U 也要相应降低，输出特性如图 7 - 17 中的曲线 3 所示。

若考虑到直流发电机的电刷接触电阻$\triangle U_a$，则电势平衡方程式可写成

$$U = E_a - I_a r_a - \triangle U_a \tag{7-7}$$

考虑到电刷压降的影响，直流测速发电机的输出特性如图 7 - 18 中直线 2 所示，曲线 3 为考虑到电枢反应影响的情况。

由图 7 - 18 可见，当 n 在 OO' 段时，输出电压 $U = 0$，我们称该段为"死区"或失灵区。为缩小"死区"范围，一般采用接触电阻小的铜 - 石墨电刷。

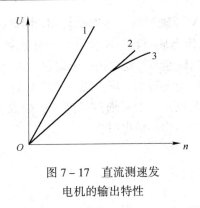

图 7 – 17　直流测速发
电机的输出特性

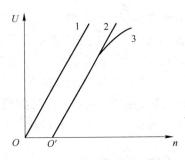

图 7 – 18　电刷压降与电枢反
应对输出特性的影响

2. 交流测速发电机

交流测速发电机的结构与交流二相异步电动机相同。它的定子铁心上放置着空间位置相差 90°电角度的两相绕组，如图 7 – 19 所示。其中一相为励磁绕组 W_1，另一相为输出绕组 W_2。转子则通常采用非磁性薄壁杯形，以减小转动惯量，并放置在内、外定子间的气隙中。

当杯形转子不转动时 $(n = 0)$，转子不动，仅在直 (d) 轴方向产生一脉振磁场，并在转子产生相应的感应电势 E_{rd}，也称为变压器电势。但因输出绕组 W_2 与该磁场 $(d$ 轴$)$ 垂直，没有交链，所以 W_2 中没有感应电势。也就是说，当转子转速 $n = 0$ 时，输出绕组的输出电压 $u_2 = 0$。

当转子转动时，转子中除产生上述的 E_{rd} 外，还因转子壁切割直轴磁场而产生一交变的切割电势 E_{rq} 和电流 I_{rq}。在假定磁场不变的情况下，E_{rq} 的大小与转子转速 n 成正比。同时电流 I_{rq} 使气隙内沿交轴方向 q 的方向产生一个交变磁场 Φ_q。在不考虑磁场饱和的情况下，可知 Φ_q 的大小也与 n 成正比。交变磁场 Φ_q 与 W_2 交链，W_2 中即产生交变的感应电势 E_2。也就是说，转子转速 $n \neq 0$ 时，输出绕组 W_2 的输出电压 $u_2 \neq 0$。上述所有的交变量的频率都为 f_1。

因　　　　　　　　　　　　$u_2 \approx E_2 = 4.44 f_1 N_2 k_{w2} \Phi_q，$

其中，　　　　　　　　　　　　　　$\Phi_q \propto n；$

所以　　　　　　　　　　　　　　　$u_2 \propto n。$

由此可知，交流测速发电机的输出特性是一条通过坐标原点的直线，如图 7 – 20 所示。

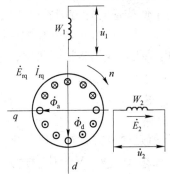

图 7 – 19　交流测速发电机
结构原理图(转子转动时)

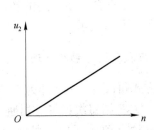

图 7 – 20　交流测速发电机的输出特性

实际上当转子旋转时除了切割直轴磁场外，还会对交轴磁场产生切割作用，同样，它将在直轴方向又产生一个与转速 n 有关的磁场，终使输出电压与转速不能严格遵守正比关系。所以在运行中，为了减少误差，一般都规定测速发电机转速不得超过某一限定值。

另外，当发电机励磁绕组接入交变电源时，即使转子不转动，输出绕组中也会有电压输出，称为"剩余电压"。它将影响测速发电机的工作精度。一般可通过增加电机极数，使剩余电压值减至最小。所以，杯形转子异步测速发电机通常为四极电机。

7.3.3　步进电动机

步进电动机是将电脉冲信号转换成角位移和线位移的执行元件。每输入一个电脉冲，电动机就移动一步，因此也称为脉冲式同步电动机。这种电机被广泛用于数字控制系统中，如数控机床、自动记录仪表、数－模变换装置、线切割机等。

步进电动机可分为反应式、永磁式和感应式三种。下面以常用的反应式步进电动机为例进行分析。

1. 反应式步进电动机的结构和原理

反应式步进电动机的定子为硅钢片叠成的凸极式，极身上套有控制绕组。定子相数 m 可以是 2，3，4，5，6 相，每相有一对磁极，分别位于内圆直径的两端。转子为软磁材料的叠片叠成。转子外圆为凸出的齿状，均匀分布在转子外圆四周，转子中并无绕组。

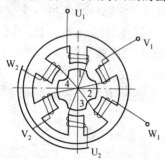

图 7－21　三相反应式步
进电动机模型

图 7－21 是一台三相六极反应式步进电动机模型，定子磁极分别是 $U_1 U_2$，$V_1 V_2$，$W_1 W_2$。转子上没有控制绕组，只由四个凸齿构成。

工作时，步进电动机的控制绕组不直接接到单相或三相正弦交流电源上，也不能简单地和直流电源接通。它受电脉冲信号控制，靠一种叫环形分配器的电子开关器件，通过功率放大后使控制绕组按规定顺序轮流接通直流电源。例如，当 U 相绕组与直流电源接通时，在 U 相磁极建立磁场，由于转子力图以磁路磁导最大来取向，即让转子 1，3 齿与定子 U 相磁极齿相对齐，使定子磁场的磁力线收缩为最短。这时如果断开 U 相绕组而使 V 相绕组与直流电源接通，那么转子便按逆时针方向转过 30°，即让转子 2，4 齿与定子 V 相磁极齿相对齐。依次类推，靠电子开关按 U—V—W—U 顺序接通各相控制绕组，转子就会一步一进的转起来，所以称为步进电动机。我们将转子每次转过的角度称为步距角，用 θ_b 表示。

2. 反应式步进电动机的通电方式——拍

通电方式每改变一次，即为一"拍"。例如，"三拍"就是通电方式在循序变化一周内改变了三次。"单"指每次只有一相通。上面例子的通电顺序为 U—V—W—U，称为三相单三拍。如果每次有两相通电，则称为"双"。例如，三相双三拍的通电方式为 UV—VW—WU—UV。若将通电方式改为 U—UV—V—VW—W—WU—U，则称为三相六拍。不难理解, 转子每一拍所转动的步距角 θ_b 除与转子齿数 Z_r 有关外, 还与通电的拍数 N 有关。以机械角度表示为

$$\theta_b = \frac{360°}{Z_r N}。 \tag{7-8}$$

3. 反应式步进电动机的拖动

根据式(7-8)可知, 转子每转动一个步距角 θ_b, 即转动了 $\frac{1}{Z_r N}$ 周。因此, 步进电动机的转速 $n(\text{r/min})$ 为

$$n = \frac{60f}{Z_r N}, \tag{7-9}$$

式中, f——控制电脉冲的频率(Hz)。

1) 调速

从式(7-9)可知, 改变控制电脉冲的频率 f, 即可实现无级调速。

2) 反转

改变通电相序, 即可实现反转。例如上述的三相六拍, 通电方式改为 U—UW—W—WV—V—VU—U, 电机即反转。

3) 停车自锁

将控制电脉冲停止输入, 并让最后一个脉冲控制的绕组继续通直流电, 则可使电动机保持在固定位置上。

小结

• 单相异步电动机采用分相方式, 其定子有两相绕组, 并通以两相电流产生旋转磁场, 与转子作用产生合成转矩, 使电机旋转。

欲改变单相异步电动机的转向, 只要把辅助绕组的两个端头对调一下并接电源即可, 但此法不适用于罩极式。

单相异步电动机起动回路的开关易出故障: 开关合不上, 不能起动; 起动后断不开, 时间一长就会烧坏起动绕组。

三相异步电动机一相断电的故障状态。若在电机起动前断路, 则不能起动。若在工作中一相断路, 则成单相运行。三相电机若在重载时单相运行且时间较长, 易烧坏电机。

• 同步电机的可逆原理, 即既可作电动机运行, 也可作发电机运行。结构包括定子和转子两部分。转子又分隐极式和凸极式两种。

同步发电机作为电力系统中的主要发电设备, 常采用并联运行方式。它们的并联必须满足一定的条件。

同步电动机作为转速稳定的拖动设备, 应用非常广泛。但其起动常采取先异步起动、再拉入同步的方法。

同步调相机: 同步电动机不带负载, 并工作在过励状态, 可用来调节电网的无功功率, 改善电网的功率因数, 起着电容器的作用。

• 动力用电机除要求运行可靠外, 主要的要求在于减低损耗、提高效率、节约原材料。

特殊用途电机如伺服电动机、测速发电机、步进电动机等在自动控制系统和遥控中提高效率已不是它的首要问题，重点在于除要求运行可靠外，还要提高工作时的精度和运行时要有快速响应的性能。

为了提高工作精确度，交流伺服电动机和交流测速发电机采取了一些限制条件，使电机尽可能工作在直线段。交流伺服电动机"自转现象"的消除、交流测速发电机"剩余电压"的减小，目的都是为了提高精确度。

为了提高快速响应的性能，交流特种电机的鼠笼式转子都做得细而长，甚至采用非磁性薄壁杯形转子结构，其目的都是为了减小转子的转动惯量，改善电机的"快速响应"性能。

步进电动机则由于转速不受负载、电压波动的影响，而只与控制电脉冲有关，因此广泛用于对转速有较高要求的场合。

思考与练习

7－1　单相异步电动机起动转矩为零，为什么？

7－2　绘出电容分相式与电容运转式的接线图，并说明如何改变其转向？

7－3　三相异步电动机起动前一相断路会产生什么样的磁场，能否起动？

7－4　三相异步电动机运转过程中断一相，能否继续运转，为什么？

7－5　单相串励电动机接交流电源，为什么能产生单方向的转矩？

7－6　简述同步电机的基本结构和工作原理。

7－7　说明同步发电机并联运行的条件和方法。

7－8　同步电动机在采用异步起动法起动时，是如何产生异步起动转矩的？试说明起动过程。

7－9　当同步电动机空载时主要作用是什么？当它的励磁电流改变时，对它的运行有何影响？

7－10　交流伺服电动机的"自转现象"如何会产生？如果该电动机在停转时，励磁绕组输入交变的励磁电压，"自转现象"会出现吗？为什么？

7－11　直流伺服电动机是如何工作的？它有无自转现象？

7－12　直流伺服电动机带一定负载时，为什么有一失控的"死区"？

7－13　改变交流伺服电动机交流控制电压的大小和相位，为什么能改变转速？

7－14　试按 UV—UVW—VW—…规律写出步进电动机五相十拍的通电方式。

7－15　分析交流测速发电机的工作原理，输出电压的频率与转速关系，电压的大小与转速的关系。

7－16　负载阻抗对直流测速发电机输出特性的影响是什么？

7－17　步进电动机的相数 m 和拍数 N 之间保持着什么样的关系？

第8章 常用机床的电气控制

- **知识目标** 了解各种常用机床的主要结构及运动情况；
  掌握机床电气控制电路的工作原理、常见故障原因；
  了解组合机床的主要组成部件及其控制电路的基本环节。
- **能力目标** 能阅读和分析常用机床简单电气控制原理图；
  能处理各种机床控制电路的简单故障。
- **学习方法** 结合参考资料、现场实物、声像资料等进行学习。

在各种机械加工设备中，机床是其中的主要装备。其种类繁多，应用广泛。下面对车床、磨床、钻床、铣床等常用典型设备及其电气控制部分进行分析和介绍。

8.1 车床的电气控制

车床是机械加工业中应用最广泛的一种机床，约占机床总数的 25% ~ 50%。在各种车床中，应用最多的就是普通车床。

普通车床主要用来车削外圆、内圆、端面和螺纹等，还可以安装钻头或铰刀等进行钻孔和铰孔等项的加工。本节对应用较多的 C620 - 1，C650 - 2 型普通车床进行分析。

8.1.1 普通车床的主要结构及运动形式

1. 型号含义

普通车床的型号含义如图 8 - 1 所示。

2. 主要结构及运动形式

普通车床主要由床身、主轴变速箱、挂轮箱、进给箱、溜板箱、溜板与刀架、尾架、光杠、丝杠等部分组成，如图 8 - 2 所示。

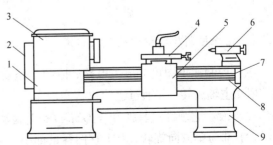

图 8 - 2　普通车床的结构示意图
1—进给箱；2—挂轮箱；3—主轴变速箱；
4—溜板与刀架；5—溜板箱；6—尾架；7—丝杠；8—光杠；9—床身

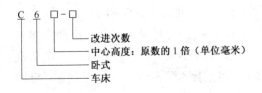

图 8 - 1　普通车床的型号含义

　　车床在加工各种旋转表面时必须具有切削运动和辅助运动。切削运动包括主运动和进给运动；而切削运动以外的其他运动皆为辅助运动。

　　车床的主运动为工件的旋转运动，由主轴通过卡盘或顶尖带动工件旋转，它承受车削加工时的主要切削功率。车削加工时，应根据被加工零件的材料性质、工件尺寸、加工方式、冷却条件及车刀等来选择切削速度，这就要求主轴能在较大的范围内调速。对于普通车床，调速范围一般大于70。调速的方法可通过控制主轴变速箱外的变速手柄来实现。车削加工时一般不要求反转，但在加工螺纹时，为避免乱扣，要求反转退刀，再纵向进刀继续加工，这就要求主轴能够正、反转。主轴旋转是由主轴电动机经传动机构拖动的，因此主轴的正、反转可通过采用机械方法，如操作手柄获得。

　　车床的进给运动是刀架的纵向或横向直线运动，其运动形式有手动和机动两种。加工螺纹时工件的旋转速度与刀具的进给速度应有严格的比例关系，所以以车床主轴箱输出轴经挂轮箱传给进给箱，再经光杠传入溜板箱，以获得纵、横两个方向的进给运动。

　　车床的辅助运动有刀架的快速移动和工件的夹紧与放松。

8.1.2　C620-1型普通车床的电气控制

　　图8-3为C620-1型普通车床的电气控制原理图。

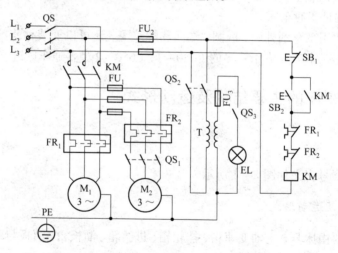

图8-3　C620-1型普通车床电气控制原理图

1．电气控制原理图的构成及作用

　　电气控制原理图可分成主电路、控制电路及照明电路三部分。主电路中 M_1 为主轴电动机，拖动主轴旋转，并通过进给机构实现车床的进给运动。 M_2 为冷却泵电动机，拖动冷却泵供出冷却液。它须经过转换开关 QS_1 ，在 M_1 起动后才可以起动，具有顺序联锁关系。电动机 M_1 和 M_2 都为单方向旋转，由于它们容量都小于10 kW，可采用全压起动。而主轴的正、反转则通过摩擦离合器改变传动链来实现。热继电器 FR_1 和 FR_2 实现电动机 M_1 和 M_2 的长期过载保护。熔断器 $FU_1 \sim FU_3$ 实现冷却泵电动机、控制电路及照明电路的短路保护。控制电路中接触器 KM 控制电动机 M_1 和 M_2，具有欠压和零压保护作用。照明电路由照明变压器 T 供给 36 V 安全电压，经照明开关 QS_2 和灯座开关 QS_3 控制照明灯 EL。

2．电气控制的工作过程

合上电源开关 QS，按下起动按钮 SB_2，接触器 KM 的线圈得电，使接触器 KM 的三对主触点闭合，主轴电动机 M_1 起动运转。同时，接触器 KM 的一个辅助常开触点闭合，完成自锁，保证主轴电动机 M_1 在松开起动按钮后能继续运转。电动机 M_2 经转换开关 QS_1 控制，确保 M_2 与 M_1 之间的顺序连锁关系。按下停止按钮 SB_1，接触器 KM 线圈失电，KM 主触点断开，主轴电动机 M_1 及冷却泵电动机 M_2 便停车。

3．常见故障分析

① 主轴电动机不能起动。
• 配电箱或总开关中的熔丝已熔断。
• 热继电器已动作过，其常闭触点尚未复位。这时应检查热继电器动作的原因。可能的原因有：长期过载、热继电器的规格选配不当、热继电器的整定电流太小。消除产生故障的因素，再将热继电器复位，电动机就可以起动了。
• 电源开关接通后，按下起动按钮，接触器没有吸合。这种故障常发生在控制电路中，可能是控制电路 FU_2 熔丝熔断、起动按钮或停止按钮内的触点接触不良、交流接触器 KM 的线圈烧毁或触点接触不良等。确定并排除故障后重新起动。
• 电动机损坏，修复或更换电动机。
② 按下起动按钮，电动机发出嗡嗡声，不能起动。
这是因为电动机的三相电源线中有一相断了造成的。可能的原因有：熔断器有一相熔丝烧断，接触器有一对主触点没有接触好，电动机接线有一处断线等。一旦发生此类故障，应立即切断电源，否则会烧坏电动机。排除故障后再重新起动，直到正常工作为止。
③ 主轴电动机起动后不能自锁。
按下起动按钮，电动机能起动；松开按钮，电动机就自行停止。故障的原因是接触器 KM 自锁用的辅助常开触头接触不好或接线松开。
④ 按下停止按钮，主轴电动机不会停止。
出现此类故障的原因主要有两方面。一方面是接触器主触点熔焊、主触点被杂物卡阻或有剩磁，使它不能复位。检修时应先断开电源，再修复或更换接触器。另一方面是停止按钮常闭触点被卡阻，不能断开，应更换停止按钮。
⑤ 冷却泵电动机不能起动。
出现此类情况可能有这样几方面原因：主轴电动机未起动、熔断器 FU_1 熔丝已烧断、转换开关 QS_1 已损坏或者冷却泵电动机已损坏。应及时作相应的检查，排除故障，直到正常工作。
⑥ 照明灯不亮。
这类故障的原因可能有：照明灯泡已坏、照明开关 QS_3 已损坏、熔断器 FU_3 的熔丝已烧断、变压器原绕组或副绕组已烧毁。应根据具体情况逐项检查，直到故障排除。

8.1.3 C650-2型普通车床的电气控制

图 8-4 为 C650-2 型普通车床电气控制原理图。

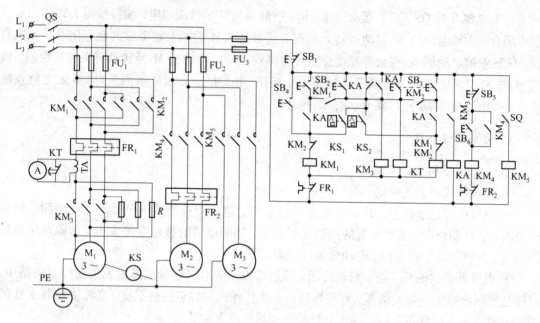

图 8-4　C650-2 型普通车床电气控制原理图

1．电气控制原理图的组成及作用

C650-2 型车床是一种中型车床，除有主轴电动机 M_1 和冷却泵电动机 M_2 外，还设置了刀架快速移动电动机 M_3。由电气控制原理图可知，接触器 KM_1 和 KM_2 控制主轴电动机正、反转；KM_3 为反接制动接触器，R 为反接制动和低速运转控制电阻；接触器 KM_4 和 KM_5 分别控制冷却泵电动机 M_2 和快速移动电动机 M_3 的正常运转；KS 为速度继电器，用其相应的接点分别控制正、反转运行的反接制动，实现迅速停车。

2．电气控制原理图分析

根据 C650-2 型车床的工作特点，从以下几个方面对其控制原理进行分析。

1）主轴的正反转控制

按下 SB_2 或 SB_3（SB_2，SB_3 分别为两地操作按钮），则 KM_1 或 KM_2 线圈得电，主触点 KM_1 或 KM_2 动作，辅助触点 KM_1 或 KM_2 完成自锁。同时 KM_3 线圈得电，其主触点将电阻 R 短接，电动机 M_1 实现全压下的正转或反转起动。起动结束后进入正常运行状态。

2）主轴的点动控制

SB_4 为点动按钮。按下 SB_4，则 KM_1 线圈得电，主触点 KM_1 闭合。此时 M_1 主电路串入电阻 R，实现降压起动与运行，获得低速运转，实现对刀操作。

3）主轴电动机反接制动停车控制

主轴停车时，按下停止按钮 SB_1，KM_1 或 KM_2 及 KM_3 线圈失电，其相关触点复位，而电动机 M_1 由于惯性而继续运行，速度继电器的接点 KS_2 或 KS_1 仍闭合。按钮 SB_1 复位时则 KM_2 或 KM_1 线圈得电，相应的主触点闭合，M_1 主电路串入电阻 R，进行反接制动。当转速低于 KS 的设定值时，KS_2 或 KS_1 复位，KM_2 或 KM_1 线圈断电，其相应的主触点复位，电动机 M_1 断电，制动过程结束。

4）刀架快速移动控制

刀架快速移动由刀架快速移动电动机 M_3 拖动。当刀架快速移动手柄压合行程开关 SQ 时，使接触器 KM_5 线圈通电，主触点 KM_5 闭合，电动机 M_3 直接起动。当刀架快速移动手柄移开，不再压合 SQ 时，KM_5 线圈断电，主触点复位，M_3 停止运转，刀架快速移动结束。

5）冷却泵电动机控制

冷却泵电动机 M_2 通过起动按钮 SB_6、停止按钮 SB_5 及接触器 KM_4 组成的电动机单方向运转电路，实现起停控制。

6）主轴电动机负载检测及保护环节

C650 - 2 型车床采用电流表 A 经电流互感器 TA 来检测 M_1 定子电流，监视主轴电动机负载情况。为防止电机起动时电流的冲击，时间继电器 KT 的常闭通电延时断开触点并接在电流表两端。当 M_1 起动时，电流表由 KT 触点短接，起动完成后 KT 触点断开，再将电流表接入。因此 KT 延时应稍长于 M_1 的起动时间，一般为 $0.5 \sim 1\,s$ 左右。而当 M_1 停车反接制动时，按下 SB_1，此时 KM_3，KA，KT 相继断电，KT 触点瞬时闭合，将电流表 A 短接，使之不会受到反接制动电流的冲击。

3．常见故障分析

对于 C650 - 2 型车床在应用中出现的故障，除了和 C650 - 1 型车床有部分相同之外，根据其自身的特点，常常还出现如下的一些故障。

① 主轴不能点动控制。

主要检查点动按钮 SB_4。检查其常开触点是否损坏或接线是否脱落。

② 刀架不能快速移动。

故障的原因可能是行程开关损坏或接触器主触点被杂物卡阻、接线脱落，或者快速移动电动机损坏。

③ 主轴电动机不能进行反接制动控制。

主要原因是速度继电器损坏或接线脱落、接线错误或者是电阻 R 损坏、接线脱落。

④ 不能检测主轴电动机负载。

首先检查电流表是否损坏，如损坏，应先检查电流表损坏的原因；其次可能是时间继电器设定的时间较短或损坏、接线脱落，或者是电流互感器损坏。

8.2 磨床的电气控制

磨床是用砂轮的端面或周边对工件的表面进行磨削加工的精密机床。通过磨削，使工件表面的形状、精度和光洁度等达到预期的要求。磨床的种类很多，按其工作性质可分为平面磨床、外圆磨床、内圆磨床、工具磨床，以及一些专用磨床，如螺纹磨床、齿轮磨床、球面磨床、花键磨床、导轨磨床与无心磨床等，其中尤以平面磨床应用最为广泛。平面磨床根据工作台的形状和砂轮轴与工作台的关系，又可分为卧轴矩台平面磨床、立轴矩台平面磨床、卧轴圆台平面磨床、立轴圆台平面磨床等。本节以 M 7130 型卧轴矩台平面磨床为例进行分析。

8.2.1　平面磨床主要结构及运动形式

1．型号含义

平面磨床的型号含义如图 8-5 所示。

2．主要结构及运动形式

M 7130 型平面磨床是卧轴矩形工作台式，主要由床身、工作台、电磁吸盘、砂轮箱（又称磨头）、滑柱和立柱等部分组成。如图 8-6 所示。

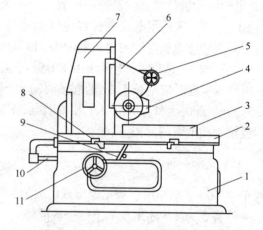

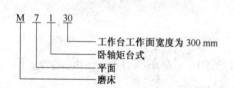

图 8-5　平面磨床的型号含义

图 8-6　卧轴矩台平面磨床外形图
1—床身；2—工作台；3—电磁吸盘；4—砂轮箱
5—砂轮箱横向移动手轮；6—滑座；7—立柱；8—工作台换向撞块
9—工作台往返运动换向手柄；10—活塞杆；11—砂轮箱垂直进刀手轮

如图 8-6 所示，在箱形床身 1 中装有液压传动装置，工作台 2 通过活塞杆 10 由油压推动作往复运动，床身导轨有自动润滑装置进行润滑。工作台表面有 T 形槽，用以固定电磁吸盘，再由电磁吸盘来吸持加工工件。工作台的行程长度可通过调节装在工作台正面槽中的撞块 8 的位置来改变。换向撞块 8 是通过碰撞工作台往复运动换向手柄以改变油路来实现工作台往复运动的。

在床身上固定有立柱 7，沿立柱 7 的导轨上装有滑座 6，砂轮箱 4 能沿其水平导轨移动。砂轮轴由装入式电动机直接拖动。在滑座内部往往也装有液压传动机构。

滑座可在立柱导轨上作上下移动，并可由垂直进刀手轮 11 操作。砂轮箱的水平轴向移动可由横向移动手轮 5 操作，也可由液压传动作连续或间接移动，前者用于调节运动或修整砂轮，后者用于进给。

矩形工作台平面磨床工作图见图 8-7。砂轮的旋转运动是主运动。进给运动有：垂直进给，即滑座在立柱上的上下运动；横向进给，即砂轮箱在滑座上的水平运动；纵向进给，即工作台沿床身的往复运动。工作台每完成一次往复运动时，砂轮箱作一次间断性的横向进给；当加工完整个平面后，砂轮箱作一次间断性的垂直进给。辅助运动有工作台及砂轮架的快速移动等。

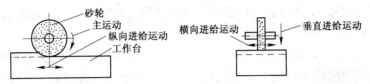

图 8 - 7　矩形工作台平面磨床工作图

8.2.2　M 7130 平面磨床的电气控制

如图 8 - 8 为 M 7130 平面磨床的电气控制原理图。

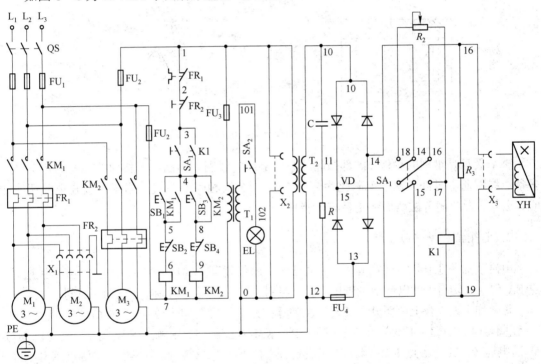

图 8 - 8　M 7130 平面磨床的电气控制原理图

1. 电气控制原理图的组成及作用

由图 8 - 8 所示，可将电气控制原理图分为 4 个部分，即主电路、电动机控制电路、照明电路和电磁吸盘控制电路。

主电路中 M_1 为砂轮电动机，M_2 为冷却泵电动机，M_3 为液压泵电动机；三台电动机共用熔断器 FU_1 作短路保护，M_1，M_2 和 M_3 分别由热继电器 FR_1，FR_2 作长期过载保护。

控制电路中接触器 KM_1 控制电动机 M_1，再经插销 X_1 供电给 M_2，接触器 KM_2 控制电动机 M_3；起动按钮分别为 SB_1，SB_3，停止按钮分别为 SB_2，SB_4。

照明电路通过变压器 T_1 及开关 SA_2 来控制照明电灯的亮灭；熔断器 FU_3 为照明电路的短

路保护。

电磁吸盘控制电路经变压器 T_2 将交流 220 V 电压降为 127 V，经桥式整流装置变为 110 V 的直流电压，再经转换开关 SA_1 的选择（充磁、退磁、放松）及插销 X_3 供给电磁吸盘的线圈。变压器 T_2 二次侧的并联支路 RC 实现整流装置的过电压保护，电流继电器 KI 作欠电流保护，电阻 R_3 形成电磁吸盘线圈的放电回路。

电磁吸盘与机械夹紧装置相比，具有夹紧迅速、操作快捷、不损伤工件等优点，可同时吸持多个小工件进行磨削加工；在加工过程中，工件发热可自由伸展，不易变形。但它只能对导磁性材料（如钢铁）的工件才能吸持，而对非导磁性材料（如铜铝）的工件则不能吸持。电磁吸盘的结构原理如图 8-9 所示。

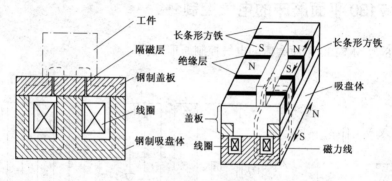

图 8-9 电磁吸盘的结构原理

整个吸盘是钢制的箱体，内部凸起的心体上绕有线圈。钢制的盖板由非磁性材料分成许多条。线圈通电时许多钢条被磁化为多个 N 极和 S 极相间的磁极。当工件放在电磁吸盘上时，磁力线形成闭合磁路而将工件牢牢吸住。

2. 电气控制原理图分析

电磁吸盘不工作时，转换开关 SA_1 置于"去磁位置"，即 14-16 和 15-17 接点接通，触点 SA_1(3-4)闭合，可以起动主轴电动机，可对工作台作适当的调整，或对工件进行去磁。

正常加工时，合上电源开关 QS，SA_1 置于"充磁位置"，即 14-18 和 15-16 接点接通，KI 线圈得电，KI(3-4)接点闭合；按下 SB_1，KM_1 线圈得电，主触点 KM_1 闭合，电动机 M_1 和 M_2 通电运转，辅助触点 KM_1(4-5)完成自锁；按下 SB_3，KM_2 线圈得电，主触点 KM_2 闭合，电动机 M_3 通电运转；辅助触点 KM_2(4-8)完成自锁；对吸持在吸盘上的工件按照设定的参数进行加工。按下 SB_2 和 SB_4，电动机 M_1，M_2，M_3 依次断电，再将吸盘上的工件去磁后便可取下。

3. 常见故障分析

① 磨床中各电动机不能起动。

首先检查 3-4 之间的欠电流继电器 KI 的触点及转换开关 SA_1 的触点是否接触不良、接线松动脱落或有油垢；再检查热继电器 FR_1 和 FR_2 是否动作过，以及 SB_1，SB_2，SB_3，SB_4 常开、常闭接点是否正常。逐项排除后直到正常工作为止。

② 砂轮电动机的热继电器 FR_1 脱扣。

出现故障的原因可能有：砂轮电动机前轴瓦磨损，电动机发生堵转而电流增大很多；砂轮进刀量太大，使电动机堵转，电流很大；更换后的热继电器 FR_1 规格不符合要求或未调整好。检修时应根据具体情况进行处理，直到排除故障为止。

③ 冷却泵电动机不能起动。

可能的原因是冷却泵电动机的插座或电动机已损坏，应及时修复或更换。

④ 液压泵电动机不能起动。

可能的原因有：按钮 SB_3 或 SB_4 的触点接触不良或接线脱落；接触器 KM_2 的线圈损坏或接线脱落；液压泵电动机损坏。应根据具体情况及时修复或更换。

⑤ 电磁吸盘没有吸力。

首先检查三相交流电源是否正常，熔断器 FU_1，FU_2，FU_4 是否完好，接触是否正常，插销 X_3 接触是否良好；再检查变压器 T_2 及整流装置有无输出。如上述检查均未发现故障，则进一步检查电磁吸盘线圈、KI 线圈是否断开，以及接线是否正常等。

⑥ 电磁吸力不足。

常见的原因有交流电源电压低，导致直流电压相应下降，以致吸力不足。若直流电压正常，则可能插销 X_3 接触不良，也可能电磁吸盘线圈内部存在短路。另外的原因是桥式整流电路的故障。如整流桥有一桥臂发生开路，将使直流输出电压下降一半左右，使吸力减小。

⑦ 电磁吸盘退磁效果差，造成工件难以取下。

出现故障的原因可能有：退磁电压过高；退磁电路开路，没有退磁；退磁的时间过长或过短。

8.3 摇臂钻床的电气控制

钻床是一种孔加工的机床。可用来钻孔、扩孔、铰孔、镗孔、攻丝及修刮端面等多种形式的加工。

钻床按用途和结构可分为立式钻床、台式钻床、多轴钻床、摇臂钻床及其他专用钻床等。在各类钻床中，摇臂钻床操作方便、灵活，运用范围广，具有典型性，特别适用于单件或批量生产中带有多孔的大型零件的孔加工，是一般机械加工车间常见的机床。立钻和台钻应用也较为广泛，但其控制电路比较简单。因此本节主要以 Z35 和 Z3040 摇臂钻床为重点进行分析。

8.3.1 摇臂钻床的主要结构及运动形式

1. 型号含义

摇臂钻床的型号含义如图 8 – 10 所示。

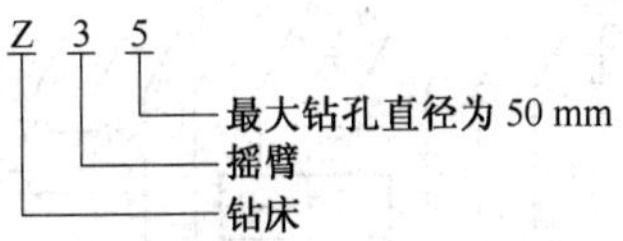

2. 主要结构及运动形式

摇臂钻床主要由底座、内立柱、外立柱、摇臂、主轴箱及工作台等部分组成，如图 8 – 11 所示。内立柱固定在底座的一端，在它外面套有外立柱，外立柱可绕内立柱回转 360°。摇臂的一端为套筒，它套装在外

Z 3 5
最大钻孔直径为 50 mm
摇臂
钻床

图 8 – 10 摇臂钻床的型号含义

立柱上,并借助丝杠的正反转可沿外立柱作上下移动;由于该丝杠与外立柱连成一体,且升降螺母固定在摇臂上,所以摇臂不能绕外立柱转动,只能与外立柱一起绕内立柱回转。主轴箱是一个复合部件,它由主传动电动机、主轴和主轴传动机构、进给和变速机构及机床的操作机构等部分组成,主轴箱安装在摇臂的水平导轨上,可通过手轮操作使其在水平导轨上沿摇臂移动。当进行加工时,由特殊的夹紧装置将主轴箱紧固在摇臂导轨上,外立柱紧固在内立柱上,摇臂紧固在外立柱上,然后进行钻削加工。钻削加工时,钻头一面进行旋转切削,一面进行纵向进给。

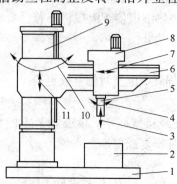

图 8-11　摇臂钻床结构及运动情况示意图
1—底座;2—工作台;3—主轴纵向进给;4—主轴旋转主运动;
5—主轴;6—摇臂;7—主轴箱沿摇臂径向运动;8—主轴箱;
9—内外立柱;10—摇臂回转运动;11—摇臂垂直运动

　　摇臂钻床的主运动为主轴旋转(产生的切削)运动。进给运动为主轴的纵向进给。辅助运动包括摇臂在外立柱上的垂直运动(摇臂的升降),摇臂与外立柱一起绕内立柱的旋转运动及主轴箱沿摇臂长度方向的运动。对于摇臂在立柱上的升降,Z35 摇臂钻床摇臂的松开与夹紧是依靠机械机构自动进行,而 Z 3040 摇臂钻床摇臂的松开与夹紧则是依靠液压推动松紧机构自动进行的。

8.3.2　Z35 摇臂钻床的电气控制

　　如图 8-12 所示为 Z35 摇臂钻床电气控制原理图。

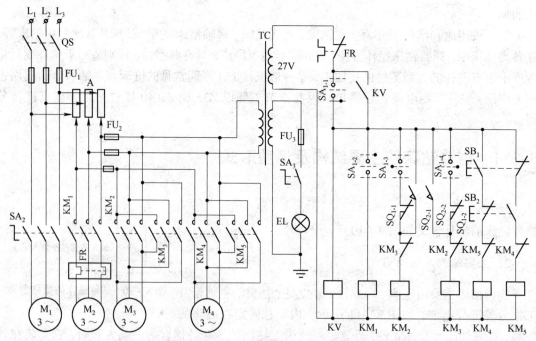

图 8-12　Z35 摇臂钻床电气控制原理图

1．电气控制原理图组成及作用

电气控制原理图可分成三个部分，即主电路、控制电路和照明电路。主电路中共有 4 台电机，M_1 为冷却泵电动机，给加工工件提供冷却液，由转换开关 SA_2 直接控制。M_2 为主轴电动机，FR 作过载保护。M_3 为摇臂升降电动机，可进行正反转。M_4 为立柱放松与夹紧电动机，也可进行正反转。电动机 M_3 和 M_4 都是短时运行的，所以不加过载保护。M_3 和 M_4 共用熔断器 FU_2 作短路保护。因为外立柱和摇臂要绕内立柱回转，所以除了冷却泵电动机以外，其他的电源都通过汇流排 A 引入。

电动机控制电路的电源由变压器 TC 将 380 V 的交流电源降为 127 V 后供给；SA_1 为十字开关，由十字手柄和 4 个微动开关组成；十字手柄共有 5 个位置，即上、下、左、右和中，各个位置的工作情况如表 8 – 1 所示。KV 为失压继电器，当电源合上时，必须将十字开关向左扳合一次，此时 SA_{1-1} 触点接通，失压继电器 KV 线圈通电并自锁。若机床工作时，十字手柄不在左边位置，机床断电后，KV 释放；恢复电源后机床不能自行起动。接触器 KM_1 控制主轴电动机 M_2 的起停，接触器 KM_2 和 KM_3 控制摇臂升降电动机的正反转，同拨叉位置相关联的转动组合开关 SQ_2、限位开关 SQ_1 共同控制摇臂的升降。接触器 KM_4 和 KM_5 控制立柱松开与夹紧电动机 M_4。

照明电路的电源也是由变压器 TC 将 380 V 交流电压降为 36 V 安全照明电源后提供，照明灯一端接地，直接由开关 SA_3 控制。

表 8 – 1　十字开关的工作情况

手 柄 位 置	实 物 位 置	微动开关的接通触点	工 作 状 态
中		都不通	停止
左		SA_{1-1}	失压保护
右		SA_{1-2}	主轴运转
上		SA_{1-3}	摇臂上升
下		SA_{1-4}	摇臂下降

2．电气控制原理图分析

合上电源开关 QS，将十字开关向左扳合，此时 SA_{1-1} 触点接通，失压继电器 KV 线圈通电并自锁。起动主轴电动机，将十字开关向右扳合，触点 SA_{1-2} 接通，接触器 KM_1 线圈通电，主触点 KM_1 闭合，主轴电动机 M_2 直接起动后运转。主轴的正反转由主轴箱上的摩擦离合器手柄操作。摇臂钻床的钻头旋转和上下移动都由主轴电动机拖动。将十字开关扳回中间位置，触点 SA_{1-2} 断开，主轴电动机 M_2 停止。

若加工过程中钻头与工件之间的相对高度不适合时，可通过摇臂的升降来进行调整。欲使摇臂上升，应将十字开关向上扳合，触点 SA_{1-3} 闭合，接触器 KM_2 线圈通电，主触点 KM_2 接通，电动机 M_3 正转，带动升降丝杆正转。升降丝杆与摇臂松紧的机构如图 8 – 13 所示。升降丝杆开始正转时，因升降螺母也跟着旋转，所以摇臂不会上升。下面的辅助螺母因不能旋转而向上移动，通过拔叉使传动松紧装置的轴逆时针方向旋转，松紧装置将摇臂松开。在辅助螺母向上移动时，带动传动条向上移动。当传动条压到升降螺母后，升降螺母就不能再转

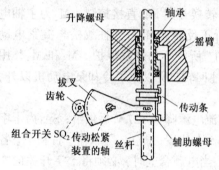

升降螺母　　轴承
摇臂
拔叉
齿轮
传动条
组合开关 SQ$_2$ 传动松紧
装置的轴
丝杆　　　辅助螺母

图 8 - 13　摇臂升降的放松
与夹紧机构示意图

动了，而只能带动摇臂上升。在辅助螺母上升而转动拔叉时，拔叉又转动组合开关 SQ$_2$ 的轴，使触点 SQ$_{2-2}$ 闭合，为夹紧做准备。此时 KM$_2$ 的常闭接点是断开的，接触器 KM$_3$ 的线圈不能得电吸合。

当摇臂上升到所需要的位置时，将十字开关扳回到中间位置，触点 SA$_{1-3}$ 断开，接触器 KM$_2$ 线圈断电释放，主触点 KM$_2$ 断开，电动机 M$_3$ 停止正转；KM$_2$ 常闭接点闭合，又因触点 SQ$_{2-2}$ 已闭合，接触器 KM$_3$ 线圈通电吸合，主触点 KM$_3$ 闭合，电动机 M$_3$ 反转带动升降丝杆反转，使辅助螺母向下移动，一方面带动传动

条下移而与升降螺母脱离接触，升降螺母又随丝杆空转，摇臂停止上升；另一方面辅助螺母下移时，通过拔叉使传动松紧装置的轴顺时针方向转动，松紧装置将摇臂夹紧；同时，拔叉通过齿轮转动组合开关 SQ$_2$ 的轴，使摇臂夹紧时触点 SQ$_{2-2}$ 断开，接触器 KM$_3$ 线圈断电释放，主触点 KM$_3$ 断开，电动机 M$_3$ 停止。

如果要使摇臂下降，应将十字开关向下扳合，触点 SA$_{1-4}$ 接通，接触器 KM$_3$ 线圈通电吸合，主触点 KM$_3$ 闭合，电动机 M$_3$ 反转，带动升降丝杆反转。开始时，升降螺母跟着旋转，摇臂不会下降，仅下面的辅助螺母向下移动，通过拔叉使传动松紧装置的轴顺时针方向转动，使得松紧装置先将摇臂松开；同时辅助螺母向下移动时，带动传动条也向下移动。当传动条压到升降螺母后，带动摇臂下降，升降螺母不再转动。辅助螺母的下降转动拔叉时，拔叉又转动组合开关 SQ$_2$ 的轴，使触点 SQ$_{2-1}$ 闭合，为夹紧做准备。此时 KM$_3$ 的常闭接点是断开的，接触器 KM$_2$ 的线圈不能得电吸合。当摇臂下降到所需要的位置时，将十字开关扳回到中间位置，触点 SA$_{1-4}$ 断开，接触器线圈 KM$_3$ 断电释放，主触点 KM$_3$ 断开，电动机 M$_3$ 停止反转；KM$_3$ 辅助常闭触点闭合，且触点 SQ$_{2-1}$ 已闭合，接触器 KM$_2$ 线圈通电吸合，主触点 KM$_2$ 闭合，电动机 M$_3$ 正转带动升降丝杆正转，使辅助螺母向上移动，带动传动条上移而与升降螺母脱离接触，升降螺母又随丝杆空转，摇臂停止下降；辅助螺母上移时，通过拔叉使传动松紧装置的轴逆时针方向旋转，松紧装置将摇臂夹紧；同时，拔叉通过齿轮转动组合开关 SQ$_2$ 的轴，使摇臂夹紧时触点 SQ$_{2-1}$ 断开，接触器 KM$_2$ 线圈断电释放，主触点 KM$_2$ 断开，电动机 M$_3$ 停止。

限位开关 SQ$_1$ 是用来限制摇臂升降的极限位置。当摇臂上升时（此时，接触器 KM$_2$ 线圈通电吸合，电动机 M$_3$ 正转）上升到极限位置，挡块碰到 SQ$_1$，使触点 SQ$_{1-1}$ 断开，接触器 KM$_2$ 线圈断电释放，电动机 M$_3$ 停转，摇臂停止上升。当摇臂下降时（此时，接触器 KM$_3$ 线圈通电吸合，电动机 M$_3$ 反转）下降到极限位置，挡块碰到 SQ$_1$，使触点 SQ$_{1-2}$ 断开，接触器 KM$_3$ 线圈断电释放，电动机 M$_3$ 停转，摇臂停止下降。

Z35 摇臂钻床的摇臂升降运动不允许与主轴旋转运动同时进行，称之为不同运动间的联锁。完成这一任务是由十字开关操作手柄的几个位置实现的，每一个位置带动相应的微动开关动作，接通一个运动方向的电路。

当摇臂需要旋转时,必须连同外立柱一起绕内立柱运转。这个过程必须经过立柱的松开和夹紧,而立柱的松开和夹紧是靠电动机 M_4 的正反转带动液压装置来完成的。当需要松开立柱时,可按下 SB_1 按钮,接触器 KM_4 线圈通电吸合,主触点 KM_4 接通,电动机 M_4 正转,通过齿式离合器,M_4 带动齿轮式油泵旋转,从一定方向送出高压油,经一定的油路系统和传动机构将外立柱松开。松开后可放开 SB_1 按钮,KM_4 线圈断电,主触点复位,电动机 M_4 停转;即可用人力推动摇臂连同外立柱一起绕内立柱转动,当转到所需位置时,可按下 SB_2 按钮,接触器 KM_5 线圈通电吸合,主触点 KM_5 接通,电动机 M_4 反转,通过齿式离合器,M_4 带动齿轮式油泵反向旋转,从另一方向送出高压油,在液压推动下将立柱夹紧。夹紧后可放开 SB_2 按钮,KM_5 线圈断电释放,主触点复位,电动机 M_4 停转。

Z35 摇臂钻床的主轴箱在摇臂上的松开与夹紧和立柱的松开与夹紧由同一台电动机(M_4)和同一液压传动机构同时进行。

3. 常见故障分析

① 主轴电动机不能起动。

故障的主要原因有:十字开关的触点 SA_{1-2} 损坏或接触不良;接触器 KM_1 的主触点接触不良或接线脱落;失压继电器 KV 的触点接触不良或接线脱落;熔断器 FU_1 的熔断丝烧断;这些情况都可能引起主轴电动机不能起动,应逐项检查排除。

② 主轴电动机不能停止。

主要是由于接触器 KM_1 的主触点熔焊造成,断开电源后更换接触器 KM_1 的主触点即可。

③ 摇臂升降后不能完全夹紧。

主要与摇臂夹紧的组合开关 SQ_2 有关。可能是组合开关 SQ_2 动触点的位置发生偏移,或者转动组合开关 SQ_2 的齿轮与拔叉上的扇形齿轮的啮合位置发生了偏移,当摇臂未能夹紧时,触点 SQ_{2-1}(摇臂下降)或触点 SQ_{2-2}(摇臂上升)就过早地断开了,未到夹紧位置电动机 M_3 就停转了。

④ 摇臂升降方向与十字开关标志的扳动方向相反。

该故障的原因是升降电动机的电源相序接反了,发生这一故障是很危险的,应立即断开电源开关,及时调整好升降电动机的电源相序。

⑤ 摇臂升降不能停止。

这是因为检修时误将转换开关 SQ_2 的两对触点的接线互换了。以十字开关扳到上升位置为例,接触器 KM_2 通电吸合,电动机 M_3 通电正转,摇臂先松开后上升,松开后应是触点 SQ_{2-2} 闭合,为夹紧作准备,接线接错后变为 SQ_{2-1} 闭合,往后将十字开关扳回中间位置及终端限位开关触点 SQ_{1-1} 断开也不会停止上升。

⑥ 立柱松紧电动机不能起动。

发生故障的原因可能有:按钮 SB_1 和 SB_2 的触点接触不良或接线脱落;接触器 KM_4 和 KM_5 的主触点接触不良或接线脱落;熔断器 FU_2 的熔丝烧断。应根据具体情况逐项排除,直到正常工作。

⑦ 立柱松紧电动机不能停止。

主要原因是接触器 KM_4 和 KM_5 的主触点熔焊,应立即断开电源,更换接触器主触点。

8.3.3 Z3040 摇臂钻床的电气控制

图 8-14 为 Z3040 摇臂钻床的电气控制原理图。

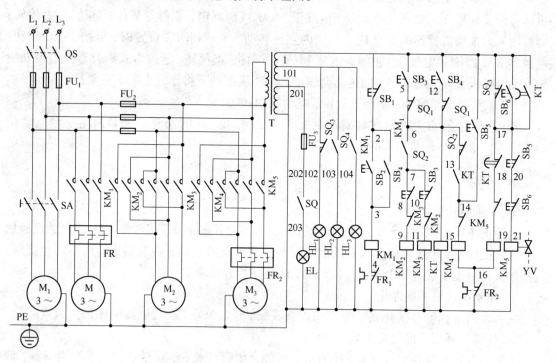

图 8-14 Z3040 摇臂钻床的电气控制原理图

1. 电气控制原理图组成及作用

如图 8-14 所示，电气控制原理图可分为 3 个部分，即主电路、照明及指示灯电路、电动机控制电路。

主电路中有 4 台电动机，M_1 为主轴电动机，为单方向旋转，主轴的正反转则由机床液压系统操纵机构配合正反转摩擦离合器实现；热继电器 FR_1 作电动机的长期过载保护。M_2 为摇臂升降电动机，可实现正反转。M_2 为短时工作，不用设长期过载保护。M_3 为液压泵电动机，可实现正反转；热继电器 FR_2 作长期过载保护。M_4 为冷却泵电动机，容量小，仅为 0.125 kW，由开关 SA 直接控制。

照明电路的电源由变压器 T 降压后供给，由开关 SQ 直接控制照明灯 EL，并由熔断器 FU_3 作短路保护。HL_1 为立柱和主轴箱松开的指示灯，HL_2 为立柱和主轴箱夹紧的指示灯，HL_3 为正常旋转的指示灯。SQ_4 为与立柱和主轴箱松开、夹紧相关联的行程开关。

控制电路中接触器 KM_1 控制主轴电动机的运转，接触器 KM_2 和 KM_3 控制摇臂升降电动机 M_2 的正反转，接触器 KM_4 和 KM_5 控制液压泵电动机的正反转，电磁阀 YV 用来控制主轴箱和立柱的夹紧放松油路，以及摇臂的夹紧松开、摇臂的升降构成的自由循环油路。SQ_1 为摇臂升降的极限保护组合开关，SQ_2 为摇臂松开并发出松开信号的限位开关，SQ_3 为摇臂夹紧信号开关。时间继电器 KT 保证夹紧动作在摇臂升降电动机停止运转后进行；KT 延时的长短根据摇臂升降电动机切断电源到停止的惯性大小来进行调整。

2. 电气控制原理图分析

合上电源开关 QS，按下主轴电动机 M_1 的起动按钮 SB_2，接触器 KM_1 线圈通电吸合，主触点 KM_1 闭合，M_1 起动运转，指示灯 HL_3 亮。此时可进行钻削加工。若在加工的过程中，钻头和工件之间的位置需要调整，可通过摇臂的升降来实现。

若使摇臂上升，按下上升点动按钮 SB_3，时间继电器 KT 线圈通电，触点 KT(1－17)、KT(13－14)立即闭合，使电磁阀 YV 和 KM_4 线圈同时通电，液压泵电动机 M_3 起动正转，拖动液压泵送出压力油，并经二位六通阀进入松开油腔，推动活塞和菱形块，将摇臂松开。同时，活塞杆通过弹簧片压上行程开关 SQ_2，发出松臂信号，即触点 SQ_2(6－7)闭合，SQ_2(6－13)断开，使 KM_2 通电，KM_4 断电，于是电动机 M_3 停止旋转，油泵停止供油，摇臂维持松开状态。同时 M_2 起动正转，带动摇臂上升。当摇臂上升到所需位置时，松开按钮 SB_3，KM_2 和 KT 线圈断电，电动机 M_2 停止运转，摇臂停止上升。但由于触点 KT(17－18)经 1～3 s 延时闭合，触点 KT(1－17)经同样延时断开，所以 KT 线圈断电经过 1～3 s 后，KM_5 线圈通电，电磁阀 YV 断电。此时电动机 M_3 反向起动，拖动液压泵，供出压力油，并经二位六通阀进入摇臂夹紧油腔，向反方向推动活塞和菱形块，将摇臂夹紧。同时，活塞杆通过弹簧片压下行程开关 SQ_3，使触点 SQ_3(1－17)断开，使 KM_5 断电，液压泵电动机 M_3 停止运转，摇臂夹紧完成。

若使摇臂下降，按下点动按钮 SB_4，时间继电器 KT 线圈通电，触点 KT(1－17)，KT(13－14)立即闭合，使电磁阀 YV 和 KM_4 线圈同时通电，液压泵电动机 M_3 起动正转，拖动液压泵送出压力油，并经二位六通阀进入松开油腔，推动活塞和菱形块，将摇臂松开。同时，活塞杆通过弹簧片压上行程开关 SQ_2，发出松臂信号，即触点 SQ_2(6－7)闭合，SQ_2(6－13)断开，使 KM_3 通电，KM_4 断电。于是电动机 M_3 停止旋转，油泵停止供油，摇臂维持松开状态。同时 M_2 起动反转，带动摇臂下降。当摇臂下降到所需位置时，松开按钮 SB_4，KM_3 和 KT 线圈断电，电动机 M_2 停止运转，摇臂停止下降。但由于触点 KT(17－18)经 1～3 s 延时闭合，触点 KT(1－17)经同样延时断开，所以 KT 线圈断电经过 1～3 s 后，KM_5 线圈通电，电磁阀 YV 断电。此时电动机 M_3 反向起动，拖动液压泵，供出压力油，并经二位六通阀进入摇臂夹紧油腔，向反方向推动活塞和菱形块，将摇臂夹紧。同时，活塞杆通过弹簧片压下行程开关 SQ_3，使触点 SQ_3(1－17)断开，使 KM_5 断电，液压泵电动机 M_3 停止运转，摇臂夹紧完成。

如果摇臂上升或下降到极限位置时，限位开关 SQ_1 的两对常闭接点作相应的动作，以切断对应上升或下降的接触器 KM_2 和 KM_3 通电回路，使 M_2 停止运转，摇臂停止移动，实现极限位置的保护。

此外，主轴箱和立柱的夹紧与松开是同时进行的。按下松开按钮 SB_5，KM_4 线圈通电吸合，电动机 M_3 起动正转，拖动液压泵，送出压力油，压力油经二位六通阀，进入主轴箱松开油腔与立柱松开油腔，推动活塞和菱形块，使主轴箱和立柱松开。按下夹紧按钮 SB_6，KM_5 线圈通电吸合，电动机 M_3 起动反转，拖动液压泵，送出压力油，压力油经二位六通阀，进入主轴箱夹紧油腔与立柱夹紧油腔，推动活塞和菱形块，使主轴箱和立柱夹紧。主轴箱和立柱夹紧与松开的过程中，电磁阀 YV 处于断电状态；同时通过行程开关 SQ_4 控制指示灯发出信号,当主轴箱与立柱松开时,SQ_4不受压,触点SQ_4(101 – 102)闭合,HL_1亮,表示确已松开,可移动主轴箱或立柱。当夹紧时,将压下SQ_4,触点SQ_4(101 – 102)断开,触点SQ_4(101 – 103)闭合,HL_2亮,可进行切削加工。通常机床安装后,接通电源,利用主轴箱和立柱的夹紧、松开来检查电源相序,电源相序确定后,再调整电动机M_2的接线。

　　3．常见故障分析

　　① 主轴电动机不能起动。

　　故障的主要原因有:起动按钮SB_2或停止按钮SB_1损坏或接触不良;接触器KM_1线圈断线、接线脱落,以及主触点接触不良或接线脱落;热继电器FR_1动作过;熔断器FU_1的熔断丝烧断。这些情况都可能引起主轴电动机不能起动,应逐项检查排除。

　　② 主轴电动机不能停止。

　　主要是由于接触器KM_1的主触点熔焊造成。断开电源后更换接触器KM_1的主触点即可。

　　③ 摇臂不能上升或下降。

　　由摇臂上升或下降的电气动作过程可知,摇臂移动的前提是摇臂完全松开,此时活塞杆通过弹簧片压下行程开关SQ_2,电动机M_3停止运转,电动机M_2起动运转,带动摇臂的上升或下降。若SQ_2的安装位置不当或发生偏移,这样摇臂虽然完全松开,但活塞杆仍压不上SQ_2,致使摇臂不能移动;有时电动机M_3的电源相序接反,此时按下摇臂上升或下降按钮SB_3和SB_4,电动机M_3反转,使摇臂夹紧,更压不上SQ_2,摇臂也不会上升或下降。有时也会出现因液压系统发生故障,使摇臂没有完全松开,活塞杆压不上SQ_2。如果SQ_2在摇臂松开后已动作,而摇臂不能上升或下降,则有可能由这些原因引起:按钮SB_3和SB_4的常闭接点损坏或接线脱落;接触器KM_2和KM_3线圈损坏或接线脱落,KM_2和KM_3的触点损坏或接线脱落。应根据具体情况逐项检查,直到故障排除。

　　④ 摇臂移动后夹不紧。

　　主要原因是由于信号开关SQ_3安装位置不当或松动移位,过早地被活塞杆压上动作,使液压泵电动机M_3在摇臂尚未充分夹紧时就停止运转。

　　⑤ 液压泵电动机不能起动。

　　主要原因可能有:熔断器FU_2熔丝已烧断;热继电器FR_2已动作过;接触器KM_4或KM_5的线圈损坏或接线脱落,及其主触点损坏或接线脱落;时间继电器KT的线圈损坏或接线脱落,及其相关的接点损坏或接线脱落。应逐项检查,直到故障排除。

　　⑥ 液压系统不能正常工作。

　　有时电气控制系统工作正常,而液压系统中的电磁阀心卡阻或油路堵塞,导致液压系统不能正常工作,也可能造成摇臂无法移动、主轴箱和立柱不能松开与夹紧。

8.4　铣床的电气控制

　　铣床可以用来加工各种形式的表面,如平面、成形面、各种形式的沟槽,甚至还可以加工各种回转体;因此铣床在机械行业的机床设备中占有相当大的比重。铣床按结构形式和加工性能的不同,可分为升降台式铣床、无升降台式铣床、龙门铣床、仿形铣床和各种专用铣床。升降台式铣床又可分为卧式铣床、卧式万能铣床和立式铣床。常用的铣床有X62W型卧式万能铣床和 X53K 型立式万能铣床。其中，卧式的主轴是水平的，而立式的主轴是竖直的，它们的电气控制原理及运动情况类似，本节以 X62W 万能卧式铣床为例进行分析。

8.4.1　卧式万能铣床的主要结构及运动形式

1. 型号含义

卧式万能铣床的型号含义如图 8 – 15 所示。

2. 主要结构及运动形式

图 8 – 16 为 X62W 万能卧式铣床结构示意图。主要由底座、床身、主轴电动机、升降台、溜板、转动部分、工作台、悬梁及刀杆支架等部分组成。箱形的床

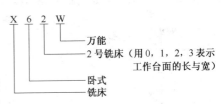

图 8 – 15　卧式万能铣床的型号含义

身 13 固定在底座 1 上，在床身内装有主轴传动机构及主轴变速操作机构。顶部有水平导轨，导轨上带有一个或两个刀杆支架的悬梁。刀杆支架用来支承安装铣刀心轴的一端，而心轴的另一端则固定在主轴上。在床身的前方有垂直导轨，一端悬持的升降台可沿轨道上下移动。在升降台上面的水平导轨上，装有可平行于主轴轴线方向移动(横向移动)的溜板 5。工作台 7 可沿溜板上部转动部分 6 的导轨在垂直于主轴轴线的方向移动(纵向移动)。这样，安装在工作台上的工件，可以在三个方向调整位置或完成进给运动。此外，由于转动部分 6 对溜板 5 可绕垂直轴线转动一个角度(通常为 ±45°)，这样，工作台于水平面上除能平行或垂直于主轴轴线方向进给外，还能在倾斜方向上进给，从而完成铣螺旋槽的加工。

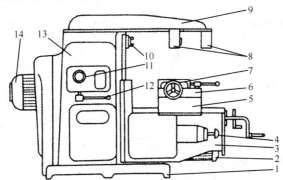

图 8 – 16　X62W 万能卧式铣床结构示意图

1—底座；2—进给电动机；3—升降台；4—进给变速手柄及变速盘；
5—溜板；6—转动部分；7—工作台；8—刀架支柱；9—悬梁；10—主轴；
11—主轴变速盘；12—主轴变速手柄；13—床身；14—主轴电动机

铣床的主运动为主轴的旋转运动。主轴通过主轴变速箱可获得 18 种转速，调整范围为 50。进给运动为工作台在三个相互垂直方向上的直线运动(手动或机动)；三个方向的进给运动经进给变速箱后可获得 18 种不同转速，分别经过不同的传动路线传递给相应的丝杠后实现。为了使变速前后主轴传动机构、进给运动传动机构的齿与齿之间顺利啮合，要求主轴电动机、进给运动电动机在变速时能够点动。这种变速时电动机稍微转动一下，称为变速冲动。辅助运动为工作台在三个相互垂直方向上的快速直线移动。

8.4.2　铣床的电气控制

1．电气控制原理图组成及作用

图 8 - 17 所示为 X62W 型卧式万能铣床的电气控制原理图；可分为主电路、主轴电动机控制电路，进给电动机控制电路，以及冷却泵电动机控制和照明电路 4 部分。

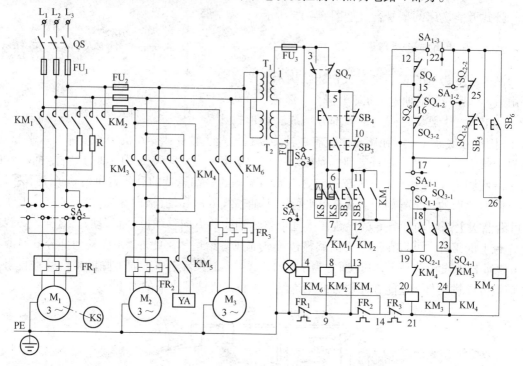

图 8 - 17　X62W 型卧式万能铣床的电气控制原理图

主电路中 M_1 为主轴电动机，SA_5 为组合开关，用做选择电动机 M_1 的旋转方向；R 为反接制动电阻。KS 为速度继电器，利用其相关的触点接在控制电路中，实现主轴电动机的反接制动停车。热继电器 FR_1 作 M_1 的长期过载保护。M_2 为工作台进给电动机，YA 为工作台快速移动电磁铁，由接触器 KM_5 及操作按钮 SB_5 和 SB_6 实现工作台的快速移动。热继电器 FR_2 作 M_2 的长期过载保护。M_3 为冷却泵电动机，热继电器 FR_3 用做 M_3 的长期过载保护。熔断器 FU_2 用做电动机 M_2 和 M_3 的短路保护。熔断器 FU_1 用做主电路总的短路保护。

控制电路的电源由变压器 T_1 降压后供给。主轴电动机 M_1 由主接触器 KM_1、反接制动接触器 KM_2、起动按钮 SB_1 和 SB_2 及停止按钮 SB_3 和 SB_4 共同组成起动—反接制动—停车的控制电路，并通过主轴变速手柄压合限位开关 SQ_7 实现主轴的变速冲动。接触器 KM_3 和 KM_4 控制进给电动机 M_2 的正转、反转，SA_1 为矩形工作台和圆工作台的选择开关。SQ_1 和 SQ_2 为与纵向机械操作手柄有机械联系的行程开关，SQ_3 和 SQ_4 为与垂直和横向操作手柄有机械联系的行程开关。当这两个机械手柄处在中间位置时，$SQ_1 \sim SQ_4$ 都处在未被压下的原始状态；当扳动操作手柄时，将压下相应的行程开关。SQ_6 为进给变速冲动的限位开关，当进给变速手柄拉到极限位置时，将压合 SQ_6，完成进给运动的变速冲动。

冷却泵电动机 M_3 通常在铣削加工时直接由选择开关 SA_3 控制；触点 $SA_3(3-4)$ 接通，接触器 KM_6 线圈通电吸合，电动机 M_3 起动运转，拖动冷却泵，送出冷却液，供铣削加工冷却。

照明电路的电源(36 V)由变压器 T_2 降压后供给；照明灯 EL 直接由选择开关 SA_4 控制；熔断器 FU_4 作短路保护。

2. 电气控制原理图分析

1) 主轴电动机控制电路分析

将图 8-17 中主轴电动机控制电路单独绘于图 8-18。合上电源开关后，选择开关 SA_5 扳合到正转位置，按下 SB_1 或 SB_2(两地操作)，接触器 KM_1 线圈得电，KM_1 主触点闭合，电动机 M_1 正向起动运转，速度继电器 KS 动作，触点 $KS(6-7)$ 中的一对闭合，为电动机的反接制动作准备。停车时，按下停止按钮 SB_3 或 SB_4(两地操作)，接触器 KM_1 线圈失电而 KM_2 线圈通电，相关触点动作后，电动机 M_1 串入电阻进行反接制动；当电动机的转速较低时，速度继电器 KS 复位，触点 $KS(6-7)$ 断开，使 KM_2 线圈失电，电动机反接制动结束。按下停止按钮时，要注意将按钮按到底并保持一定的时间，在速度继电器 KS 触点断开后再将按钮松开。若主轴电动机需要反转，只需将选择开关 SA_5 扳合到反转位置，其起动-反接制动-停车的控制与正转的控制完全相同。

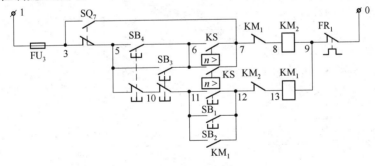

图 8-18　主轴电动机电气控制电路图

主轴在工作过程中，主轴的速度通过相应的机构进行调节。如图 8-19 为主轴变速操纵机构示意图。主轴变速采用圆孔盘式结构，其操作过程如下。

① 将主轴变速手柄向下压，使手柄的榫块自槽中滑出，然后将手柄扳向左边，使榫块落在第二道槽内。在手柄扳向左边过程中，扇形齿轮带动齿条、拨叉，在拨叉推动下将变速孔盘向右移出，并脱离齿杆。

② 旋转变速数字盘，经伞形齿轮带动孔盘旋转到对应位置，即选择好速度。

③ 将主轴变速手柄扳回原位，使榫块落进槽内，此时通过传动机构，拨叉将变速孔盘推回，若恰好齿杆正对变速孔盘中的孔，变速手柄就能推回原位，这

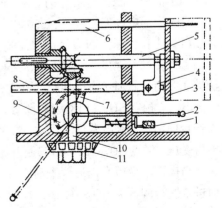

图 8-19　主轴变速操纵机构示意图

1—冲动开关；2—变速手柄；3—变速孔盘；
4—拨叉；5—轴；6—齿轮；7—凸轮；
8—齿条；9—扇形齿轮；10—轴；11—转速盘

说明齿轮已啮合好，变速过程结束；若齿杆无法插入盘孔中，则发生了顶齿现象而啮合不上。这时则需再次拉出变速手柄，再推上，直到齿杆能推回原位为止。

由图 8-19 可知，就在变速手柄拉出推向左边及把手柄推回原位时，凸轮 7 都要压弹簧杆 12，进而推动冲动开关 SQ_7 并使其动作。触点 $SQ_7(3-7)$ 每闭合一下，KM_2 线圈瞬间通电一次，电动机 M_1 拖动主轴变速箱中的齿轮转动一下，使变速齿轮顺利滑入啮合位置，完成变速过程。在推回变速手柄时，动作要迅速，以免压合 SQ_7 时间过长，主轴电动机转速升得过高，不利于齿轮啮合甚至打坏齿轮。在变速手柄推回接近原位时，应减慢推动速度，便于齿轮啮合。

主轴变速可在主轴不转时进行，也可在主轴旋转时进行。由图 8-19 可知，操纵变速手柄时，冲动开关 SQ_7 受压动作，使得图 8-19 电路中的触点 $SQ_7(3-5)$ 在变速时先断开，则 KM_1 线圈先断电复位。触点 $SQ_7(3-7)$ 后闭合，再使 KM_2 线圈通电，对电动机 M_1 先进行反接制动，电动机转速迅速下降，然后再进行变速操作。变速完成后需重新起动电动机，主轴将在选定转速下旋转。

2）进给电动机控制电路分析

图 8-20 为进给电动机控制电路。主轴电动机 M_1 起动后，KM_1 线圈通电并自锁，为进给电动机起动作好准备。

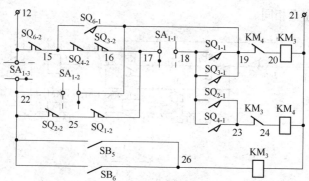

图 8-20　进给电动机控制电路

当不需要圆工作台工作时，SA_1 置于"断开"位置，触点 SA_{1-1} 和 SA_{1-3} 闭合，SA_{1-2} 断开，即选择了矩台工作方式，进给电气控制电路的工作情况如下。

（1）工作台纵向前后运动的控制

工作台前后运动由工作台纵向操作手柄控制，它有三个位置，即后、中、前。当操作手柄扳在向前位置时，通过其联动机构将纵向进给机械离合器挂上，同时压下向前进给的行程开关 SQ_1，触点 $SQ_{1-1}(18-19)$ 闭合，接触器 KM_3 通电，进给电动机 M_2 正向起动旋转，拖动工作台向前运动；当需要停止时，将手柄扳回中间位置，于是纵向进给离合器脱开，同时 SQ_1 不再受压，触点 $SQ_{1-1}(18-19)$ 断开，KM_3 断电，电动机 M_2 停止旋转，工作台停止向前运动。

当操作手柄扳在向后位置时，通过其联动机构将纵向进给机械离合器挂上，同时压下向前进给的行程开关 SQ_2，触点 $SQ_{2-1}(18-23)$ 闭合，接触器 KM_4 通电，进给电动机 M_2 反向起动旋转，拖动工作台向后运动；当需要停止时，将手柄扳回中间位置，于是纵向进给离合器脱开，同时 SQ_2 不再受压，触点 $SQ_{2-1}(18-23)$ 断开，KM_4 断电，电动机 M_2 停止旋转，工作台停止向后运动。

工作台前后运动的行程长短，由安装在工作台前方操作手柄两侧的挡铁来决定。当工作台前后运动到预定位置时，挡铁撞动纵向操作手柄，使它返回中间位置，使工作台停止，实现终端保护。

(2) 工作台垂直上下运动和横向左右运动的控制

工作台垂直上下运动和横向左右运动由工作台升降与横向操纵手柄控制，该手柄共有五个位置，即上、下、右、左和中间位置。在扳动操纵手柄的同时，将有关机械离合器挂上，同时压合行程开关 SQ_3 或 SQ_4。其中 SQ_4 在操作手柄向上或向左扳动时压下，而 SQ_3 在手柄向下或向右扳动时压下。

现以工作台向上运动为例分析电路工作情况。将操作手柄扳到向上位置，将垂直运动的离合器挂上，同时压下 SQ_4 开关，触点 $SQ_{4-2}(15-16)$ 断开，$SQ_{4-1}(18-23)$ 闭合，反转接触器 KM_4 通电，M_2 反转，拖动升降台连同工作台一起向上运动。当需停止时，将操作手柄扳回中间位置，此时离合器脱开，同时 SQ_4 不再受压而复位，触点 $SQ_{4-1}(18-23)$ 断开，KM_4 断电，电动机 M_2 停止旋转，工作台停止。

在铣床床身导轨旁设置了上、下两块挡铁，当升降台上下运动到一定位置时，挡铁撞动操作手柄，使其回到中间位置，从而实现工作台垂直运动的终端保护。

操作手柄如扳在向右位置，则横向运动机械离合器挂上，同时压下 SQ_3，触点 $SQ_{3-1}(18-19)$ 闭合，$SQ_{3-2}(16-17)$ 断开，KM_3 通电，M_2 电动机正转，拖动工作台在升降台上向右运动。工作台横向运动的终端保护，由安装在工作台侧面底部的挡铁撞动操作手柄返回中间位置来实现。

(3) 工作台的快速移动

工作台三个方向的快速移动也是由进给电动机拖动的，当工作台已经进行工作时，如再按下快速移动按钮 SB_5 或 SB_6，使 KM_5 通电，接通快速移动电磁铁 YA，衔铁吸上，经丝杆将进给传动链中的摩擦离合器合上，减少中间传动装置，工作台按原运动方向实现快速移动。SB_5 或 SB_6 松开时，KM_5 和 YA 相继断电，衔铁释放，摩擦离合器脱开，快速移动结束，工作台仍按原进给速度、原方向继续运动，所以快速移动是点动控制。

工作台也可在主轴电动机不转情况下进行快速移动，这时就将主轴换向开关 SA_5 扳在"停止"位置，然后按下 SB_1 或 SB_2，使 KM_1 通电并自锁，操纵工作台手柄，使进给电动机 M_2 起动旋转，再按下快速移动按钮 SB_5 或 SB_6，工作台便可获得主轴不转下的快速移动。

(4) 进给变速时的"冲动"控制

在进给变速时，为使齿轮易于啮合，电路中设有变速"冲动"控制环节。进给变速冲动是由进给变速手柄配合进给变速冲动开关 SQ_6 实现的。操作顺序是：将蘑菇形进给变速手柄向外拉出，转动蘑菇手柄，速度转盘随之转动，将所需进给速度对准箭头，然后再把变速手柄继续向外拉至极限位置，随即推回原位，若能推回原位则变速完成。就在将蘑菇手柄拉到极限位置的瞬间，其联动杠杆压合行程开关 SQ_6，使触点 $SQ_{6-2}(12-15)$ 先断开，而触点 $SQ_{6-1}(15-19)$ 后闭合，电源经点 12—22—17—15—19，使 KM_3 通电，M_2 正转起动。由于在操作时只使 SQ_6 瞬时压合，所以电动机只瞬动一下，拖动进给变速机构瞬动，利于变速齿轮啮合。

当加工螺旋槽、弧形槽时，可选择圆工作台工作方式，将选择开关 SA_1 扳合到"接通"位置，触点 SA_{1-1} 和 SA_{1-3} 断开，SA_{1-2} 接通，并将工作台两个进给操作手柄置于中间位置，即

$SQ_1 \sim SQ_4$ 全不受压。由图 8-20 可知，按下主轴起动按钮 SB_1 或 SB_2，主轴电动机 M_1 起动旋转，同时 KM_3 因 KM_1 通电自锁而通电，于是 M_2 起动旋转。另外，圆工作台控制电路是经过行程开关 $SQ_1 \sim SQ_4$ 的四对常闭触点形成闭合回路的，所以操作任一矩形工作台进给手柄，都将切断圆工作台控制电路，实现了圆形工作台和矩形工作台的联锁关系。圆工作台停止工作时，可按下主轴停止按钮 SB_3 或 SB_4，KM_1 和 KM_3 相继断电，圆工作台停止回转。

3. 常见故障分析

① 主轴电动机不能起动。

故障的主要原因有：主轴换向开关打在停止位置；控制电路熔断器 FU_3 熔丝烧断；按钮 SB_1，SB_2，SB_3 或 SB_4 的触点接触不良或接线脱落；热继电器 FR_1 已动作过，未能复位；主轴变速冲动行程开关 SQ_7 的常闭触点不通；接触器 KM_1 线圈及主触点损坏或接线脱落。根据具体情况，逐项排除故障。

② 主轴不能变速冲动。

故障的原因是主轴变速冲动行程开关 SQ_7 位置移动、撞坏或断线。

③ 主轴不能反接制动。

故障的主要原因有：按钮 SB_3 或 SB_4 触点损坏；速度继电器 KS 损坏；接触器 KM_2 线圈及主触点损坏或接线脱落；反接制动电阻 R 损坏或接线脱落。

④ 按下停止按钮后主轴不停。

故障的原因一般是接触器 KM_1 的主触点熔焊，不能断开造成的。

⑤ 工作台不能进给。

故障的原因主要有：接触器 KM_3，KM_4 线圈及主触点损坏或接线脱落；行程开关 SQ_1，SQ_2，SQ_3 或 SQ_4 的常闭触点接触不良或接线脱落；热继电器 FR_2 已动作，未能复位；进给变速冲动行程开关 SQ_6 常闭触点断开；两个操作手柄都不在零位；电动机 M_2 已损坏；选择开关 SA_1 损坏或接线脱落。

⑥ 进给不能变速冲动。

故障的原因一般是变速冲动开关 SQ_6 位置移动、撞坏或接线脱落。

⑦ 工作台能够垂直上下和横向左右进给，但不能纵向前后进给。

故障的主要原因是行程开关 SQ_1，SQ_2 的常开接点损坏或接线脱落。

⑧ 工作台不能快速移动。

故障的主要原因有：快速移动按钮 SB_5 或 SB_6 的触点接触不良或接线脱落；接触器 KM_5 线圈及主触点损坏或接线脱落；快速移动电磁铁 YA 损坏。

8.5　组合机床

前面主要介绍了通用机床的电气控制，虽然简单，但不易实现多刀、多面同时加工，其生产效率低，加工质量不稳定，操作频繁。为了改善生产条件，满足生产发展的专业化、自动化要求，人们在长期生产实践中不断创造、不断改进，逐步形成了各类专用机床。专用机床是为完成工作某一道工序的加工而设计制造的，可采用多刀加工，具有自动化程度高，生产效率高，加工精度稳定，机床结构简单、操作方便等优点。但当零件结构与尺寸改变时，须重新调整机床或重新设计、制造，不利于产品的更新换代。

为了克服专用机床的不足，在生产中发明了新型的组合机床。它以通用部件为基础，配合少量的专用部件组合而成，具有结构简单、生产效率和自动化程度高的特点。一旦被加工零件的结构尺寸、形状发生变化时，能较快地进行重新调整，组合成新的机床。这一特点有利于产品的更新，目前已在许多行业中得到广泛应用。

8.5.1　组合机床的组成结构

图 8 – 21 为单工位三面复合式组合机床结构示意图。它由底座、立柱、滑台、切削头、动力箱等通用部件，多轴箱、夹具等专用部件，以及控制、冷却、排屑、润滑等辅助部件组成。

通用部件是经过系列设计、试验和长期生产实践考验的，其结构稳定、工作可靠，由专业生产厂成批制造，经济效果好，使用维修方便。一旦被加工零件改变时，这些通用部件可根据需要组合成新的机床。在组合机床中通用部件一般占机床零部件总量的 70% ~ 80%。

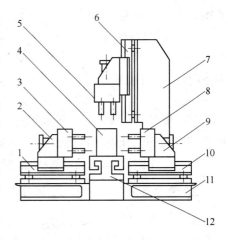

图 8 – 21　单工位三面复合式
组合机床结构示意图
6, 10—滑台；2, 9—动力头；3, 5, 8—变速箱；
4—工件；7—立柱；11—底座；12—工作台

组合机床的通用部件主要包括以下几种。

（1）动力部件　动力部件用来实现主运动或进给运动。有动力台、动力箱和各种切削头。

（2）支承部件　支承部件主要为各种底座，用于支承、安装组合机床的其他零部件，它是组合机床的基础部件。

（3）输送部件　输送部件用于多工位组合机床中，用来完成工件的工位转换，有直线移动工作台、回转工作台、回转鼓轮工作台等。

（4）控制部件　用于组合机床完成预定的工作循环程序。它包括液压元件、控制挡铁、操纵板、按钮台及电气控制部分。

（5）辅助部件　辅助部件包括冷却、排屑、润滑等装置，以及机械手、定位、夹紧、导向等部件。

8.5.2　组合机床的工作特点

组合机床主要由通用部件装配组成，各种通用部件的结构虽有差异，但它们在组合机床上的工作却是协调的，能发挥较好的效果。

组合机床通常是从几个方向对工件进行加工，它的加工工序集中，要求各个部件的运动顺序、速度、起动、停止、正向、反向、前进、后退等均能协调配合，并按一定的程序自动或半自动地进行。加工时应注意各部件之间的相互位置，精心调整每个环节，避免在大批量加工生产中造成严重的经济损失。

8.5.3 组合机床控制电路的基本控制环节

1. 多台电动机同时起动的控制电路

图 8-22 为多台电动机同时起动控制电路。图 8-22 中 KM_1，KM_2，KM_3 分别为三台电动机的控制接触器，SA_1，SA_2，SA_3 分别为三台电动机的单独工作的调整开关；FR_1，FR_2，FR_3 分别为三台电动机的热继电器。

起动时，$SA_1 \sim SA_3$ 处于常开触点断开、常闭触点闭合的状态。按下 SB_2，KM_1，KM_2，KM_3 线圈同时通电并自锁，三台电动机同时起动。

当需要单独调整组合机床的某一运动部件，即只要求某一台电动机单独工作时，只要操作相应的调整开关即可实现。如需 M_3 电动机单独工作，只要扳动 SA_1 和 SA_2，使其常闭触点断开，常开触点闭合，这时按下 SB_2，则只有 KM_3 线圈通电自锁，使 M_3 起动运行，达到单独调整的目的。

电路中 $KM_1 \sim KM_3$ 常开辅助触点串联后形成自锁电路，当任一台电动机过载，热继电器动作时，使得其余两台电动机也不能工作，达到同时起动、同时保护的目的。在单机调整时，则由相应的调整开关与自锁触点并联来实现回路的导通，从而达到单机调整的目的。

注意：当多台电动机同时起动时，将使电路的起动电流过大，对电网的其他用户设备有影响。

2. 两台动力头同时起动、同时或分别停机的控制电路

图 8-23 为两台动力头同时起动与停机的控制电路。图 8-23 中 SQ_1，SQ_3 为甲动力头在原位压动的行程开关；SQ_2，SQ_4 为乙动力头在原位压动的行程开关；KA 为中间继电器；SA_1，SA_2 为单独调整开关。

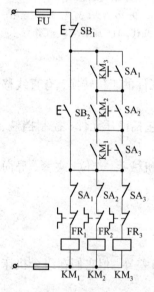

图 8-22 多台电动机同时起动的控制电路

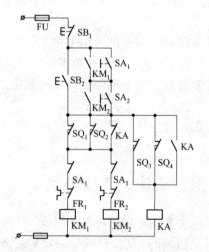

图 8-23 两台动力头同时起动与停机的控制电路

起动时，按下 SB_2，KM_1 和 KM_2 通电并自锁，电动机起动运转，甲乙两动力头同时起动，当动力头离开原位后，$SQ_1 \sim SQ_4$ 全部复位，KA 通电并自锁，其常闭触点断开，KM_1 和 KM_2 依靠 SQ_1 和 SQ_2 常闭触点保持通电，动力头电动机继续工作。

当动力头加工结束，退至原位时，分别压下 $SQ_1 \sim SQ_4$，使 KM_1 和 KM_2 线圈断电，达到同时停机的目的。同时 KA 也断电，其常闭触点复原，为再次起动作准备。操作 SA_1 或 SA_2 可实现单台动力头调整工作。

图 8 - 24 为两台动力头同时起动与分别停机的控制电路。图 8 - 24 中 SQ_1 和 SQ_3 为甲动力头在原位压动的行程开关，SQ_2 和 SQ_4 为乙动力头在原位压动的行程开关，KA 为中间继电器，利用其两对触点实现分别停机控制。SB_2 为复合按钮，来实现两台电动机的同时起动，SA_1 和 SA_2 为单独调整开关。

起动时，按下 SB_2，KM_1 和 KM_2 通电并自锁，电动机起动运转，甲乙两动力头同时起动，当动力头离开原位后，$SQ_1 \sim SQ_4$ 全部复位，KA 通电并自锁，其常闭触点断开，KM_1 和 KM_2 依靠 SQ_1 和 SQ_2 常闭触点保持通电，动力头电动机继续工作。

当甲动力头加工结束，退至原位时，分别压下 SQ_1 和 SQ_3，使 KM_1 线圈断电，甲动力头停止运动。而乙动力头则继续工作。当乙动力头加工结束，退至原位时，分别压下 SQ_2 和 SQ_4，使 KM_2 线圈断电，乙动力头停止运动。此时，KA 也断电，其常闭触点复原，为再次起动作准备。操作 SA_1 或 SA_2 可实现单台动力头调整工作。

3. 主轴不转时引入和退出的控制电路

组合机床在加工中有时要求进给电动机拖动的动力部件，在主轴不转的状态下向前运动，当运动到接近工件加工部位时，主轴才开始起动运转。加工结束，动力头退离工件时，主轴即停止，而进给电动机当动力部件退回到原位后才停止。并要求在加工过程中，主轴电动机与进给电动机两者之间要联锁，以达到保护刀具、工件和设备安全的目的。

图 8 - 25 为主轴不转时引入和退出的控制电路。图 8 - 25 中 KM_1 和 KM_2 分别为主轴电动机和进给电动机接触器。SQ_1 和 SQ_2 为实现加工时进给运动和主轴旋转联锁的行程开关，加工过程中一直由长挡铁压着。

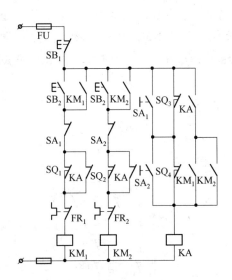

图 8 - 24　两台动力头同时起动
与分别停机的控制电路

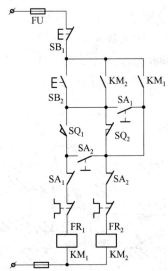

图 8 - 25　主轴不转时引入和
退出的控制电路

起动时，按下起动按钮 SB$_2$，KM$_2$线圈经 SQ$_2$常闭触点通电并自锁，进给电动机起动，拖动运动部件开始进给，当进给到主轴接近工件的加工部位时，挡铁 A 压下 SQ$_1$，KM$_1$线圈得电，主轴电动机起动旋转，开始加工。此时 KM$_1$和 KM$_2$辅助触点同时为 KM$_1$和 KM$_2$线圈提供供电回路。当运动部件继续前进很小距离后，挡铁压下 SQ$_2$，常闭触点断开，使 KM$_1$和 KM$_2$线圈通过对方已闭合的常开辅助触点继续通电，构成互锁电路。加工结束，动力头退回，主轴退到挡铁释放 SQ$_2$时，KM$_2$线圈由 KM$_1$和 KM$_2$常开辅助触点并联供电，动力头继续后退。当挡铁 A 释放 SQ$_1$时，KM$_1$线圈断电，主轴电动机停转，但 KM$_2$仍自锁，进给系统继续退回，实现了主轴不转时的退出。直到动力头退回原位，按下 SB$_1$，进给电动机停转，加工过程结束。

通过操作调整开关 SA$_1$和 SA$_2$，可实现进给电动机和主轴电动机单独工作。

4．危险区自动切断电动机的控制电路

组合机床加工工件时，往往从几个加工面用多把刀具同时进行，此时就有可能出现刀具在工件内部发生相碰撞的危险，这个区域称为"危险区"。图 8 - 26 为加工交叉孔零件，用两把钻头从工件相互垂直的两表面同时进行钻削加工，当钻头加工至两孔相连接的位置时，可能出现两钻头相撞事故。因此，通常在加工过程中，在两钻头进入危险区之前，其中一台动力头暂停进给，另一台动力头则继续加工，直到加工结束退离危险区，再起动暂停进给的那一台动力头继续加工，直至全部加工完成。

图 8 - 27 为危险区自动切断电动机的控制电路。图 8 - 27 中 KM$_1$和 KM$_2$为甲乙两动力头接触器，KA$_1$和 KA$_2$为中间继电器，SQ$_1$和 SQ$_3$为甲动力头在原位压动的行程开关，SQ$_2$和 SQ$_4$为乙动力头在原位压动的行程开关，SQ$_5$为危险区开关。按下 SB$_2$，KM$_1$和 KM$_2$同时得电，并由 KA$_1$自锁，甲乙两动力头同时起动运行，当动力头离开原位后，SQ$_1$～SQ$_4$全部复位，KA$_2$得电并自锁，其常闭触点断开，为加工结束停机作准备。此时 KA$_1$，KM$_2$分别经由 SQ$_1$和 SQ$_2$常闭触点继续通电。当动力头加工进入危险区时，甲动力头压下行程开关 SQ$_5$，使 KM$_1$线圈断电，甲动力头停止进给。乙动力头仍继续进给加工，直到加工结束，退回原位并压下 SQ$_2$和 SQ$_4$，接触器 KM$_2$才断电，乙动力头停止在原位。此时 KM$_1$线圈又再次通电，甲动力头重新起动继续进给，直到加工结束、退回原位并压下 SQ$_1$和 SQ$_3$，此时 KA$_1$和 KA$_2$和 KM$_1$相继断电，整个加工循环结束。

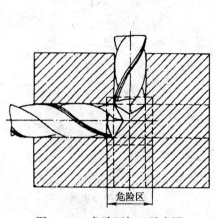

图 8 - 26　危险区加工示意图

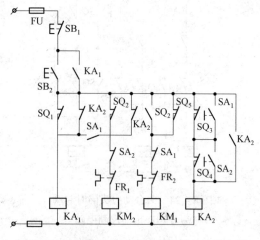

图 8 - 27　危险区自动切断电动机的控制电路

单独调整动力头时，可分别操作 SA_1 和 SA_2 开关。若需甲动力头单独工作，则可操作开关 SA_2，使其常闭触点断开，使 KM_2 无法得电，乙动力头不工作，SQ_2 和 SQ_4 始终被压下，SA_2 常开触点闭合，将 SQ_4 短接，为 KA_2 提供供电电路。此时按下 SB_2，KA_1 通电并自锁，同时 KM_1 通电，甲动力头进给，离开原位后，SQ_1 和 SQ_3 开关复位，KA_2 通电并自锁。KA_1 通过 SQ_1 常闭触点继续保持通电，当进给到危险区，压下行程开关 SQ_5，但由于 SQ_2 始终受压，KM_1 经 SQ_2 触点继续通电，直到加工结束，退到原位压下 SQ_1 和 SQ_3，使 KA_1、KA_2 和 KM_1 相继断电，甲动力头单独工作结束。

若需乙动力头单独工作，则可操作开关 SA_1，使其常闭触点断开，使 KM_1 无法通电，甲动力头不工作，SQ_1 和 SQ_3 始终被压下，SA_1 常开触点闭合，将 SQ_3 短接，为 KA_2 提供供电电路。此时，按下 SB_2，KA_1 通电并自锁，同时 KM_2 线圈通电，乙动力头进给。当它离开原位后，SQ_2 和 SQ_4 复位，KA_2 通电并自锁，KA_1 和 KM_2 经 SQ_2 触点继续通电，直到加工结束，退到原位，压下 SQ_2 和 SQ_4，使 KA_1、KA_2 和 KM_2 相继断电，乙动力头单独工作结束。

小结

- 常用机床的结构组成、运动情况及机床电气控制原理图的组成及分析方法包括普通车床、平面磨床、摇臂钻床和铣床。机床运行中常见故障及排除方法。
- 几种通用机床的电气控制的特点：C620 - 1 普通车床通过变换传动链的机械变速来满足车床的恒功率负载的要求；C650 - 2 普通车床主轴电动机容量比较大，设有主轴电气反接制动环节、点动调整环节及负载的检测环节，另外还设有刀架快速移动电动机；M 7130 平面磨床采用电磁吸盘控制；Z35 和 Z3040 摇臂钻床主轴箱和立柱松开与夹紧的控制及摇臂的松开、移动与夹紧的自动控制，利用了机、电、液的相互配合；X62W 卧式万能铣床主轴设有反接制动、变速冲动环节，进给运动也设有变速冲动环节，并利用机械操作手柄与行程开关、机械挂挡的操作控制及三个运动方向进给、圆工作台的联锁关系。
- 组合机床的组成结构、工作特点，以及组合机床电气控制的基本控制环节。

思考与练习

8 - 1　说明下列机床的型号含义：

(1) C650 - 1；(2) C650 - 2；(3) M7130；(4) Z35；(5) Z3040；(6) X62W。

8 - 2　试分析 C620 - 1 型普通车床电气控制原理图的工作过程。

8 - 3　试分析 C650 - 2 型与 C620 - 1 型普通机床电气控制有什么区别。

8 - 4　M7130 平面磨床采用电磁吸盘夹持工件有何优点，为什么电磁吸盘要用直流电而不能用交流电？

8 - 5　M7130 平面磨床控制电路中采用了哪些保护环节？

8 - 6　Z35 摇臂钻床的控制电路中，(1)为什么要设置失压继电器？(2)分析十字开关在不同位置时电流通路的情况；(3)限位开关 SQ_1 和 SQ_2 有何作用？

8 - 7　在 Z3040 摇臂钻床中，时间继电器 KT 与电磁阀 YV 在什么时候动作，YV 动作时间比 KT 长还是短？YV 什么时候不动作？

8 – 8　试叙述 Z3040 摇臂钻床操作摇臂下降时电路工作情况。

8 – 9　Z3040 摇臂钻床电路中,有哪些联锁与保护环节? 有何作用?

8 – 10　根据 Z3040 摇臂钻床的控制电路,分析摇臂不能下降时可能出现的故障。

8 – 11　X62W 万能铣床由哪些基本控制环节组成?

8 – 12　X62W 万能铣床控制电路中具有哪些联锁与保护,有何作用? 它们是如何实现的?

8 – 13　X62W 万能铣床控制电路中,

(1) 主轴的变速冲动是如何控制的? 简叙其操作步骤;

(2) 进给变速冲动是如何控制的? 简叙其操作步骤。

8 – 14　在 X62W 控制电路中,若发生下列故障,试分别分析其故障的原因。

(1) 主轴停车时,正、反方向都没有制动作用。

(2) 进给运动中能上下左右前,不能后。

(3) 进给运动中能上下右前后,不能左。

8 – 15　组合机床主要由哪些部件组成的? 有何工作特点?

8 – 16　组合机床的电气控制电路有哪些基本控制环节? 有什么特点?

第 9 章　可编程序控制器

- **知识目标**　了解可编程序控制器的概念、分类、特点及应用范围；
　　　　　　掌握可编程序控制器的基本结构及工作原理；
　　　　　　掌握三菱 F1 系列可编程序控制器指令系统及程序设计的基本方法。
- **能力目标**　能正确认识小型可编程序控制器的结构及外部接线；
　　　　　　能输入、检查、调试、运行程序；
　　　　　　能够进行简单程序的设计，对简单的控制过程实现可编程序控制器控制。
- **学习方法**　结合现场实物、实验实习、参观、音像资料等进行学习。

为了使可编程序控制器(programmable controller，PC)与个人计算机(personal computer，PC)相区别，习惯上仍沿用早期的可编程逻辑控制器的简称，即 PLC。可编程控制器是以微处理器为基础，综合计算机技术、自动控制技术及通信技术发展起来的新一代工业自动化装置。它采用可编程序存储器，来存储和执行逻辑运算、顺序控制、定时、计数及算术运算等操作的指令，并通过数字式或模拟式的输入和输出方式，控制各种类型机械或生产过程，是一种专为在工业环境下应用而设计的数字运算的电子系统。可编程序控制器根据其输入/输出点数有超小型、小型、中型、大型和超大型之分；根据其硬件结构的不同有整体式、模块式和叠装式之分；根据其用途又可分为通用型和专用型。

9.1　PLC 的基本组成及工作原理

9.1.1　PLC 的基本组成

用 PLC 实施控制，其实质是按一定算法进行输入输出变换，并将这个变换予以物理实现。根据 PLC 实施控制的基本点分析，PLC 采用了典型的计算机结构，也是由硬件系统和软件系统两大部分组成的。

1．PLC 的硬件系统

PLC 的硬件系统是指构成它的各个结构部件，是有形实体。如图 9 – 1 所示。

PLC 的硬件系统由主机、I/O 扩展机(单元)及外部设备组成。主机和扩展机采用微机的结构形式，其硬件电路由运算器、控制器、存储器、I/O 接口电路、外设接口及电源等部分组成。运算器和控制器集成在一片或几片大规模集成电路中，称之为微处理器(或微处理机、中央处理器)，简称 CPU。存储器主要有系统程序存储器(EPROM)和用户程序存储器(RAM)。

主机内各部分之间均通过总线连接。总线包括有电源总线、控制总线、地址总线和数据总线。

I/O 接口电路是 PLC 与外部输入信号、被控设备连接的转换电路，通过外部接线端子可直接与现场设备相连。例如，将按钮、行程开关、继电器触点、传感器等接至输入端子，通过输入接口电路把它们的输入信号转换成微处理器能接受和处理的数字信号。输出接口电路则接受经过微处理器处理过的数字信号，并把这些信号转换成被控设备或显示设备能够接受的电压或电流信号，经过输出端子的输出以驱动接触器线圈、电磁阀、信号灯、电动机等执行装置。

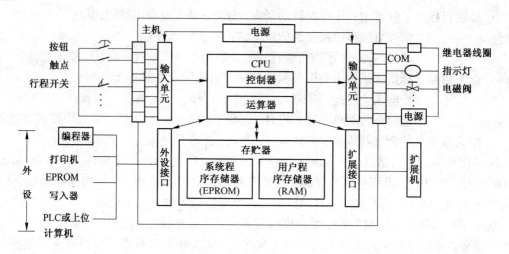

图 9-1　PLC 硬件组成框图

编程器是 PLC 重要的外围设备，一般 PLC 都配有专用的编程器。通过编程器可以输入程序，并可以对用户程序进行检查、修改、调试和监视，还可以调用和显示 PLC 的一些状态和系统参数。目前在许多 PLC 控制系统中，可以用通用的计算机，加上适当的接口和软件来代替专用编程器进行编程。

2．PLC 的软件系统

PLC 的软件系统是指 PLC 所使用的各种程序的集合，又可分为系统程序和用户程序两大类。系统程序的主要功能是时序管理、存储空间分配、系统自检和用户程序编译等。用户程序是用户根据控制要求，按系统程序允许的编程规则，用厂家提供的编程语言编写的程序。

9.1.2　PLC 的工作原理

PLC 虽具有微机的许多特点，但它的工作方式却与微机有很大不同。微机一般采用等待命令的工作方式，PLC 则采用循环扫描工作方式。PLC 的这种工作方式是在系统软件控制下，顺次扫描各输入点的状态，按用户程序进行运算处理，然后顺序向输出点发出相应的控制信号。其整个工作过程可分为自诊断、与编程器等的通信、输入采样、用户程序执行和输出刷新五个阶段。

PLC 对用户程序的循环扫描过程，分为三个阶段进行，即输入采样阶段、用户程序执行阶段和输出刷新阶段。如图 9-2 所示。

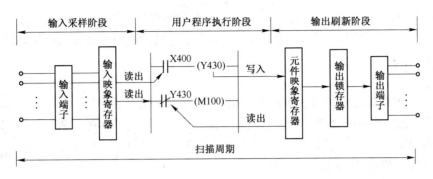

图 9 – 2　PLC 对用户程序的扫描过程示意图

1．输入采样阶段

PLC 在输入采样阶段，以扫描方式顺序读入所有输入端子的状态——接通/断开（ON/OFF），并将其状态存入输入映象寄存器。接着转入程序执行阶段。在程序执行期间，即使输入状态发生变化，输入映象寄存器内容也不会变化。输入映象寄存器内容的变化只能在一个工作周期的输入采样阶段才被读入刷新。

2．用户程序执行阶段

在程序执行阶段，PLC 对程序按顺序进行扫描。如果程序用梯形图表示，则总是按先上后下、先左后右的顺序进行扫描。每扫描一条指令时，所需的输入状态或其他元素的状态分别由输入映象寄存器和元件映象寄存器读出，然后进行逻辑运算，并将运算结果写入到元件映象寄存器中。也就是说在程序执行过程中，元件映象寄存器内元素的状态可以被后面将要执行到的程序所应用，它所寄存的内容也会随程序执行的进程而变化。

3．输出刷新阶段

用户程序执行完毕后，进入输出刷新阶段。此时将元件映象寄存器中所有输出继电器的状态——接通/断开，转存到输出锁存电路，再驱动被控对象（负载），这就是 PLC 的实际输出。

PLC 重复地执行上述三个阶段，每重复一次的时间就是一个工作周期（或扫描周期）。工作周期的长短与程序的步数、时钟频率及所用指令的执行时间有关。如 F1 系列 PLC 用户每千步的工作周期约为 12 毫秒，ACMY – S256 型 PLC 用户程序每千步的工作周期约为 20 毫秒。

9.2　PLC 的特点及应用领域

9.2.1　PLC 的特点

1．性能稳定可靠，抗干扰能力强

PLC 用软件取代了继电 – 接触器控制系统中的大量触点和接线，是其具有高可靠性的主要原因之一。另外，它还采用了多层次抗干扰技术和精选元件措施，增加了自诊断、纠错等功能，使其在恶劣工业环境下与强电设备一起工作，运行的稳定性和可靠性显著提高。

2．软件简单易学

PLC 的最大特点之一，就是采用易学易懂的梯形图语言，它是用计算机软件构成人们惯用的继电器模型，形成一套独具风格的以继电器梯形图为基础的形象编程语言。梯形图符号和定义与常规继电器展开图完全一致，电气操作人员使用起来得心应手，不存在计算机技术与传统电气控制技术之间的专业"鸿沟"。

3．功能完善

现代 PLC 不但具有进行数字和模拟量输入/输出、算术和逻辑运算、定时、计数、比较、步进、锁存、主控移位、跳转和强制输入/输出等功能，还具有通信联网、PID 闭环回路控制、中断控制、特殊功能函数运算、自诊断、报警、生产过程监控等功能。

4．通用性好，应用灵活

由于 PLC 是用软件来实现控制的，所以可通过修改用户程序来方便快速地实现不同的控制要求。另外，现代 PLC 产品已系列化和模块化，其结构形式多种多样，其功能又有低、中、高档之分，可适应各种不同要求的工业控制。

5．编程简单，手段多，控制程序可变

PLC 采用梯形图与功能助记符形式进行编程，使用户能很容易地阅读和编写程序，易被操作人员所接受。在使用中，当生产工艺流程改变或生产线设备更新时，只要改变控制程序，就可满足控制要求，而不必改变或很少改变 PLC 机的硬件设备，这样极大地减少了设计及施工的工作量。

6．接线简单，安装、调试工作量少

PLC 的接线只需将输入信号的设备与 PLC 的输入端子连接，将接受输出信号执行控制任务的外部执行元件与 PLC 输出端子连接；所以其接线简单，安装工作量少。又由于 PLC 所采用的梯形图程序可以进行模拟演示，发现问题及时修改，满足要求后再安装到生产现场，减少了现场的安装调试工作量。

7．监视功能强、速度快

PLC 具有很强的监视功能。小型低档 PLC 可以利用编程器监视各元件的状态或通过适当通信接口及应用软件在 CRT 上监视各元件的状态。中档以上的 PLC 提供 CRT 接口，可以从屏幕上来了解系统工作情况，以便及时、正确地处理异常情况，迅速排除故障。

PLC 采用软件进行控制，其控制速度取决于 CPU 速度和扫描周期。而一条基本指令的执行时间仅为微秒级甚至毫微秒级，其控制速度很快。

8．体积小，重量轻，功耗低

PLC 采用半导体集成电路，其体积小，重量轻，功耗低。

PLC 结构紧凑，坚固耐用，具有较强的环境适应性和较高的抗干扰能力，易于装入机械设备内部，是实现机电一体化的理想控制设备。

9.2.2　PLC 的应用领域

1．开关量逻辑控制　指的是输入信号和输出信号均为开关量信号，其可以用于单机、多机群及生产线的自动化控制。

2．用于机械加工的数字控制器　PLC 和计算机（CNC）装置组合成一体，可以实现数字控制，组成数控机床。

3．机器人控制　可用一台 PLC 实现 3～6 轴的机器人控制。

4．闭环过程控制　PLC 的 PID 闭环过程控制功能已经广泛地应用于自动成型机、加热炉、热处理炉等设备。

5．数据处理　PLC 还应用于大型的进行数据处理的控制系统和过程控制系统，如无人柔性制造系统、造纸、冶金等一些控制系统。

6．通信和联网　现代的 PLC 一般都有通信的功能，它既可以对远程 I/ O 进行控制，又能实现 PLC 之间的通信、PLC 与其他智能控制设备之间的通信。

9.3　PLC 的基本指令与编程

9.3.1　PLC 的编程语言

PLC 是按照程序进行工作的。程序的编制就是用一定的编程语言把控制过程描述出来，使 PLC 能够识别且去执行任务。PLC 的常用编程语言有：梯形图（ladder diagram，LAD）、语句表（statement list，STL）、控制流程图（control system flowchart，CSF）及高级语言（advanced language，AL）。目前使用较多的是梯形图和语句表。

1．梯形图

梯形图与继电－接触器控制系统的电路图很相似，其中的编程元件沿用了"继电器"名称。梯形图由主母线、副母线、编程触点、编程线圈、连接线五个部分组成，如图 9－3 所示。应用梯形图进行编程时，只要按梯形图逻辑行顺序输入到计算机中去，计算机就可自动将梯形图转换成 PLC 能接受的机器语言，进行存储及执行。

2．语句表

语句表类似于计算机汇编语言的形式，用指令的助记符来进行编程。它通过编程器按照语句表的语句顺序逐条写入 PLC，并可直接运行。语句表的指令助记符比较直观易懂，编程

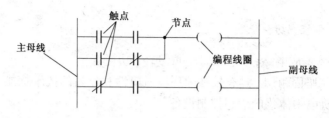

图 9 – 3　梯形图基本结构

也简单，便于工程人员掌握，因此得到广泛的应用。但要注意不同厂家制造的 PLC，所使用的指令助记符有所不同，即对同一梯形图来说，用指令助记符写成的语句表也不相同。

9.3.2　三菱 F1 系列 PLC 的编程元件

日本三菱公司先后推出了 F，F1，F2，FX_0，FX_1，FX_2，FX_{2N}系列小型 PLC，F 系列已经停止生产。目前在我国使用最多的是 F1 系列，鉴于 FX_{2N} 系列是当今最新、最具特色、极有代表性、功能齐全、性能价格比极高的一个程序包单元型 PLC，本章也对 FX_{2N} 系列的一般编程元件与基本指令做了概述。

由于 PLC 的梯形图沿用了继电 – 接触器控制系统电路，习惯上把 PLC 的编程元件比做一个个的"继电器"（由于其不真实存在，又称为"软继电器"），每一个"继电器"都有一个线圈和无数个常开触点或常闭触点来供用户编程时使用。下面以 F1 – 40MR 型 PLC 为例来说明 PLC 的编程元件及其编号范围。PLC 编程元件的编号是按"逢 8 进 1"的运算规则进行编制的。

1. 输入继电器（X）

F1 – 40MR 型 PLC 的输入继电器共有 24 个，分别为 X400 ~ X407，X410 ~ X413，X500 ~ X507，X510 ~ X513。输入继电器专门用于接受从 PLC 外部所发来的控制信息。须注意的是：在梯形图中只能有输入继电器的触点，而不能出现输入继电器的线圈。

2. 输出继电器（Y）

F1 – 40MR 型 PLC 的输出继电器共有 16 个，分别为 Y430 ~ Y437，Y530 ~ Y537。输出继电器主要用于将输出信号传递给 PLC 的外部负载。须注意的是：输出继电器的线圈不能由 PLC 的外部信号来驱动，只能由程序的执行结果来驱动。

3. 定时器（T）

F1 – 40MR 型 PLC 的定时器共有 32 个，分别为 T050 ~ T057，T450 ~ T457，T550 ~ T557，T650 ~ T657。定时器相当于继电 – 接触器控制系统中的时间继电器，它能提供无数对常开、常闭延时触点供用户编程使用。须注意的是：定时器的延时时间是由编程中的设定值 K 来决定的。

4. 计数器（C）

F1 – 40MR 型 PLC 的计数器共有 32 个，分别为 C060 ~ C067，C460 ~ C467，C560 ~

C567，C660～C667。计数器主要于记录脉冲个数或根据脉冲个数设定某一时间。须注意的是：计数器的计数范围是 0～999。

5．辅助继电器(M)

辅助继电器有两种类型：一是通用型，不具备掉电保护功能；另一种是掉电保护型，失电后不复位。F1－40MR 型 PLC 有通用型的辅助继电器 128 点(编号为 M100～M277)，掉电保护型辅助继电器 64 点(编号为 M300～M377)。辅助继电器的功能相当于继电－接触器控制系统电路中的中间继电器。须注意的是：它不能由任何外部设备来驱动，也不能直接驱动外部负载。

6．特殊辅助继电器(M)

F1－40MR 型 PLC 的特殊辅助继电器有 15 个，分别为 M70～M74，M76～M77，M470～M473，M570～M573。特殊辅助继电器的功能是进行运行监视、初始化脉冲、电池电压下降指示等。

7．状态器(S)

状态器是在编制步进程序中使用的基本元件，其编号为 S600～S647，共 40 点。状态器属于掉电保护继电器。

9.3.3　三菱 F1 系列 PLC 的基本指令与编程

三菱 F1 系列 PLC 的基本顺序指令共有 20 条，下面介绍其中的部分指令。

1．LD，LDI，OUT 指令

LD(load)：取指令，是常开触点与母线的连接指令。
LDI(load inverse)：取反指令，是常闭触点与母线的连接指令。
OUT：驱动线圈的输出指令。
LD，LDI，OUT 指令使用说明如下：
① LD，LDI 可与后面叙述的块操作指令 ANB，ORB 相配合，用于分支电路的起点；
② OUT 指令用于 Y，M，T，C，S 及 F(功能指令线圈)，不能用于 X；并联输出 OUT 指令可连续使用任意次；
③ OUT 指令用于 T 和 C，其后须跟常数 K (K 为延时时间或计数次数)。
图 9－4 为 LD，LDI，OUT 指令的应用示例。

2．AND，ANI 指令

AND：与指令，用于单个常开触点的串联。
ANI(and inverse)：与反指令，用于单个常闭触点的串联。
AND 和 ANI 指令的使用说明如下：
① AND 和 ANI 指令用于单个触点与左边触点的串联，可连续使用；

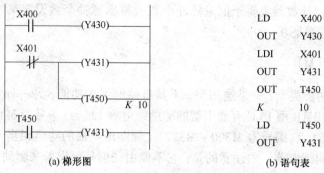

(a) 梯形图   (b) 语句表

图 9 - 4　LD，LDI 和 OUT 指令的应用示例

② 若是两个并联电路块(两个或两个以上触点并联连接的电路)串联，则须用后面的 ANB 指令。

图 9 - 5 为 AND，ANI 指令的应用示例。

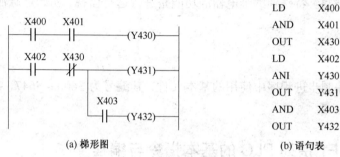

(a) 梯形图   (b) 语句表

图 9 - 5　AND，ANI 指令的应用示例

3 . OR，ORI 指令

OR：或指令，用于单个常开触点的并联。

ORI(or inverse)：或反指令，用于单个常闭触点的并联。

OR，ORI 指令的使用说明如下：

① OR，ORI 指令仅用于单个触点与前面触点的并联；

② 若是两个串联电路块(两个或两个以上触点串联连接的电路)相并联，则用后面将学的 ORB 指令。

图 9 - 6 所示为 OR，ORI 指令的应用示例。

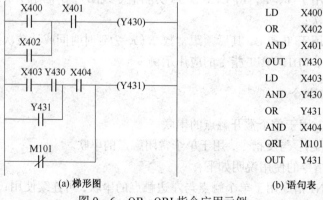

(a) 梯形图   (b) 语句表

图 9 - 6　OR，ORI 指令应用示例

4．ORB 指令

ORB(or block)：或块指令，用于串联电路块的并联连接。

ORB 指令的使用说明如下：

① 串联电路块与前面的电路并联连接时，分支的开始用 LD，LDI 指令，分支结束用 ORB 指令；

② 串联支路并联的次数不受限制，但每并联一次就要用一次 ORB 指令；

③ ORB 指令不带目标编程元件，是一个独立指令。

图 9-7 所示为 ORB 指令的应用示例。

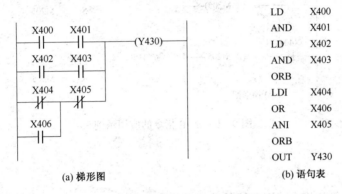

| (a) 梯形图 | (b) 语句表 |

图 9-7 ORB 指令的应用示例

5．ANB 指令

ANB(and block)：与块指令，用于并联电路块的串联连接。

ANB 指令的使用说明如下：

① 并联电路块与前面的电路串联连接时，分支的开始用 LD，LDI 指令，分支结束用 ANB 指令；

② 多个并联电路块连续串联连接，按顺序用 ANB 指令进行连接，ANB 使用次数不受限制；

③ ANB 指令不带目标编程元件，是一个独立指令。

图 9-8 为 ANB 指令的应用示例。

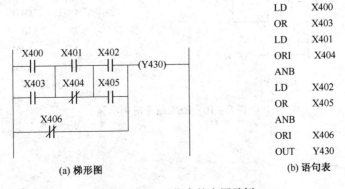

| (a) 梯形图 | (b) 语句表 |

图 9-8 ANB 指令的应用示例

6. S, R 指令

S(set)：置位指令，使操作保持的指令。

R(reset)：复位指令，使操作保持复位的指令。

S, R 指令的使用说明如下：

① S 指令用于将 Y, S, M200 ~ M377 等元素置 1，并具有保持功能；

② R 指令用于取消 Y, S, M200 ~ M377 等元素的自保持功能并置 0。

图 9 - 9 所示为 S, R 指令的应用示例。

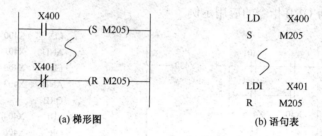

图 9 - 9　S, R 指令的应用示例

7. RST 指令

RST(reset)：复位指令，用于计数器或移位寄存器的复位。

RST 指令的使用说明如下：

① 程序执行时优先执行 RST 指令，在复位状态时，计数器或移位寄存器不再接受其他输入数据；

② 复位电路、计数器的计数电路及移位寄存器的移位电路是相互独立的，编写时可任意安排它们的先后次序。

图 9 - 10 所示为 RST 指令应用示例。

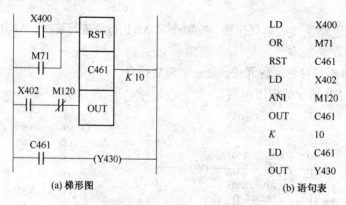

图 9 - 10　RST 指令应用示例

8．MC，MCR 指令

MC(master control)：主控指令，用于公共逻辑条件控制多个线圈，使主母线移到主控触点之后。

MCR(master control reset)：主控复位指令，用于将母线复位。

MC，MCR 指令的使用说明如下：

① MC 和 MCR 指令只对 M100 ~ M177 起作用；

② MC 主控触点(可同时控制许多电路的触点)后的电路由 LD 或 LDI 开始。

图 9 - 11 所示为 MC，MCR 指令的应用示例。

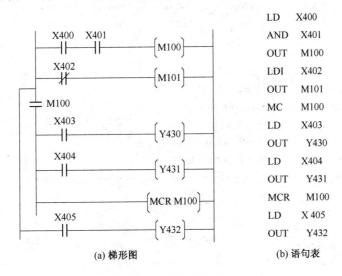

| (a) 梯形图 | (b) 语句表 |

图 9 - 11　MC，MCR 指令的应用示例

9．END 指令

END：结束指令，用于程序结束。

END 指令的使用说明如下：若在程序中特意地插入一个 END 指令，可以进行分段调试。

9.3.4　三菱 FX$_{2N}$系列 PLC 的一般编程元件与基本指令

1．三菱 FX$_{2N}$系列 PLC 的一般编程元件种类和编号

三菱 FX$_{2N}$系列 PLC 的一般编程元件种类和编号如表 9 - 1 所示。

2．三菱 FX$_{2N}$系列 PLC 的基本指令

三菱 FX$_{2N}$系列 PLC 的基本顺控指令的种类和功能如表 9 - 2 所示。

表 9 – 1　三菱 FX₂ₙ系列 PLC 的一般编程元件种类和编号

	FX₂ₙ – 16M	FX₂ₙ – 32M	FX₂ₙ – 48M	FX₂ₙ – 64M	FX₂ₙ – 80M	FX₂ₙ – 128M	带扩展	
输入继电器 X	X000 ~ X007 8 点	X000 ~ X017 16 点	X000 ~ X027 24 点	X000 ~ X037 32 点	X000 ~ X047 40 点	X000 ~ X077 64 点	X000 ~ X267 (X177) 184 点 (128 点)	输入输出合计256点
输出继电器 Y	Y000 ~ Y007 8 点	Y000 ~ Y017 16 点	Y000 ~ Y027 24 点	Y000 ~ Y037 32 点	Y000 ~ Y047 40 点	Y000 ~ Y077 64 点	Y000 ~ Y267 (Y177) 184 点 (128 点)	
辅助继电器 M	M0 ~ M499 500 点 通用 * 1	［M500 ~ M1023］ 524 点保存用 * 2 继电器用 主→从［M800 ~ M899］ 从→主［M900 ~ M999］		［M1024 ~ M3071］ 248 点保存用 * 3		［M8000 ~ M8255］ 156 点 特殊用		
状态 S	S0 ~ S499 500 点 * 1 初始用 S0 ~ S9 返回原点用 S10 ~ S19	［S500 ~ M899］ 400 点 掉电保持用 * 2			［S900 ~ M999］ 100 点 报警用 * 3			
定时器 T	T0 ~ T199 200 点 100ms 子程序用 T192 ~ T199	T200 ~ T245 46 点 10ms		［T246 ~ T249］ 4 点 1ms 积算 * 3		［T250 ~ T255］ 6 点 100ms 积算 * 3		
计数器 C	16 位向上			32 位可逆		32 位高速可逆计数最大 6 点		
	C0 ~ C99 100 点 通用 * 1	［C100 ~ C199］ 100 点 保持用 * 2	［C200 ~ C219］ 20 点 通用 * 1	［C220 ~ C234］ 15 点 掉电保持用 * 2	［C235 ~ C245］ 1 相单向计数输入 * 2	［C246 ~ C250］ 1 相双向计数输入 * 2	［C251 ~ C255］ 2 相计数输入 * 2	

注：

［］内元件为电池备用区。

* 1：非备用区。根据参数设定，可以变更非电池备用区。

* 2：电池备用区。根据参数设定，可以变更非电池备用区。

* 3：电池备用固定区，区域特性不能变更。

表 9 – 2　三菱 FX$_{2N}$系列 PLC 的基本顺控指令的种类和功能

符 号 名 称	功　　能	梯形图电路表示和目标元件
[LD] 取	常开触点与母线连接指令	XYMST
[LDI] 取反	常闭触点与母线连接指令	XYMST
[LDP] 取脉冲	上升沿检测运算开始	XYMST
[LDF] 取脉冲(F)	下降沿控制运算开始	XYMST
[AND] 与	单个常开触点的串联	XYMST
[ANI] 与反	单个常闭触点的串联	XYMST
[ANDP] 与脉冲	上升沿检测串行连接	XYMST
[ANDF] 与脉冲(F)	下降沿检测串行连接	XYMST
[OR] 或	单个常开触点的并联	XYMST
[ORI] 或反	单个常闭触点的并联	XYMST
[ORP] 或脉冲	上升沿检测并行连接	XYMST
[ORF] 或脉冲(F)	下降沿检测并行连接	XYMST
[ORB] 电路块或	块间并行连接	
[ANB] 电路块与	块间串行连接	
[OUT] 输出	线圈驱动指令	XYMST
[SET] 置位	动作保持线圈指令	SET YMS
[RST] 复位	动作保持解除线圈指令	SET YMSTC
[MC] 主控	公用串行接点线圈指令	MC　　N
[MCR] 主控复位	公用串行接点解除线圈指令	MCR N
[END] 结束	程序结束	程序结束，返回 0 步

F1 与 FX$_{2N}$ 的基本指令基本相同，但元件号差别较大，读者如有兴趣，可以自行将关于 F1 的程序变成 FX$_{2N}$ 的程序。

9.3.5 程序的输入、调试及运行

1. PLC 的工作状态

PLC 有两种工作状态，即编程状态和运行状态。状态的选择是由编程器上的方式选择开关及主机上的 RUN 开关状态决定的。若把编程器上的方式选择开关打在 PROGRAM，RUN 开关处于断开状态，即表示编程状态。此时基本单元上的 RUN 指示灯不发光，用户可以通过编程器的操作面板逐条输入语句，直至程序结束。若把编程器上的方式选择开关打在 MONITOR，RUN 开关处于闭合状态，即表示运行状态。此时基本单元上的 RUN 指示灯发光，表示 PLC 正在运行用户输入到存储器中的程序。

2. 程序的输入及修改

在输入新程序前首先要清除用户程序存储器的内容，然后再输入设计好的程序。
用户 RAM 清零步骤如图 9 - 12(a)所示。
程序的输入过程如图 9 - 12(b)所示。在输入过程中，如在按 "WRITE/MONITOR" 键之前须修改指令，可先按 "INSTR" 键，然后写入正确的指令；若在按 "WRITE/MONITOR" 键之后修改指令，须先按 "STEP(–)" 返回原指令，然后写入正确的指令。

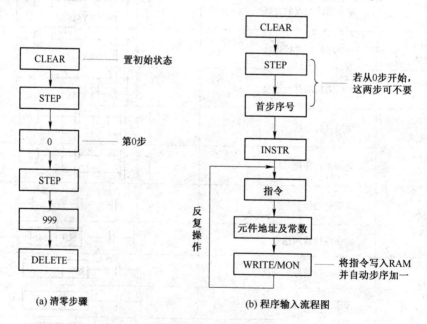

(a) 清零步骤 (b) 程序输入流程图

图 9 - 12 程序的输入

程序输入后，对程序要逐条进行检查，如有错误，可采用 "DELETE"（删除）及 "IN-SERT"（插入）两个功能键进行修改。修改的方法为：查出错误的指令后先按 "DELETE" 键，同时输入正确的指令，然后再按 "INSERT" 键即可。

9.4　PLC 的程序设计

　　PLC 的程序设计通常采用梯形图设计法。梯形图类似于电气控制图的形式，非常直观易懂，一般工程人员极易掌握，是 PLC 通用的程序设计方法。尽管各种 PLC 的指令系统、指令的助记符不完全相同，但梯形图的设计方法基本相同。

9.4.1　梯形图的绘制规则

　　梯形图的绘制应遵循下列基本规则。
　　① 先画出两条竖直方向的母线，再按从左到右、从上到下的顺序画好每一个逻辑行。
　　② 梯形图上所画触点状态，就是输入信号未作用时的初始状态。
　　③ 触点应画在水平线上，不能画在垂直线上(主控触点例外)。
　　④ 不含节点的分支应画在垂直方向，不可放在水平方向，以便于识别节点的组合和输出线圈的控制路径。
　　⑤ 几个串联支路相并联时，应将触点最多的那个支路放在最上面；几个并联回路相串联时，应将触点最多的支路放在最左面。
　　⑥ 触点可以串联或并联；线圈可以并联，但不可以串联。
　　⑦ 触点和线圈连接时，触点在左，线圈在右；线圈的右边不能有触点，触点的左边不能有线圈。
　　⑧ 梯形图中元素的编号、图形符号应与所用的 PLC 机型及指令系统相一致。

9.4.2　梯形图设计举例

　　根据控制要求画出梯形图的过程，就是梯形图的设计或编程过程。梯形图的设计方法很多，技巧也很强，下面介绍几个例子来说明梯形图的设计方法。

　　1. 常用的电路环节

　　(1) 与、或、非逻辑电路
　　如图 9 – 13(a)所示，只有 X400 和 X401 同时合上，Y430 才能得电，实现 X400 与 X401 两者之间"与"的功能。如图 9 – 13(b)所示，X400 与 X401 中只要有一个合上，Y430 便得电，实现"或"的功能。如图 9 – 13(c)，X400 合上，M100 得电，Y430 失电；而 X400 断开，Y430 得电，实现"非"的功能。

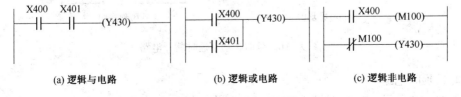

图 9 – 13　"与"、"或"、"非"电路

（2）自保持、互锁电路

如图 9 – 14(a)所示，X400 合上，Y430 得电并自保；X400 断开，Y430 仍然保持得电。如图 9 – 14(b)所示，若 X400 合上，Y430 得电，Y431 不可能得电；若 X401 合上，Y431 得电，Y430 不可能得电。达到 Y430 与 Y431 输出互锁的目的。

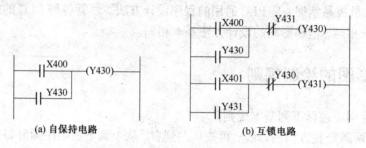

(a) 自保持电路　　　　　　　　(b) 互锁电路

图 9 – 14　自保持、互锁电路

（3）瞬时接通、延时断开的电路

如图 9 – 15 所示，当 X400 合上时，Y430 得电并自保，X400 断开后，Y430 仍保持得电，T450 也得电，从设定值 5 s 开始，每隔 0.1 s 减去 0.1 s，5 s 后当前值减为"0"，T450 的常闭触点断开，Y430 失电，自保也自动取消。

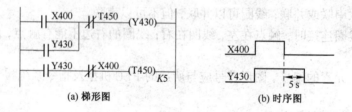

(a) 梯形图　　　　　　　　(b) 时序图

图 9 – 15　瞬时接通、延时断开电路

（4）延时接通、延时断开的电路

如图 9 – 16 所示，X400 合上，T450 得电，从设定值 8 s 开始，每隔 0.1 s 减去 0.1 s，8 s 后当前值减为"0"，T450 的常开触点闭合，Y430 得电并自保。X400 由接通变为断开时，T451 得电，经 6 s 后，T451 的常闭触点断开，Y430 失电停车。

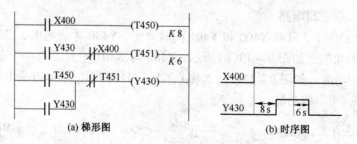

(a) 梯形图　　　　　　　　(b) 时序图

图 9 – 16　延时接通、延时断开电路

（5）长延时电路

如图 9 – 17 所示，X400 接通，T450 开始工作，每 60 s 产生一个脉冲。另用三个计数器

串联工作，C462 每 60 min 产生一个脉冲，4 h 后 C463 的常开触点闭合，经过 4 h 20 min 后，C461 的计数时间到，C461 的常开触点闭合，Y430 线圈得电，达到延时的目的。

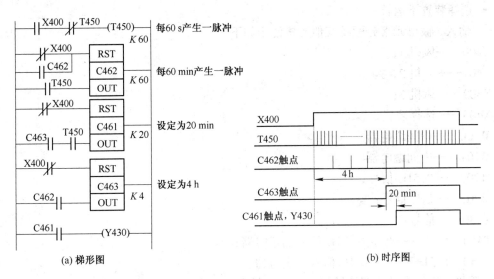

(a) 梯形图 (b) 时序图

图 9 – 17 长延时电路

（6）振荡电路

振荡电路又称闪烁电路，可产生按要求作通断交替变化的时序脉冲。如图 9 – 18 所示，当 X400 合上后，Y430 和 T450 得电；2 s 后 T450 常闭触点断开，Y430 失电。同时 T450 常开触点闭合，T451 得电，2 s 后 T451 的常闭触点断开，T450 的常闭触点复位，Y430 得电，T451 失电复原。

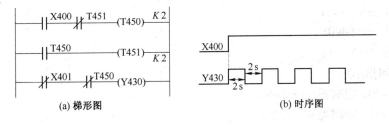

(a) 梯形图 (b) 时序图

图 9 – 18 振荡电路

2. 通风机监示程序设计

控制要求：对操作条件"选择装置"来说，如果 3 个风机中有 2 个在运转，信号灯就持续发光；如果有 1 个风机运转，信号灯就以 0.5 Hz 的频率闪光；如果一个风机也不转，信号灯就以 2 Hz 的频率闪光；如果"选择装置"不运转，信号灯就熄灭。

梯形图设计分析如下。

① 三个条件信号：风机 1、风机 2、风机 3。

② 输出信号 4 种状态及其对应的不同情况（即几种逻辑关系）：

• 3 个风机中有两个在运转——持续发光；

- 只有 1 个风机在运转——0.5 Hz 频率闪光；
- 没有风机在运转——2 Hz 频率闪光；
- 选择装置不运转——熄灭。

③ 输入、输出元素分配及其他元素使用如下：

X400——风机 1；

X401——风机 2；

X402——风机 3；

X403——选择装置；

M100——中间继电器；

M101——中间继电器；

M200——0.5Hz 信号；

M201——2Hz 信号；

Y430——信号灯；

T450，T451——产生 0.5 Hz 信号的定时器；

T650，T651——产生 2 Hz 信号的定时器。

梯形图、语句表及外部接线如图 9 - 19 所示。

3．交通灯控制程序设计

1) 控制要求

十字路口交通灯的控制状态见时序图，如图 9 - 20 所示。设起动按钮为 X400，停止按钮为 X401。开始时东西向为绿灯亮，南北向为红灯亮。

2) 梯形图设计分析

① 输入、输出分配：

起动按钮——X400；

停止按钮——X401。

② 东西向指示灯：

绿——Y430，定时器——T450；

黄——Y431，定时器——T451；

红——Y432，定时器——T452。

③ 南北向指示灯：

红——Y433，定时器——T453；

绿——Y434，定时器——T454；

黄——Y435，定时器——T455。

设计时要注意各指示灯的顺序、自保持及互锁关系。梯形图及外部接线如图 9 - 21 所示。

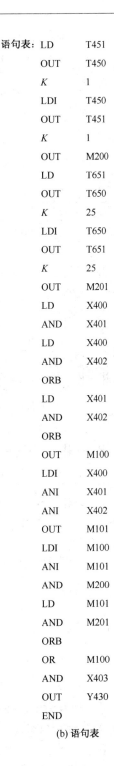

语句表：

LD	T451
OUT	T450
K	1
LDI	T450
OUT	T451
K	1
OUT	M200
LD	T651
OUT	T650
K	25
LDI	T650
OUT	T651
K	25
OUT	M201
LD	X400
AND	X401
LD	X400
AND	X402
ORB	
LD	X401
AND	X402
ORB	
OUT	M100
LDI	X400
ANI	X401
ANI	X402
OUT	M101
LDI	M100
ANI	M101
AND	M200
LD	M101
AND	M201
ORB	
OR	M100
AND	X403
OUT	Y430
END	

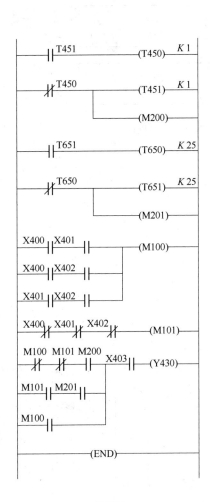

(a) 梯形图

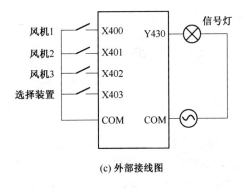

(c) 外部接线图

(b) 语句表

图 9 – 19　通风机监示系统图

图 9-20　交通灯控制状态时序图

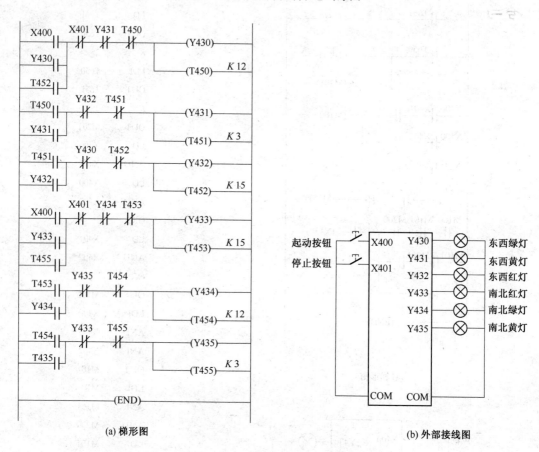

(a) 梯形图　　　　　　　　　　　　　　　(b) 外部接线图

图 9-21　交通灯梯形图及外部接线图

小结

· PLC 是一种专为工业环境下应用而设计的电子系统；它主要由微处理器、输入/输出单元、存储器及各种接口组成，各部分之间通过总线连成一个整体。

· PLC 采用循环扫描的方式进行工作，整个过程分 5 个阶段进行，即自诊断、与编程器等的通信、输入采样、用户程序执行和输出刷新。各个阶段完成不同的任务，周而复始直至停机。

· 通常可以按照输入/输出点数和硬件结构的不同将 PLC 分成不同的类别。由于 PLC 自身的特殊性，使用中主要有 8 个特点。

• PLC 的硬件系统由主机、I/O 扩展机(单元)及外部设备组成。主机和扩展机采用微机的结构形式,其硬件电路由运算器、控制器、存储器、I/O 接口电路、外设接口及电源等部分组成。

• F1 系列 PLC 的编程元件的种类、编号范围及其 20 条基本指令梯形图的编程方法。

• PLC 程序设计时须注意的 8 条梯形图绘制规则。

思考与练习

9 – 1 简述可编程序控制器的简称及定义。

9 – 2 PLC 主要由哪几部分组成?

9 – 3 简述 PLC 的工作原理。

9 – 4 简述 PLC 的特点与应用范围。

9 – 5 梯形图主要有哪几个组成部分? 用梯形图编程时应注意哪些问题?

9 – 6 根据图 9 – 22 所示梯形图写出语句表。

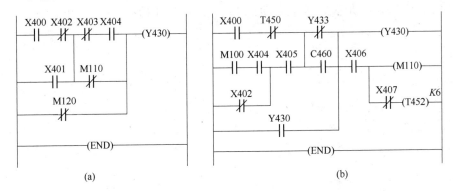

图 9 – 22   题 9 – 6 图

9 – 7 根据图 9 – 23 的语句表作出梯形图。

语句表 1:		语句表 2:					
LD	M200	LD	X400	LD	T450	LD	X401
ORI	X400	ANI	T450	OUT	C461	ANI	X400
LD	X401	OUT	T450	K	5	ORB	
ANI	X402	K	2	LD	M71	OUT	Y431
LD	M315	LD	M71	OR	C463	LD	X400
AND	X403	OR	C463	RST	C463	ANI	C461
ORB		RST	C460	LD	T450	ANI	X402
ANB		LD	T450	OUT	C463	ANI	C463
OR	M101	OUT	C460	K	30	LD	X402
ANI	M102	K	6	LD	X400	ANI	X400
OUT	M105	LD	M71	ANI	C460	ORB	
	END	OR	C463	ANI	X401	OUT	Y432
		RST	C461	ANI	C463		END

图 9 – 23   题 9 – 7 语句表

9-8　主持人用一个开关控制三个抢答桌。当主持人说出题目，谁先按下按钮，谁的桌子上灯即亮；抢答完毕后，主持人按下按钮进入下一轮抢答。三个抢答桌子的按钮是这样安排的：第一个桌子是儿童组，桌上有两只按钮，并联形式；第二个桌子是中学生组，桌上只有一只按钮，一按即亮；第三个桌子是教师组，桌上有两只按钮，串联形式，两按钮同时按下灯才亮。主持人开关处于接通，10 s 之内有人抢答并按钮，电铃响；否则无效。试设计梯形图、语句表，并画出 PLC 的外部硬件接线图。

9-9　用接在 500 输入端的光电开关检测传送带上通过的产品，有产品通过时 X500 = 1，如果在 10 s 内没有产品通过，由 Y430 发出报警信号，用 501 输入端外接的按钮解除报警信号。请画出梯形图并转换成指令表程序。

9-10　利用 PLC 实现下列几项控制要求，分别绘出各自的梯形图：

(1) 电动机 M_1 先启动 10 s 后，M_2 才能启动，M_2 能单独停车；

(2) M_1 启动 50 s 后，M_2 才能启动，M_2 能点动；

(3) M_1 先启动后，经过 10 s 后，M_2 能自动启动；

(4) M_1 先启动后，经过 15 s 后，M_2 能自动启动，当 M_2 启动后，M_1 立即停止；

(5) 启动时，M_1 启动后 M_2 才能启动；停止时，M_2 停止后 M_1 才能停止。

第 10 章　电机与电气控制的实践内容

- **学习目标**　通过实践，巩固所学知识；

　　　　　　利用已学知识，解决简单实践问题；

　　　　　　能在教师帮助下，完成工程实践的综合性课题。

- **学习方法**　实验、实习、设计相结合。

10.1　基本实验

10.1.1　低压电器的认识实验

【实验目的】

掌握常用低压电器的结构、型号、参数，并能正确选用。

【实验内容】

(1) 认识常用低压电器。

(2) 拆装交流接触器。

(3) 拆装热继电器。

【实验仪器和设备】

交流接触器、热继电器、时间继电器、熔断器、闸刀开关、按钮、行程开关、转换开关、自动开关、万用表各一只。

【实验步骤】

(1) 认识常用低压电器。

① 根据实物写出各电器的名称。

② 记录各电器元件的型号，并理解其含义。

(2) 选一交流接触器进行拆卸，认识内部主要零部件，测量并填写表 10 – 1 的数据。

(3) 选一热继电器进行拆卸，认识内部主要零部件，测量并填写表 10 – 2 的数据。

【分析与思考】

如何正确选用交流接触器、热继电器？

10.1.2　电气 CAD 软件应用

【实验目的】

(1) 掌握相关电气 CAD 软件的基本功能。

表 10 – 1　交流接触器的拆卸与测量记录表

型　号		规　格		主要零部件	
				名称	作用
触点数					
主触点	辅助触点	常开触点	常闭触点		
触点电阻(Ω)					
常开触点		常闭触点			
动作前	动作后	动作前	动作后		
电磁线圈					
工作电压(V)		直流电阻(Ω)			

表 10 – 2　热继电器的拆卸与测量记录表

型　号		规　格		主要零部件	
				名称	作用
热元件的电阻值(Ω)					
U 相	V 相		W 相		
整定电流的调整值(A)					

(2) 能熟练运用电气 CAD 软件设计绘制电气原理图、接线图(表)和安装图等。

【实验设备】

计算机及相关软件、打印机等。

【实验内容与步骤】

(1) 熟悉软件的运行环境。

(2) 熟悉软件的基本绘图功能。

(3) 熟悉元件库的调用和扩展。

(4) 绘制一电气原理图(自选)。

(5) 绘制其接线图(表)。

(6) 绘制其安装图。

(7) 根据所绘图纸,进行电气硬件接线、调试。

【分析与思考】

(1) 电气原理图、接线图、安装图各有什么特点和作用?

(2) 可否运用软件进行模拟运行?

(3) 能否对照不同的图,迅速查找电路故障并排除故障?

10.1.3　直流电动机的调速实验

【实验目的】

掌握直流并励电动机的调速方法。

【实验内容】

(1) 改变电枢电压调速：当 $U = U_N$ 和 $I_f = I_{fN} = $ 常数，$T_2 = $ 常数时，测取 $n = f(U_a)$。

(2) 改变励磁电流调速：当 $U = U_N$ 和 $T_2 = $ 常数时，测取 $n = f(I_f)$。

【实验仪器和设备】

直流并励电动机、直流他励发电机、开关、可变电阻器、电阻箱、电压表、电流表、转速表等。

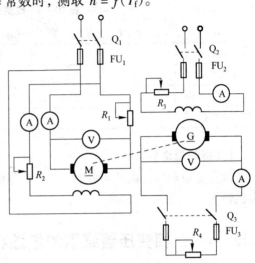

【实验步骤】

实验接线如图 10 – 1 所示。

直流发电机作为直流电动机的负载，电阻箱作为直流发电机的负载。

1. 改变电枢电压调速

在电源电压等于电动机额定电压时，将电枢回路串联的可变电阻器 R_1 调至零，待电动机起动后，电枢电压为额定电压，即 $U_a = U_N$。

图 10 – 1　直流并励电动机实验接线图

(1) 调节电动机励磁电流 I_{f1} 等于额定励磁电流 I_{fN}。

(2) 适当增加电动机的负载，使电动机输入电流 $I \approx 0.5 I_N$。

(3) 记下此时发电机负载电流 I_L。

(4) 在保持电动机的励磁电流 $I_{f1} = I_{fN1}$、发电机负载电流 I_L 不变，发电机的励磁电流 $I_{f2} = I_{fN2}$（即 $T_2 = $ 常数）。

(5) 逐次调节 R_1，以改变电压 U_a，使电动机转速逐次减小，每次测量 U_a，n 和 I；并记录在表 10 – 3 中。

表 10 – 3　改变电枢电压调速记录表

（$I_{f1} = I_{fN1} = $ _____ A，$I_L = $ _____ A，$I_{f2} = I_{fN2} = $ _____ A，$T_2 = $ _____ N·m）

$U_a /$ V				
$n /$ (r/ min)				
$I /$ A				
$I_a /$ A				

2. 改变励磁调速

电源电压保持电动机额定电压时，将电枢回路串联的可变电阻器 R_1 调至零，待电动机起动后，电枢电压为额定电压，即 $U_a = U_N$。

① 适当增加电动机的负载，使电动机输入电流 $I \approx 0.5 I_N$，记下此时发电机负载电流 I_L 和电动机的 n，I 和 I_{f1}。

② 在保持电动机的电枢电压 $U_a = U_N$、发电机负载电流 I_L 不变，发电机的励磁电流 $I_{f2} = I_{fN2}$（即 $T_2 = $ 常数）。

③ 缓慢地减小电动机的励磁电流 I_{f1}，使电动机转速逐渐增加，一直做到 $n = 1.2 n_N$ 为止。每次测量 I_{f1}，n 和 I，并记录在表 10 – 4 中。

表 10 – 4　改变励磁电流调速记录表

（$U = U_N =$ ＿＿＿＿ V，$I_L =$ ＿＿＿＿ A，$I_{f2} = I_{fN2} =$ ＿＿＿＿ A，$T_2 =$ ＿＿＿＿ N·m）

$I_{f1}/$ A					
$n/$ r/ min					
$I/$ A					
$I_a/$ A					

【分析与思考】

做直流电动机的调速实验时，为什么降低电枢电压，电机转速会下降；而减小励磁电流，电机转速会上升？

10.1.4　三相变压器绕组的极性和联接组的测定

【实验目的】

（1）掌握变压器绕组极性测定的方法。

（2）学会用实验方法确定变压器的联接组号。

【实验内容】

（1）测定三相绕组的极性。

（2）把三相变压器联成 Y/ y – 12，并校对之。

（3）把三相变压器联成 Y/ d – 11，并校对之。

【实验设备】

三相心式变压器，调压器，交流电压表，交流电流表，万用表，刀开关。

【实验步骤】

1. 三相变压器的极性测定

（1）首先用万用表 Ω 挡测量哪两个出线端是属于同一绕组，并暂定标记 A – X，B – Y，C – Z 及 a – x，b – y，c – z。

（2）确定每相一、二次侧绕组的极性。将 Y – y 两端头用导线相连，在 B – Y 上加 $(50\% \sim 70\%) U_N$，测量电压 U_{BY}，U_{Bb} 和 U_{by}，若 $U_{Bb} = | U_{BY} - U_{by} |$，则标号正确。若 $U_{Bb} = | U_{BY} + U_{by} |$，则须把 b，y 的标号对调。同理，其他两相也可依此法定出。

（3）测定心式变压器高压边 A，B，C 三相间极性。

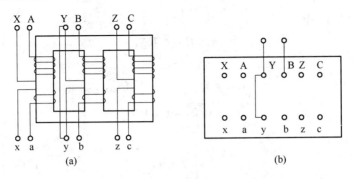

图 10 - 2　一次、二次绕组的极性测定

对于心式变压器，除测定一次侧、二次侧绕组极性外，还应测定三相间的极性，其测定方法为：把心式变压器的 X – Z 两端头用导线相连(如图 10 - 3)，在 B 相加(50% ~ 70%)U_N 的电压，用电压表测 U_{AC}，U_{AX} 和 U_{CZ}。若 $U_{AC} = | U_{AX} - U_{CZ} |$，则标号正确。其标号如图 10 - 3 所示。若 $U_{AC} = | U_{AX} + U_{CZ} |$，则相间标号不正确，应把 A，C 相中任一相的端点标号互换(如将 A，X 换成 X，Z)。同理，可定 A，B 相(或 B，C 相)的相间极性，因而三相的高压绕组相互间的极性可以定出。

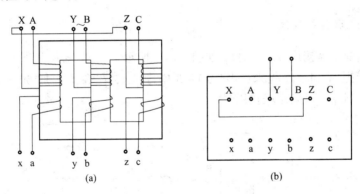

图 10 - 3　高压边三相绕组的极性测定

2．Y/ y - 12 联接组校核

(1) 将三相变压器接成 Y/ y - 12，如图 10 - 4 所示。

(2) 用导线把 A，a 连起来(如图 10 - 4 中虚线)，在高压边加 50% U_N，测量 U_{AB}，U_{ab}，U_{Bb}，U_{Cc} 和 U_{Bc}，可确定联接组号。

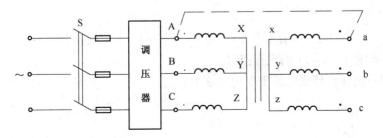

图 10 - 4　Y／ y - 12 联接组

设线电压之比为

$$k = U_{AB} / U_{ab}。$$

校核公式为

$$U_{Bb} = U_{Cc} = (k-1) U_{ab},$$

$$U_{Bc} = \sqrt{k^2 - k + 1}\, U_{ab};$$

则

$$\frac{U_{Bc}}{U_{Bb}} > 1。$$

于是,可确定 Y/ y – 12 的联接组号。

(3) 将测量值和校核值记录于表 10 – 5 中。

表 10 – 5　Y/ y – 12 联接组记录表

测　量　值					校　核　值		
U_{AB}	U_{ab}	U_{Bb}	U_{Cc}	U_{Bc}	U_{Bb}	U_{Cc}	U_{Bc}

3．Y/ d – 11 联接组校核

(1) 将三相变压器接成 Y/ d – 11,如图 10 – 5 所示。

(2) 用导线把 A 和 a 连起来(如图 10 – 5 中虚线),在高压边加 50% U_N,测量 U_{AB}, U_{ab},U_{Bb},U_{Cc},U_{Bc},可确定联接组号。

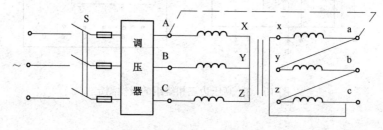

图 10 – 5　Y/ d – 11 联接组

设线电压之比为

$$k = \frac{U_{AB}}{U_{ab}}。$$

校核公式为

$$U_{Bb} = U_{Cc} = U_{Bc} = \sqrt{k^2 - \sqrt{3}\,k + 1}\, U_{ab}。$$

于是,可确定 Y/ d – 11 的联接组号。

(3) 将测量值和校核值记录于表 10 – 6 中。

表 10 – 6　Y/ d – 12 联接组记录表

测　量　值					校　核　值		
U_{AB}	U_{ab}	U_{Bb}	U_{Cc}	U_{Bc}	U_{Bb}	U_{Cc}	U_{Bc}

注意：

(1) 外加电压不应过低，以免读数误差过大，同时要注意测量电压不要超过电压表的量程；

(2) 调压器的输入和输出不能接错，当调压器输出电压为零时合闸；

(3) 操作和测量时勿接触变压器的各端头的带电部分，以免发生触电危险。

【分析与思考】

(1) 在测定三相变压器的联接组别时，为何要把一次、二次侧的一个端头连接起来？

(2) 三相变压器的极性确定后，是否可以说其联接组别已定？若三相变压器的高、低压侧连接方式已定，是否其联接组别已定？

10.1.5　变压器的运行试验

【实验目的】

通过变压器空载、短路及负载实验，确定变压器的参数及运行特性。

【实验内容】

(1) 测取空载特性。$I_0 = f(U_0)$，$P_0 = f(U_0)$。

(2) 测取短路特性。$I_{sh} = f(U_{sh})$，$P_{sh} = f(U_{sh})$。

(3) 负载实验。在 $U_1 = U_{1N}$，$\cos\varphi_2 = 1$ 的条件下，测取 $U_0 = f(I_2)$。

【实验设备】

单相变压器，单相调压器，交流电压表，交流电流表，低功率因数瓦特表，万用表，刀开关。

【实验步骤】

1. 空载实验

为了便于测试与安全，变压器空载实验一般都在低压侧施加电压实验，高压侧开路。实验线路如图 10 – 6 所示。中小型电力变压器空载电流 I_0 近似等于 $(4\% \sim 16\%)I_{1N}$，依次选择电流表与瓦特表的电流量程。变压器空载运行时功率因数甚低，一般在 0.2 以下，应选择低功率因数瓦特表测量功率，以减少功率测量误差。

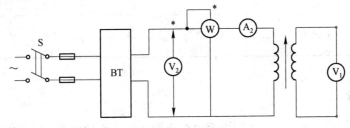

图 10 – 6　变压器的空载实验接线图

实验一般在调压器 BT 调置于输出电压为最小的位置时闭合开关 S, 接上电源。先调节电压 $U_0 = (1.1 \sim 1.2)U_{1N}$, 然后逐次降低至 $0.5U_N$, 每次测量空载电压 U_0、电流 I_0、空载损耗 P_0, 在 $(1.2 \sim 0.5)U_N$ 范围内, 共取读数 $6 \sim 7$ 组 (包括 $U_0 = U_{1N}$ 点, 在该点附近测点应较密), 记录于表 10-7 中。

表 10-7　变压器的空载实验记录表

实 验 数 据			计 算 数 据			
U_0/V	I_0/A	P_0/W	Z_m/Ω	x_m/Ω	r_m/Ω	$\cos\varphi_2$

2. 短路实验

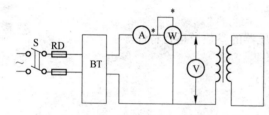

图 10-7　变压器的短路实验接线图

为了便于测试与安全, 变压器短路实验一般都在高压侧通过调压器接至电源, 而低压侧短路。实验线路如图 10-7 所示。中小型电力变压器短路电压数值约为 $(3\% \sim 8\%)U_N$, 依次选择电压表的量程。依据额定电流选择电流表的量程。瓦特表要根据上述电压和电流来选择量程。

为了避免过大的短路电流, 接通电源前, 必须将调压器调至输出电压为零的位置, 然后闭合开关 S, 缓慢地增加电压使短路电流升至 $1.1I_N$, 迅速读取短路功率 P_{sh}、短路电压 U_{sh} 及短路电流 I_{sh} 并记入表内。然后, 降低调压器输出电压, 在 $(1.1 \sim 0.5)I_N$ 范围内, 分别测量短路功率 P_{sh}、短路电压 U_{sh} 及短路电流 I_{sh}, 共取读数 $4 \sim 5$ 组 (包括 $I_{sh} = I_N$), 记录于表 10-8 中。本实验应尽快进行, 否则线圈发热, 线圈电阻增大。测量变压器的周围环境温度作为实验时线圈的实际温度。实验数据记录于表 10-8 中。

表 10-8　变压器的短路实验记录表

实 验 数 据			计 算 数 据							
			室　温			换算到 75℃				
I_{sh}/A	U_{sh}/V	P_{sh}/W	Z_{sh}/Ω	X_{sh}/Ω	r_{sh}/Ω	$Z_{sh75°}/\Omega$	$r_{sh75°}/\Omega$	$P_{sh75°}/W$	$U_{sh75°}/V$	$\cos\varphi_{75°}$

3. 负载实验

如图 10-8 所示, 变压器一次侧线圈经调压器、开关 S_1 接电源, 二次侧线圈经开关 S_2 接负载,负载为可变电阻 R_f。先将负载电阻值调至最大,然后闭合开关 S_1,调节外施电压使 $U_1 = U_{1N}$,闭合开关 K_2 后,保持 $U_1 = U_{1N}$ 不变,逐次减少负载电阻,增加负载电流,在输出电流从零($I_2 = 0$, $U_2 = U_{20}$)至额定值范围内,测量输出电流 I_2 和电压 U_2,共取读数 5~6 组(包括 $I_2 = I_{2N}$ 点),并记录于表 10 – 9 中。

表 10 – 9　变压器的负载实验记录表

实 验 数 据		计算数据(在 $U_1 = U_{1N}$, $\cos\varphi_2 = 1$ 下)	
U_2/ V	I_2/ A	电压变化率	η

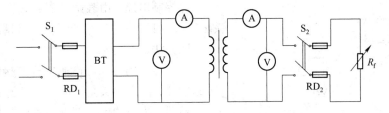

图 10 – 8　变压器的负载实验接线图

注意:

(1) 调压器的输入端接电源,输出端接变压器,绝对不可用反。

(2) 本次实验所用仪表较多,量程也不一样,不能用错。

(3) 瓦特表的接线要注意同极性端,空载实验要用低功率因数瓦特表。

(4) 空载与短路实验中仪表的布置要按图上所示,以免增加误差。

(5) 合刀闸 S 前应使调压器 BT 的输出电压为零,否则可能有较大的合闸冲击电流。

(6) 在曲线的弯曲部分和接近额定值的部分要多取几点。

(7) 短路实验进行时间不宜过长,以免引起温升对电机的影响。注意记录室温。

【分析与思考】

(1) 做空载和短路实验时,仪表的布置有何不同?

(2) 根据实验数据,计算变压器的参数。

(3) 变压器短路电压的大小,对变压器哪些性能有影响?怎样影响简述之。

10.1.6　异步电动机典型控制的接线实验

实验 10 – 1　三相异步电动机点动、连动控制

【实验目的】

(1) 熟悉交流接触器、热继电器、按钮等电器元件的结构、工作原理、型号规格、使用方法,理解它们在控制电路中的作用。

(2) 掌握三相异步电动机单相起动、停止的工作原理、接线方法。

(3) 掌握"自锁"的设计方法和作用。

【实验内容】

（1）看懂实验用的电路图，理解其工作原理。

（2）认识各种元器件的结构和使用方法。

（3）学会"自锁"的设计和作用。

【实验仪器和设备】

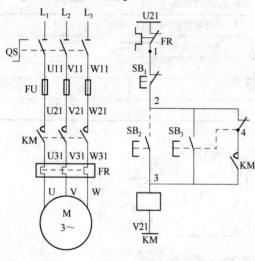

图 10-9　点动、连动控制电路图

三相鼠笼式异步电动机一台，交流接触器、热继电器、停止按钮、起动按钮、电源开关、万用表各 1 只，熔断器 3 只，电工工具及导线。

【实验步骤】

按图 10-9 接好实验线路。（也可自行设计控制电路，由教师负责检查）

（1）检查各电器元件质量情况，了解其使用方法。

（2）用万用表欧姆挡检查接触器、按钮的常开、常闭触头是否闭合或断开；用手动按接触器、按钮的可动部件，察看是否灵活。

（3）按电路原理图正确连接线路，先接主电路，后接辅助电路。

（4）自己检查线路无误后，请老师认可，然后通电试验。

（5）操作起动按钮和停止按钮观察电动机的运行情况。如发现故障应立即断开电源，分析原因，排除故障后再送电实验。

（6）观察 FR 动作对线路的影响（可手动断开触点试验）。

注意：

（1）元件摆放时应按照一定次序集中摆放，并且元器件之间留有适当间隔。另外元件的布置应讲究美观、对称，并遵循便于操作、观察、测量、分析等原则。

（2）接线要紧固，不能有裸露的线头在外。

（3）故障检查一定要在断电情况下进行，若必须通电检查，则注意安全问题。

（4）操作过程严格遵守实验规则，注意安全问题。

【分析与思考】

（1）根据给定的电动机铭牌参数，如何选择接触器、热继电器、熔断器等低压电器的类型？

（2）三相异步电动机点动、连动控制有何不同？什么是"自锁"？

（3）在实验中，一接通电源，未按起动按钮，电动机就立即起动旋转，是何原因？按下停止按钮，电动机不能停车又是何原因？

（4）若电动机不能实现连续运行，可能的故障是什么？

（5）若自锁常开触头错接成常闭触头，会发生怎样的现象？

（6）线路中已用了热继电器，为什么还要装熔断器？是否重复？

实验 10-2　三相异步电动机的正、反转控制

【实验目的】

（1）掌握三相异步电动机正、反转控制电路的连接和操作。

（2）理解三相异步电动机的正、反转控制的工作原理。

（3）掌握"互锁"的设计方法和作用。

【实验内容】

（1）掌握三相异步电动机实现正、反转的方法。

（2）掌握电路中所采取的保护措施。

【实验仪器和设备】

三相鼠笼式异步电动机一台，电源开关、热继电器、熔断器，交流接触器、控制按钮各两只，电工工具及导线。

【实验步骤】

按图 10－10 连接实验线路。（也可自行设计控制线路，请教师检查）。

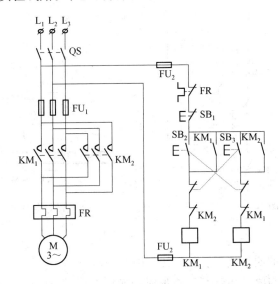

图 10－10　三相异步电动机正反转控制线路

（1）检查电器元件的质量情况，了解其使用方法。

（2）按图 10－10 接线，请老师核实后通电试验。

（3）先后操作起动按钮 SB_2、反转起动按钮 SB_3，观察电动机转向，是否相反。

（4）重复操作，观察并分析控制电路是如何实现电动机可逆运行的。

【分析与思考】

（1）本实验电路中共有哪些保护环节？由什么电器元件来实现的？

（2）电路中采用了复合按钮，为什么还要采用由接触器辅助常闭触头组成的互锁环节？

（3）实验中如发现按下正（或反）转按钮，电动机转向不变，试分析其原因。

（4）当电动机正转时，按下反转按钮但没有按到底，会出现什么现象？

实验 10－3　鼠笼式异步电动机 Y－△降压起动控制

【实验目的】

（1）掌握鼠笼式异步电动机的 Y－△降压起动控制电路的连接和操作。

（2）理解鼠笼式异步电动机的 Y – △降压起动控制电路的工作原理。

（3）了解时间继电器的结构、原理及使用方法。

【实验内容】

笼型异步电动机 Y – △降压起动。

【实验仪器和设备】

三相鼠笼式异步电动机一台，电源开关、热继电器、熔断器，交流接触器三只，控制按钮两只，电工工具及导线。

按图 10 – 11 接好实验线路。（也可自行设计控制线路，请教师检查）

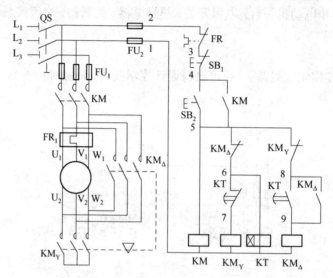

图 10 – 11　三相异步电动机 Y – △降压起动控制线路

【实验步骤】

（1）检查电器元件的质量情况，了解其使用方法。

（2）检查电源电压与电动机运行于△形时的额定电压是否匹配，否则要在电源引出端接入变压器。

（3）按电路原理图正确连接线路，先接主电路，后接辅助电路。

（4）检查线路，尤其要注意延时通断的触点是否正确，延时长短是否合适。

（5）检查无误后，请老师认可，然后通电试验。重复操作，观察并分析控制电路如何实现电动机可逆运行的。

（6）通电运行时，按下起动按钮 SB₂，观察接触器动作顺序及电动机运行情况。

（7）调节时间继电器的延时，观察电动机的起动过程变化。

【分析与思考】

（1）分析 Y – △降压起动控制电路的控制原理？什么情况下使用该起动方法？

（2）时间继电器在电路中的作用是什么？设计一个断电延时继电器控制 Y – △降压起动的控制电路。

（3）若电动机起动结束后不能完成自动切换，始终处于低速状态，是何原因？

（4）在通电运行、动作无误的电路上，设置故障，观察故障现象并记录于表 10 – 10 中。

表 10 - 10　Y - △降压起动故障实验记录表

故障设置元件	故 障 点	故 障 现 象
接触器 KM	线圈端子接触松脱	
接触器 KM	自锁触点开路	
接触器 KM$_Y$	互锁触点开路	
接触器 KM$_Y$	一相触点不能接触	
接触器 KM$_△$	自锁触点开路	

(5) 实验中曾发生什么故障? 为什么? 是如何排除的?

10.1.7　单相异步电动机的运行试验

【实验目的】
掌握单相异步电动机的起动、调速与反转方法。

【实验内容】
(1) 测定定子绕组电阻,确定绕组的作用。
(2) 单相异步电动机的起动原理和起动方法。
(3) 单相异步电动机的调速方法和反转原理。

【实验仪器和设备】
单相异步电动机、电容器、万用表、电抗器、开关等。

【实验步骤】

1. 定子绕组直流电阻的测定

用万用表电阻挡测定绕组电阻。定子绕组有四个引线端 1,2,3,4,先判断一套绕组的两端头,然后测取它们的电阻值记在表 10 - 11 中。若定子绕组仅引出三个线端头,分别测取两端间电阻。最后判断出工作绕组和起动绕组。

表 10 - 11　绕组电阻值

1 - 2	2 - 3	1 - 3	工作绕组 A	起动绕组 B

2. 单相异步电动机起动方法

1) 磁场性质的判断
观察外施电压于电机主绕组(工作绕组)或主、副(起动)绕组并联端,电机是否转动? 绕组中电流是否变化? 记录并分析之。

2) 起动方法
电容分相并串接电容,使两绕组电流具有较大相位差,产生旋转磁场。如图 7 - 5 所示,合上开关 K,起动瞬间观察记录绕组中电流变化。切断分相时,记录电流变化。见表 10 - 12。

表 10 - 12   起动时电流记录表

	$C/\mu F$	$I_{A(st)}$	$I_{B(st)}$	I_A	I_B	I_A(切断 B)
电容分相						

3）调速方法

在电源和绕组间接入电抗器(或自耦变压器)，从而改变加到绕组上的电压，达到调速的目的。将情况记录在表 10 - 13 中。

表 10 - 13   调速情况记录表

U/V			
$n/(r/min)$			

4）反转方法

将两绕组中任一绕组与电源的接线端对调一下即可。注意不可将两绕组同时反接。

【分析与思考】

在实验中还可设计其他电路来实现单相异步电动机的调速，请读者自行练习。

10.1.8   可编程序控制器实现电动机典型控制(Y - △起动)

【实验目的】

(1) 学习观察可编程序控制器应用中若干问题的处理方法。

(2) 学会可编程序控制器应用系统的设计步骤、内容。

(3) 掌握可编程序控制器控制系统的安装方法。

(4) 通过实验，提高分析、解决问题的能力。

【实验内容】

控制要求：按下正向启动按钮 SB_2，KM_1 和 KM_4 闭合(Y 形起动)，经 10 s 后，KM_4 断开，KM_3 闭合，实现正向△形运行，按下反向启动按钮 SB_3，KM_2 和 KM_4 闭合(Y 形起动)，经 10 s 后，KM_4 断开，KM_3 闭合，实现正向△形运行，按停止按钮 SB_1，电动机 M 停止运行。

【实验仪器和设备】

(1) 工具：万用表、钢丝钳、螺丝刀、剥线钳等。

(2) 器材：F1 - 40MR 控制器及 F1 - 20P 编程器一套、熔断器、交流接触器、组合开关、热继电器、按钮、连接导线等。

【实验步骤】

(1) 熟悉小型 F1 系列可编程序控制器的应用系统的设计步骤、内容及控制系统的安装方法。

(2) 根据控制要求作出输入/输出量的分配表，绘出控制系统的电路连接图。

(3) 根据输入/输出量分配表、控制系统的电路图进行安装连接。

(4) 根据控制要求编写控制程序。

(5) 进行调试，直到符合控制要求。

【分析与思考】

(1) 若电动机 M 直接由正向运行转入反向运行(不用停止按钮),程序如何改动?

(2) 结合实验过程和结果写出实验报告。

10.2　三相异步电动机的基本拆装实习

三相异步电动机的拆装是电动机检查、清洗、修理的必要步骤,如果拆卸不当,就会把零部件及装配位置弄错,给使用造成困难。因此,电动机的拆装训练十分必要。

【训练目的】

(1) 三相鼠笼式异步电动机各部分的结构。

(2) 熟练掌握电动机的拆卸、清洗和组装技能。

【训练内容】

(1) 小型异步电动机的拆装工艺。

(2) 相关工具及仪表的使用。

(3) 故障的检查与维修。

【仪器和设备】

万用表、兆欧表、钳形电流表、三相鼠笼式异步电动机、撬棍、拉具、厚木板、划线板、绕线机、竹签、纱带、铜线、绝缘材料等。

【训练步骤】

10.2.1　异步电动机的拆卸

在拆卸前,应准备好各种工具,作好拆卸前记录和检查工作,在线头、端盖、刷握等处做好标记,以便于修复后的装配。中小型异步电动机的拆卸步骤如图 10 – 12 所示。

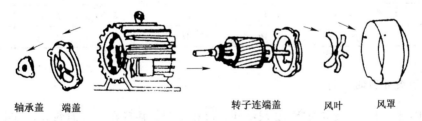

轴承盖　端盖　　　　　　　　　　转子连端盖　　风叶　　风罩

图 10 – 12　小型异步电动机的拆卸步骤

(1) 拆除电动机的所有引线。

(2) 拆卸皮带轮或联轴器,先将皮带轮或联轴器上的固定螺丝钉或销子松脱或取下,再用专用工具"拉马"转动丝杠,把皮带轮或联轴器慢慢拉出。

(3) 拆卸风扇或风罩。拆卸皮带轮后,就可把风罩卸下来。然后取下风扇上定位螺栓,用锤子轻敲风扇四周,旋卸下来或从轴上顺槽拔出,卸下风扇。

(4) 拆卸轴承盖和端盖。一般小型电动机都只拆风扇一侧的端盖。

(5) 抽出转子。对于鼠笼型转子,可直接从定子腔中抽出即可。一般电动机,都可依照上述方法和步骤，由外到内顺序地拆卸，对于有特殊结构的电机来说，应依具体情况酌情处理。

当电动机容量很小或电动机端盖与机座配合很紧不易拆下时，可用榔头(或在轴的前端垫上硬木块)敲，使后端盖与机座脱离，把后端盖连同转子一同抽出机座。

10.2.2　电动机的装配

电动机的装配工序大体与拆卸顺序相反，装配时要注意各部分零部件的清洁，定子内绕组端部，转子表面都要吹刷干净，不能有杂物。

（1）定子部分。这主要是定子绕组的绕制、嵌放、连接等程序。详细内容见下面例 10 - 1。

（2）安放转子。安放转子要特别小心，以免碰伤定子绕组。

（3）加装端盖。装端盖时，可用木锤均匀敲击端盖四周，按对角线均匀对称地轮番拧紧螺钉，不要一次拧到底。端盖固定后，用手转动电动机的转子，应灵活、均匀、无停滞或偏轴现象。

（4）装风扇和风罩。

（5）接好引线，按好线盒及铭牌。

下面以三相异步电动机定子绕组嵌线工艺为例进行讲解。

例 10 - 1　有一台三相异步电动机，$Z_1 = 24$ 槽，$2p = 4$，每槽匝数为 100，单层，60°相带，跨距采用短距式，$y = 5$。从以上已知条件可知 $q = 2$，$m = 3$，$\alpha = 30°$。

1．槽号分配

按相带顺序列出各相所属槽号。见表 10 - 14。

表 10 - 14　定子槽分配表

相　　序	U_1	W_2	V_1	U_2	W_1	V_2
N_1，S_1	1，2	3，4	5，6	7，8	9，10	11，12
N_2，S_2	13，14	15，16	17，18	19，20	21，22	23，24

2．绕组展开图的绘制

由图 4 - 17 可见，该电机需 12 只绕组，每相 4 只，并且在接线时每相绕组按尾与尾相连、头与头相连的原则接线。

3．绕制线圈

1）制作绕线模　定子线圈是在绕线模上绕制而成的。绕线模由心板和上下夹板组成，经模直径的尺寸根据电动机的型号，可以在电工手册等有关技术资料中查到，也可以从拆下完整绕组中，取其中最小的一匝，参考它的形状及周长作为作模尺寸。线模制作后，应先绕一联线组试嵌。

2）线圈绕制　首先要仔细检查电磁线牌号、规格、绝缘厚度公差是否符号规定；检查绕线机运行情况是否良好，要放好绕线模，调好计圈器。然后在绕线模上放好卡紧布带，将引线排在右手边，然后由右边向左边开始绕线。注意绕制时要用毛毡浸石蜡的压板将电磁线夹紧，绕线时拉力要适当，导线排列要整齐，避免交叉混乱；匝数要准确；同时，必须保护导线的绝缘不受损坏。最后，检查绕制好的线圈的尺寸、匝数，并用布带将两个直线边扎紧，以免松散。

4．嵌线工艺

该电机嵌线时，须按一定次序依次嵌入。嵌线中称最初安放的两个线圈为起把线圈，要求隔槽放置，当嵌绕组的另一边时，我们称其为覆槽，嵌线前，将绕组三等份放好，依次为 U，W，V 三相。嵌线次序如下。

① 选好第一槽位置，嵌 U 相一只绕组的一条有效边，另一有效边暂时不嵌，此过程简称为嵌 U_1 槽。

② 隔一槽，即在第三槽，嵌 W 相绕组的一条边，另一边暂不嵌，称为嵌 W_3 槽。

③ 再隔一槽，即在第五槽，嵌 V 相绕组的一条边，即 V_5 槽，然后将另一边覆入 24 槽；称为嵌 V_5 槽，覆 24 槽。

④ 接着嵌线次序为：嵌 U_7 槽—覆入 2 槽，嵌 W_9 槽—覆入 4 槽，嵌 V_{11} 槽—覆入 6 槽，嵌 U_{13} 槽—覆入 8 槽，嵌 W_{15}—覆入 10 槽，嵌 V_{17} 槽—覆入 12 槽，嵌 U_{19} 槽—覆入 14 槽，嵌 W_{21} 槽—覆入 16 槽，嵌 V_{23} 槽—覆 18 槽，最后将开头两只起把线圈的另一条有效边分别进行覆槽，将 U_1 绕组覆入 20 槽，将 W_3 绕组覆入 22 槽，这样，嵌线即告完毕。

嵌线时须注意：绕组端部引线须放在一侧，同时边嵌线边放好相绝缘。

5．封槽口

嵌线完毕后，把高出槽口的绝缘材料齐槽口剪平，把线压实，穿入盖槽纸，从一端把槽楔打入。槽楔比槽绝缘短 3 mm，厚度不小于 2.5 mm，其厚度以进槽后松紧适当为准。

6．整形接线

先将定子绕组端部整好形，然后按尾尾相接、首首相接的原则接好，最后留出 6 根引线。

7．绕组的绝缘浸漆与烘干处理

电机嵌完线后，为保证质量，须进行浸漆烘干处理。其主要作用是提高防潮能力，增强电气绝缘强度。因绝缘漆的热传导能力比空气大得多，浸漆增加绕组的散热效果。增加了绕组的机械强度。

10.2.3　装配后的检查

（1）检查机械部分的装配质量。包括所有紧固螺钉是否拧紧，转子转动是否灵活，无扫膛、无松旷；轴承是否有杂声等。

（2）测量绕组的绝缘电阻。检测三相绕组每相对地的绝缘电阻和相间绝缘电阻，其阻值不得小于 0.5 MΩ。

（3）按铭牌要求接好电源线，在机壳上接好保护接地线，接通电源，用钳形电流表检测三相空载电流，看是否符合允许值。

（4）电动机温升是否正常，运转中有无异响。

【分析与思考】

（1）三相异步电动机主要有哪几部分构成，各起什么作用？

（2）拆卸轴承有哪些方法？拆卸时应注意什么？

（3）装配的顺序与拆卸的顺序有什么关系？

（4）如何判别定子绕组的极性？

（5）组装结束后，应如何进行检验？

（6）如何使用摇表测量电机的绝缘电阻？

10.3 综合设计

10.3.1 低压电器控制设计

【设计目的】

（1）掌握电气控制的设计方法、安装过程、资料整理和电气绘图软件的使用方法。

（2）培养从事设计工作的整体观念及工程应用能力，增强工作适应能力。

【设计要求】

（1）根据工艺要求设计电气控制线路，计算并选择电器元件。尽可能有创新设计，选用较为先进的电气元件。

（2）严格按照国家电气制图标准绘制相关图纸。选用合适的电气 CAD 制图软件，制作电气设备的成套图纸与文件，以满足现代化电气工程的需要。

（3）按照电控柜的尺寸，布置并安装电器元件与控制线路。

（4）进行电气控制线路的通电调试，排除故障，完成设计任务。

【设计任务】

（1）设计电气控制线路，选择电器元件，绘制相关图纸，制定元件明细表。

（2）用电气 CAD 制图软件制作设备的电气成套图纸与文件。

（3）安装电器元件与控制线路。

（4）通电调试电气控制线路。

（5）写课程设计报告，内容包含课程设计的目的、任务、设计过程说明、设备使用说明书和设计小结，列出参考资料目录。

【设计步骤】

（1）根据设计内容制定工作进度计划，确定人员分工，明确各阶段各人应完成的工作，妥善安排时间。

（2）根据设计任务书分析所要设计的电气设备的工艺要求，寻求最佳设计方案。

（3）设计电气控制线路，尽可能有所创新，选用最新最先进的电气元件，不必拘泥于一般设计原则。按国家电气制图标准绘制电气原理图，同时学习一种电气 CAD 软件的使用。

（4）计算并选择电器元件的规格和数量，列出元件明细表的电器元件部分。

（5）根据设计方案采购电器元件，并根据市场行情及时调整元器件型号。在满足设计要求前提下，兼顾设计方案的可行性。

（6）绘制电器板元件布置图、电器板接线图，控制面板布置图、控制面板接线图，互连接线图。

（7）按照电控柜的尺寸，布置、安装电器元件，连接控制线路。列出元件明细表的电控柜安装元器件部分。同时用电气 CAD 软件制作电气设备的成套图纸与文件，随时注意将结果保存到软盘上。设计方案通过调试验收后，再将其打印出来。

（8）通电前必须进行安全检查和电气控制线路检查。

（9）通电调试控制线路，依次排除设计方案、接线中的错误和电器元件故障。

（10）整理设计文件、图纸、资料，写出课程设计报告。

（11）总结设计过程中的问题，研究思考题，准备参加答辩。

【分析与思考】

（1）电气控制电路设计的原则和方法是什么？

（2）低压电器选择的原则和方法是什么？

（3）确定设计方案时遇到的问题及解决方法。

（4）软件设计的方法是什么？如何解决模拟运行问题？

（5）可否用 PLC 代替现有的设计方法？

10.3.2　电梯的控制设计

【设计目的】

（1）了解一般电气控制设计过程、设计要求，应完成的工作内容和具体设计方法。

（2）熟练掌握 PLC 的基本指令、功能指令的综合应用。

（3）掌握 PLC 与外围控制电路的实际接线方法。

（4）掌握 PLC 程序的运行方法及编程元件、应用程序的监视方法。

（5）掌握随机逻辑程序的设计方法。

【设计要求】

1．电梯上行设计要求

（1）当电梯停于 1 楼(1F)或 2F，3F 时，4F 呼叫，则上行，到 4F 碰行程开关后停止。

（2）电梯停于 1F 或 2F，3F 呼叫时，则上行，到 3F 行程开关控制停止。

（3）电梯停于 1F，2F 呼叫，则上行，到 2F 行程开关控制停止。

（4）电梯停于 1F，2F 和 3F 同时呼叫，电梯上行到 2F，停 5 s，继续上行到 3F 停止。

（5）电梯停于 1F，3F 和 4F 同时呼叫，电梯上行到 3F，停 5 s，继续上行到 4F 停止。

（6）电梯停于 1F，2F 和 4F 同时呼叫，电梯上行到 2F，停 5 s，继续上行到 4F 停止。

（7）电梯停于 1F，2F 和 3F 及 4F 同时呼叫，电梯上行到 2F，停 5 s，继续上行到 3F，停 5 s，继续上行到 4F 停止。

（8）电梯停于 2F，3F 和 4F 同时呼叫，电梯上行到 3F，停 5 s，继续上行到 4 停止。

2．电梯下行要求

（1）电梯停于 4F 或 3F 或 2F，1F 呼叫，电梯下行到 1F 停止。

（2）电梯停于 4F 或 3F，2F 呼叫，电梯下行到 2F 停止。

（3）电梯停于 4F，3F 呼叫，电梯下行到 3F 停止。

（4）电梯停于 4F，3F 和 2F 同时呼叫，电梯下行到 3F，停 5 s，继续下行到 2F 停止。

（5）电梯停于 4F，3F 和 1F 同时呼叫，电梯下行到 3F，停 5 s，继续下行到 1F 停止。

（6）电梯停于 4F，2F 和 1F 同时呼叫，电梯下行到 2F，停 5 s，继续下行到 1F 停止。

（7）电梯停于 4F，3F 和 2F 及 1F 同时呼叫，电梯下行到 3F，停 5 s，继续下行到 2F，停 5 s，继续下行到 1F 停止。

3．运行时间要求

各楼层运行时间应在 15s 以内，否则认为有故障。

4．显示要求

电梯停于某一层，数码管应显示该层的楼层数。

5．标志灯要求

电梯上、下行时，相应的标志灯亮。

【设计任务】

（1）绘制电梯模拟控制板示意图。

（2）绘制 PLC 的硬件接线图、控制系统的梯形图（语句表）。

（3）设计说明书一份，包括以下内容：

① 控制系统控制任务总体方案的分析；

② PLC 机型、输入输出设备的选择及说明；

③ 控制系统的外部输入/ 输出接线的说明；

④ 控制系统梯形图的绘制说明。

【设计步骤】

（1）详细分析被控对象，控制过程与要求，熟悉工艺流程，列出该控制系统的全部功能和要求，制定控制方案。

（2）根据被控对象对 PLC 控制系统的技术指标和要求，确定用户所需的输入输出设备，据此确定 PLC 的 I/ O 点数。

（3）PLC 机型及输入输出设备的选择。

（4）列出输入输出设备与 PLC 的 I/ O 端子的对照表。

（5）设计 PLC 应用系统电气图纸。

（6）绘制程序流程框图，以编程指令为基础，画出程序梯形图，编写程序注释。

（7）根据电气接线图安装接线，将程序送入 PLC 的用户程序存储器，进行总调试及运行。

（8）编写设计说明书。

【分析与思考】

若电梯内设有内呼开关，当电梯启动后，首先在一层，有呼叫则电梯上升，上升过程只响应大于等于当前楼层的内呼信号和上升外呼信号，且记忆其他信号，并到达内呼楼层和上升的外呼楼层停止，且消除该楼层的内呼信号。此后若无其他楼层内外呼叫信号(含记忆信号)，则停于此楼层，若有则继续运行。到达四楼后，有其他楼层内外呼信号则电梯下降，下降过程只响应小于等于当前楼层的内呼信号和下降外呼信号，记忆其他信号并在内呼楼层和下降外呼楼层停止。此后若无内外呼信号(含记忆信号)，则停于此楼层，若有则继续运行。到达一楼后，又重新开始上述循环。试分析和编制控制程序。

《电机与电气控制》专业名词中英文对照

安全计：amperemeter

安全阀：relief valve, safety valve

安全工作条件：safety working conditions

安全开关：safety switch

安全离合器：safety clutch

安全载荷：safety load

按钮：pushbutton

按钮控制：pushbutton control

按钮开关：pushbutton switch

扳手：spanner

半导体：semiconductor

保持低速：keep low speed

保持稳定：keep steady

保险丝：fuse

比率：ratio

闭合时间：closing time

闭合电路：closed circuit

并联：parallel

变极多速电动机：pole-changing multi-speed motor

变极绕组：chang-pole winding

变量：variable

变频：frequency conversion

变速：change speed

变压器：transformer

并串联电路 parallel-series circuit

并励：shunt

并励电动机：shunt wound motor

并励发电机：shunt excited generator

并励绕组：parallel connexion magnetized winding

不同步：pulling out

不同相：out of phase

步进伺服电机：step-servo-motor

部件图：part drawing

插座：electric outlet

磁场：magnetic field

磁极：magnetic pole

磁滞损耗：hysteresis loss

磁畴：domain

磁导率：permeability

磁动势：magnetomotive force(m.m.f.)

磁通：magnetic flux

磁轭：magnetic yoke

磁耦合：magnetic coupling

常闭：normally closed

常闭触点：normally closed contact

常开：normally open

常开触点：normally open contact

槽：slot

超载能力：overload capacity

测电笔：test pencil

测量：measurement

测量仪表：measuring instrument

测量误差：measuring error

测速发电机：tachometer generator

程控：programme control

程序：programme

程序控制装置：programme controller

程序设计：programming

程序循环：program loop

程序语句：program statement

充电：charging

充电时间：charge period

充电时间常数：charge time-constant

充放电路：charge-discharge circuit

充电电流：charging current

传动系统：drive system

传送功率：transmission power

串联电路：series circuit

粗调：rough adjustment

抽头：tap

存储：memory

存取方法：access method

存取方式：access mode

单鼠笼绕组：single squirrel cage winding

单双层绕组：single and two-loayer winding

单相电机：single-phase machine

单相功率表：single-phase wattmeter

单相电容运转异步电动机：permanent split capacity motor

刀开关：chopper switch

导体：conductor

低电压：low voltage

地址寄存器：address register

地址计数器：location counter

地址总线：address bus

电表：electric meter

电磁线：magnetic wire

电磁感应：electromagnetic induction

电磁吸盘：electromagnetic chuck

电动机：motor

电动机的输入功率年：input of motor

电动机的输出功率：output of motor

电动机额定输入：rated input of motor

电动机相序：phase sequence of motor

电感：inductor

电缆：cable

电流：current

电路保护设备：circuit-protective equipment

电气：electric

电气系统：electrical system

电气信号：electrical signal

电容：capacitance

电容起动及运行电动机：capacitor start

and run motor

电容器：capacitor

电枢：armature

电枢铁心：armature iron

电枢线圈：armature coil

电枢反应：armature reaction

电刷装置：brushgear, brush rigging

电刷火花：brush sparking

电刷间距：brush spacing

电刷接触损耗：brush-contact loss

电压：voltage

电压比：voltage ratio

电压表：voltmeter

电压等级：voltage class

电源相序：phase sequence of the power supply

电阻：resister

定子：stator

定子/转子槽数比：stator/ rotor slot number ratio

定子绕组：stator winding

定子铁心：stator core

堵转电流：locked-rotor current

堵转实验：locked-rotor test

堵转转矩：locked-rotor torque

端子：terminal

端子板：terminal board

端子标记：terminal marking

端子接线图：terminal connection diagram

短路：short circuit

短路保护：short circuit protection

短路阻抗：short circuit impedance

短时工作制 S_2：short time running duty type S_2

断相保护：open-phase protection

断续周期工作制 S_3：intermittent periodic duty type S_3

堆栈指针：stack pointer

对地绝缘：ground insulation

多极变速电动机：multi-varying-speed motor

额定电流：rated current

额定电压：rated voltage

额定工作点：rated operating point

额定功率：rated power output

额定励磁电流：rated exciting current

额定值：rated value

额定转矩：rated load torque

额定转速：rated speed

发电机：generator

发电机的电压调整率：regulation of generator

反接制动：plug braking, plugging

反转：reversal

防尘型电机：dust-proof machine

防尘性：dustproofness

防尘罩：dust cap

防护等级：degree of protection

方框图：block diagram

放电时间：discharge period

放电时间常数：discharge time-constant

分布绕组：distributed winding

分布系数：belt factor, spread factor

分数节距绕组：fractional-pitch winding

分数槽绕组：fractional slot winding

分相电动机：split-phase motor

分相起动：split-phase starting

辅助绕组：auxiliary winding

负载：load

负载功率因数：load power factor

负载能力：load capacity

负载实验：load test

负载特性：load characteristic

感应电动机：induction motor

感应线圈：induction coil

高压实验：high-potential test

高压线圈：high-voltage coil

工件：workpiece

工件主轴箱：work head

工作特性：operating characteristic

功率等级：rating class

功率因数：power factor

功率损耗：power loss

故障：fault, trouble, failure

故障点：point of fault

硅钢片：silicon steel plate

国际标准：international standards

国际电工委员会：International Electrotechnical Commission

过电流：over current

过电压：over voltage

过热：overheating

过热保护装置：thermostatic overload protector

过载保护：overload protection

过载能力；overload capacity

过载系数：overload factor

恒转矩调速：constant-torque speed control

换向片：commutator segment

换向器：commutater, collector

换向器节距：commutator pitch

换向装置：turning tackle

互锁：interlock

回馈制动：regenerative braking

绘图：drawing

基本系列：standard range

机床：machine tool

机电的：electromechanical

机械功率：mechanical power

机械强度：mechanical strength

极间间隙：inter-polar gap

极距：pole pitch

寄存器：register

计算机接口：computer interface

计算机软件：computer software

计算机数控：computer numerical

manufacturing
计算机硬件：computer hardware
记录：record
继电器：relay
间隙：clearance，gap
间歇运动：intermittent movement
检修故障：remedying faults
简图：schematic diagram
降压起动：reduced-voltage starting
降压运行：running at reduced voltage
交流：alternating current(AC)
交流电机：alternating current machine
交流接触器：alternating current contactor
接触器：contactor
接地端子：earthing terminal
接地故障：earth fault
接口：interface
接线：winding connect
接线端：receiving end
接线端子：connect terminal
接线盒：terminal box
接线图：connection diagram
接线装置：termination
接近开关：approach switch
结构：structure
绝缘：insulation
绝缘等级：insulation class
开路实验：open-circuit test
开关：switch
开关设备：switching equipment
开环：open-loop
开路：open circuit
可调电阻：adjustable resistor
可靠性：reliability
空载：no-load
控制：control
控制线路：control link
冷却能力：heat-exchanger capacity
励磁电路：excitation circuit

利用率：availability
利用系数：service factor
立式车床：vertical boring and turning machine
立式转台铣床：rotary-table milling machine
立式钻床：upright drilling machine
联锁：interlock
联轴器：coupling
连接件：connection facility
连接图：connection diagram
连续工作制 S_1：continuous running duty type S_1
连续周期工作制 S_6：continuous operation periodic duty S_6
临界转速：critical whirling speed
溜板箱：apron
六角槽形螺母：castle nut
六角螺栓：hex bolt
龙门刨床：planer
龙门铣床：planer-type milling machine
鼠笼式感应电动机：squirrel cage induction motor
鼠笼式同步电动机：cage synchronous motor
裸电线：bare wire
脉动：pulsate
满载运行：full load operation
磨床：grinding machine
摩擦离合器：friction clutch
能耗制动：dynamic braking
能量损耗：energy loss
欧姆：ohm
欧姆表：ohmmeter
耦合：coupling
刨床：planer tool
剖面图：cutaway diagram
漆包线：enamel wire
起动：starting

起动控制：starting control

起动条件：starting conditions

起重机：crane

牵入同步：pulling into synchronism

铅：lead

千伏：kilovolt(kV)

千瓦：kilowatt(kW)

钳工：benchwork

欠压：undervoltage

轻载：low load

绕组：winding

绕组绝缘：winding insulation

热继电器：thermo-relay

熔断器：fuse

三相：three-phase

三相变压器：three-phase transformer

三相电机：three-phase machine

手动控制：hand control

设备：equipment

设计原则：design principle

鼠笼型转子：squirrel cage rotor

瞬时过载：momentary overload

他励电机：separately excited machine

特性：characteristic

特种电机：special purpose machine

调速：speed adjustment

铁心：iron core

同步调相机：synchronous condenser

同步发电机：synchronous generator

同步转速：synchronous speed

铜耗：copper loss

凸轮控制器：cam-controller

弯管：elbow, bend

弯管接头：corner joint

卧式升降台铣床：horizontal spindle knee-and-column-type

无功功率：reactive power

无火花换向：sparkless commutation

无极变速：stepless speed variation

温度继电器：thermal relay

无级变速：stepless speed variation

铣床：milling machine

系统图：system diagram

线电压：line voltage

线电流：line current

线圈：coil

相序：phase sequence

效率：efficiency

信号：signal

信息：information

星－三角起动：star-delta starting

行程开关：limit switch

旋转磁场：rotating magnetic field

旋转电机：electrical rotating machine

旋转方向：direction of rotating

寻址：addressing

摇臂：radial arm

仪表：instrument

仪表用电压互感器：voltage in instrument transformer

仪表用电流互感器：current in instrument transformer

异步电动机：asynchronous motor

隐极：non-salient pole

有极变速：stepped speed variation

运行方式：duty type

运行噪声：operating noise

运行转矩：running torque

匝：turn

匝间：interturn

罩极电动机：shaded-pole motor

振动：vibration

整距绕组：full-pitch winding

直流：direct current(DC)

直流电机：direct current machine

直流制动：d.c.braking

指令：instruction, order

轴承绝缘：bearing insulation

轴承摩擦：bearing friction

主电动机：main motor

主磁通：main flux

主(切削)运动：primary(cutting) motion

主传动：main drive

主控开关：master switch

主轴：main shaft

转差率：slip

转换器：converter

转速调整率：speed regulation

转速范围：speed range

转速转矩曲线：speed-torque curve

转速转矩特性：speed-torque characteristic

转轴：shaft

转子：rotor

转子导条：rotor bar

装配图：assembly drawing

自励：self-excited

自整角机：selsyn

自耦变压器：autotransformer

自耦变压器起动器：autotransformer starter

总开关：master switch

组合机床：machining combiner

组合开关：commutation switch

钻床：drilling machine

最大制动力矩：maximum braking torque

最大转矩：pull-out torque，breakdown torque

最高温升：greatest temperature rise

最高转速：maximum speed

子程序：subroutine

验电器：electroscope

项目：item

自动控制：autocontrol

参 考 文 献

1　陈荣英，孔云英．工厂电气故障与排除方法．北京：化学工业出版社，2002

2　曾祥富．电工技能与训练．北京：高等教育出版社，2000

3　王炳勋，殷埝生．电工实习教程．北京：机械工业出版社，2001

4　方承远．工厂电气控制技术．北京：机械工业出版社，2002

5　宋健雄．低压电器设备运行与维修．北京：高等教育出版社，1999

6　余剑雄，彭树春．电机与拖动．上海：高等教育出版社，1993

7　张金运，张幼华．电机与拖动．南京：江苏科学技术出版社，1993

8　王兆义．可编程序控制器教程．北京：机械工业出版社，1993

9　杨长能．可编程控制器基础及其应用．重庆：重庆大学出版社，1992